영재학급, 영재교육원,
경시대회 준비를 위한

창의사고력 초등수학
팩토

규칙 · 기하 · 문제해결력

"

서로 다른 펜토미노 조각 퍼즐을 맞추어
직사각형 모양을 만들어 본 경험이 있는지요?

한참을 고민하여 스스로 완성한 후 느끼는 행복은 꼭 말로 표현하지 않아도 알겠지요. 퍼즐 놀이를 했을 뿐인데, 여러분은 펜토미노 12조각을 어느 사이에 모두 외워버리게 된답니다. 또 보도블록을 보면서 조각 맞추기를 하고, 화장실 바닥과 벽면의 조각들을 보면서 멋진 퍼즐을 스스로 만들기도 한답니다.
이 과정에서 공간에 대한 감각과 또 다른 퍼즐 문제, 도형 맞추기, 도형 나누기 에 대한 자신감도 생기게 되지요. 완성했다는 행복감보다 더 큰 자신감과 수학에 대한 흥미가 생기게 되는 것입니다.

팩토가 만드는 창의사고력 수학은 바로 이런 것입니다.

수학 문제를 한 문제 풀었을 뿐인데, 그 결과는 기대 이상으로 여러분을 행복하게 해줍니다. 학교에서도 친구들과 다른 멋진 방법으로 문제를 해결할 수 있고, 중학생이 되어서는 더 큰 꿈을 이루는 밑거름이 되어 줄 것입니다.
물론 고민하고, 시행착오를 반복하는 것은 퍼즐을 맞추는 것과 같이 여러분들의 몫입니다. 팩토는 여러분에게 생각할 수 있는 기회를 주고, 그 과정에서 포기하지 않도록 여러분들을 도와주는 친구가 되어줄 것입니다.
자 그럼 시작해 볼까요?

"

Contents

Ⅰ 규칙

기하

문제해결력

팩토를 공부하기 前 » 진단평가

1. 매스티안 홈페이지 www.mathtian.com의 교재 자료실에서 해당 학년의 진단평가 시험지와 정답지를 다운로드 하여 출력한 후 정해진 시간 안에 풀어 봅니다.
2. 학부모님 또는 선생님이 정답지를 참고하여 채점하고 채점한 결과를 홈페이지에 입력한 후 팩토 교재 추천을 받습니다.

팩토를 공부하는 방법

① 원리 탐구하기

주제별 원리 이해를 위한 활동으로 구성되며, 주제별 기본 개념과 문제 해결의 노하우가 정리되어 있습니다.

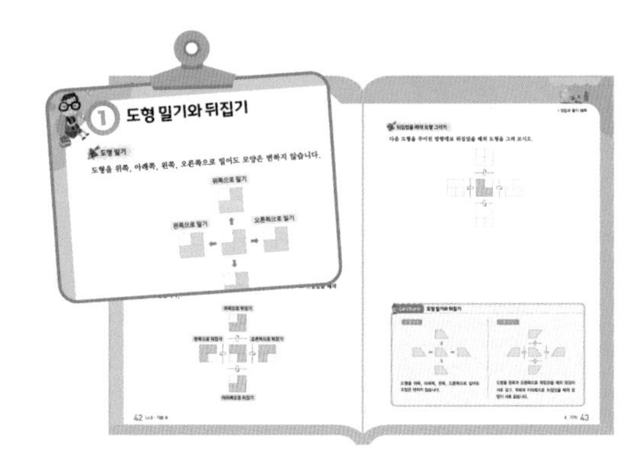

② 대표 유형 익히기

대표 유형 문제를 해결하는 사고의 흐름을 단계별로 전개하였고, 반복 수행을 통해 효과적으로 유형을 습득할 수 있습니다.

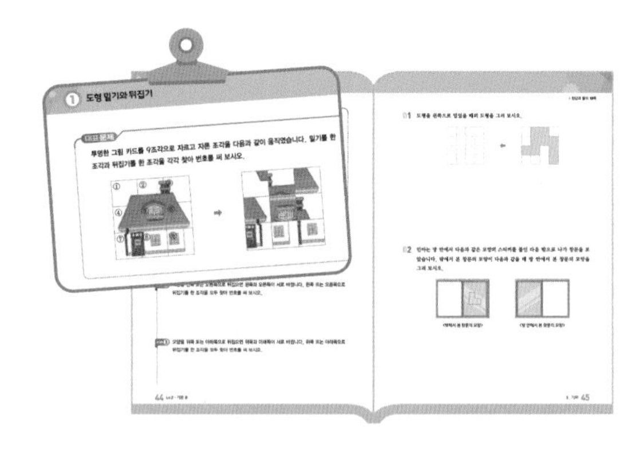

③ 실력 키우기

유형별 학습이 가장 놓치기 쉬운 주제 통합형 문제를 수록하여 내실 있는 마무리 학습을 할 수 있습니다.

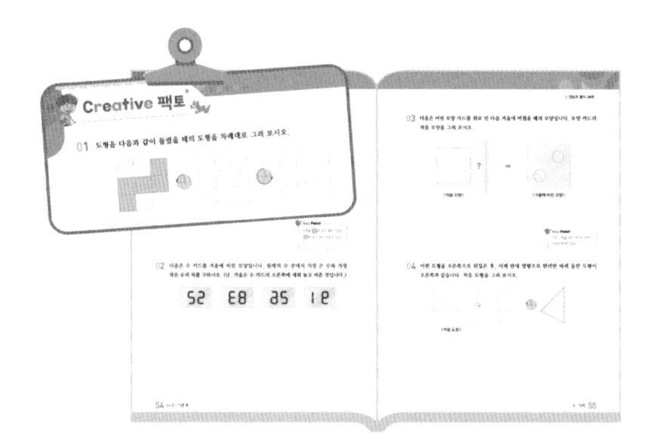

④ 경시대회 & 영재교육원 대비

- 각 주제의 대표적인 경시대회 대비, 심화 문제를 담았습니다.
- 영재교육원 선발 문제인 영재성 검사를 경험할 수 있는 개방형 · 다답형 문제를 담았습니다.

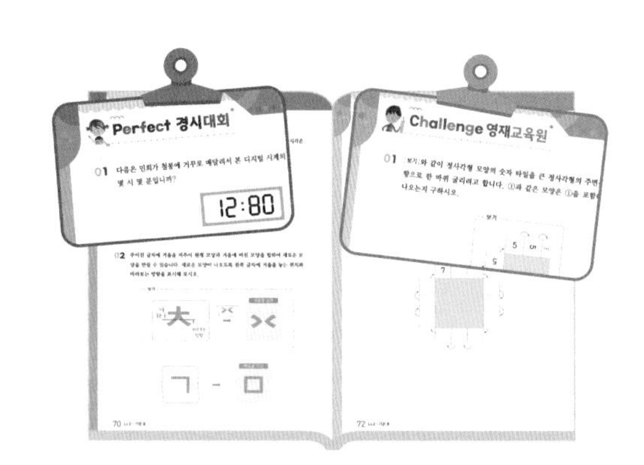

⑤ 명확한 정답 & 친절한 풀이

채점하기 편하게 직관적으로 정답을 구성하였고, 틀린 문제를 이해하거나 다양한 접근을 할 수 있도록 친절하게 풀이를 담았습니다.

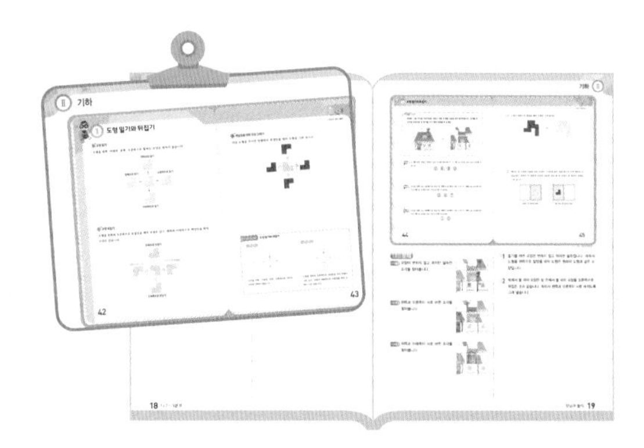

팩토를 공부하고 난 後 » 형성평가·총괄평가

1. 팩토 교재의 부록으로 제공된 형성평가와 총괄평가를 정해진 시간 안에 풀어 봅니다.
2. 학부모님 또는 선생님이 정답지를 참고하여 채점하고 채점한 결과를 매스티안 홈페이지 www.mathtian.com에 입력한 후 학습 성취도와 다음에 공부할 팩토 교재 추천을 받습니다.

I

규칙

학습 Planner

계획한 대로 공부한 날은 (웃는 얼굴)에, 공부하지 못한 날은 (찡그린 얼굴)에 ○표 하세요.

공부할 내용	공부할 날짜	확 인
1 이중 규칙	월 일	
2 회전 규칙	월 일	
3 수열	월 일	
Creative 팩토	월 일	
4 수 배열표	월 일	
5 암호 규칙	월 일	
6 약속셈	월 일	
Creative 팩토	월 일	
Perfect 경시대회	월 일	
Challenge 영재교육원	월 일	

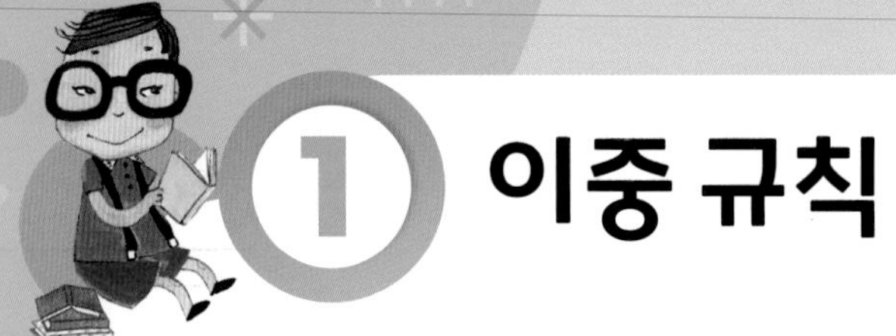

1 이중 규칙

단일 규칙

반복되는 부분을 ◯로 묶고 ? 에 알맞은 그림을 찾아 ○표 하시오.

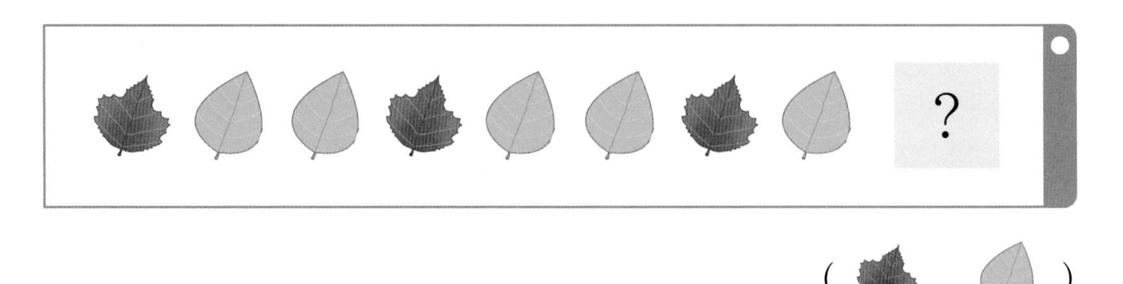

(,)

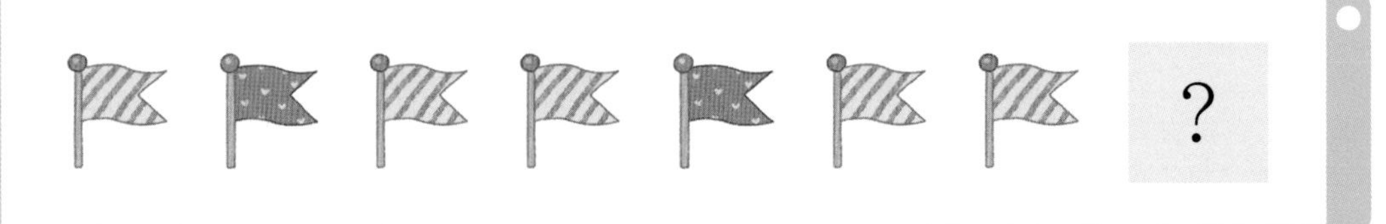

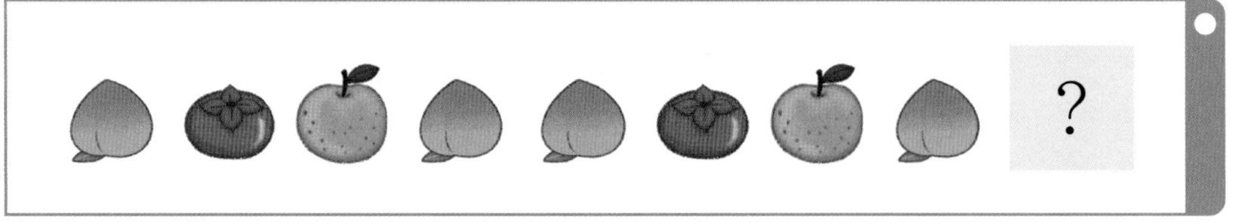

(, ,)

(, ,)

규칙에 따라 표를 채우고, 마지막 그림을 완성해 보시오.

색깔	분홍색	주황색	보라색					
크기	크다	작다	크다					

개수	3							
모양	△							

모양								
크기								

대표문제

규칙에 따라 블록을 7째 번까지 쌓았습니다. 10째 번까지 쌓으려고 할 때, 더 필요한 블록의 색깔과 그 개수를 구해 보시오.

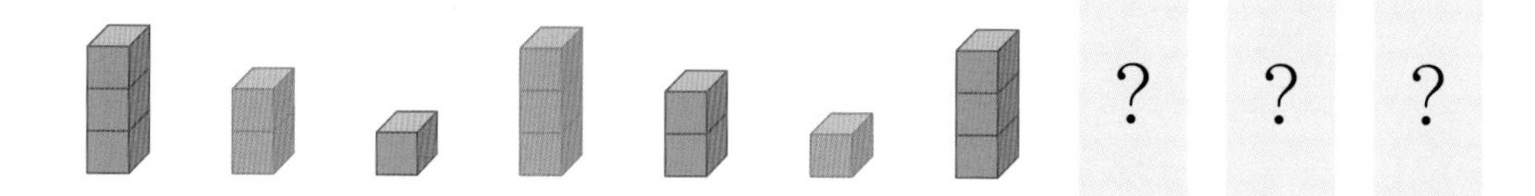

STEP ① 블록의 개수와 색깔이 반복되는 규칙을 찾아 빈칸을 알맞게 채워 보시오.

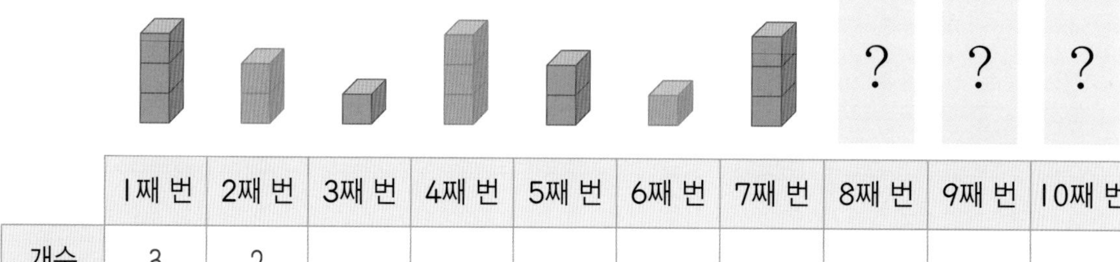

	1째 번	2째 번	3째 번	4째 번	5째 번	6째 번	7째 번	8째 번	9째 번	10째 번
개수	3	2								
색깔	빨간색	파란색								

STEP ② STEP ①의 표를 이용하여 10째 번까지 쌓으려고 할 때, 더 필요한 블록의 색깔과 그 개수를 구해 보시오.

정답과 풀이 3쪽

01 규칙을 찾아 빈칸에 알맞은 그림을 선으로 이어 보시오.

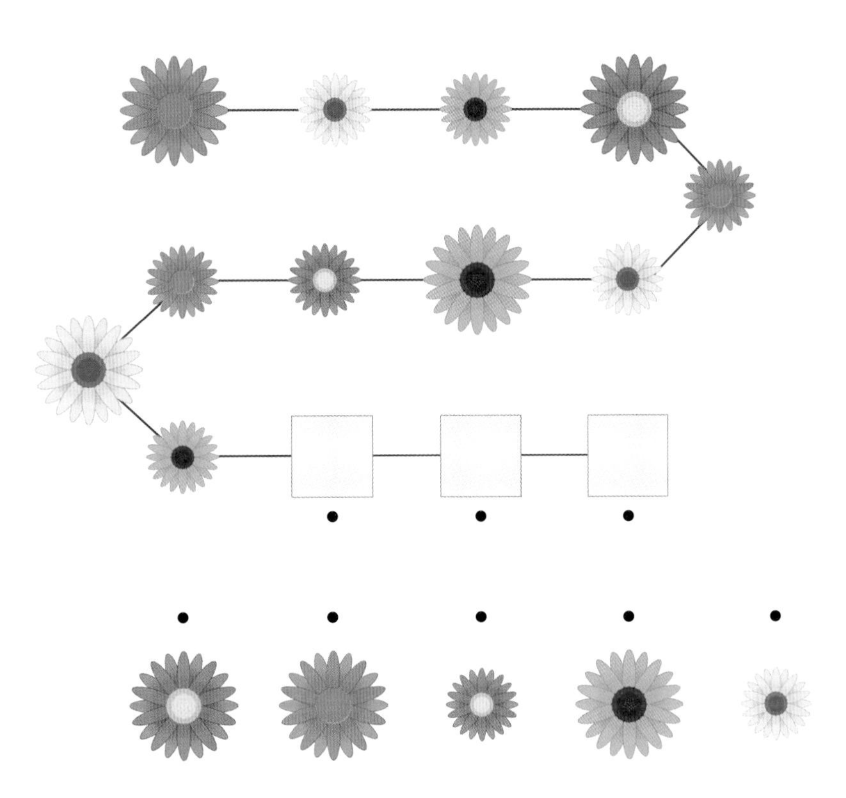

02 규칙 에 맞게 왼쪽부터 알맞은 그림을 그려 보시오.

규칙

① 모양은 '○, △, □' 순서로 반복됩니다.

② 크기는 '작다, 크다' 순서로 반복됩니다.

2 회전 규칙

규칙을 찾아 마지막 그림을 완성해 보시오.

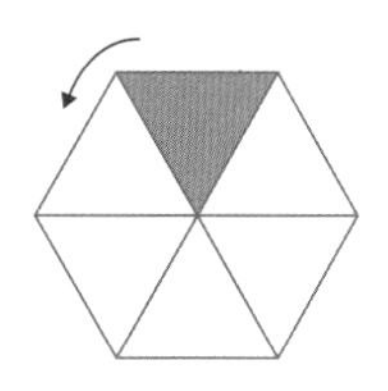 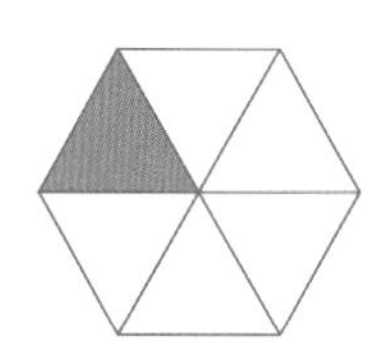 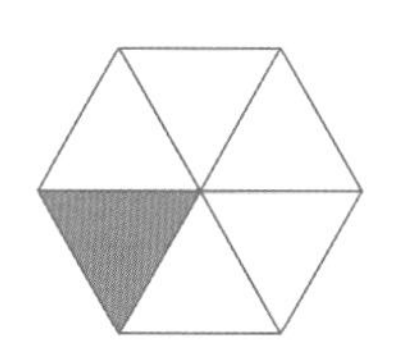 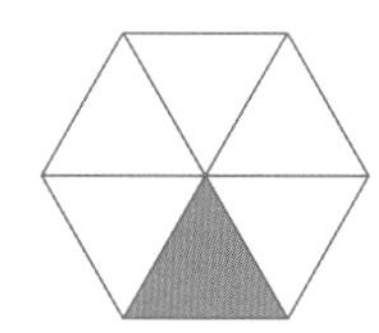 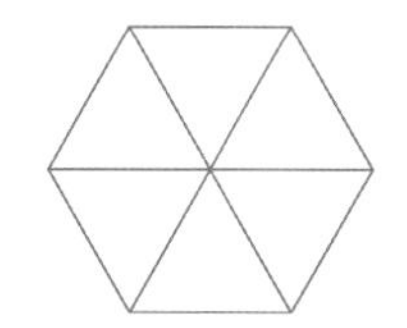

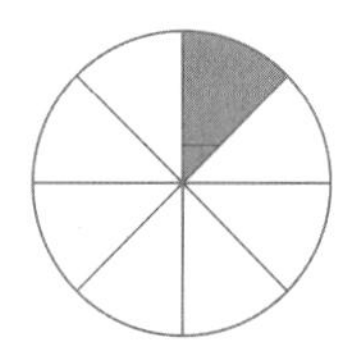 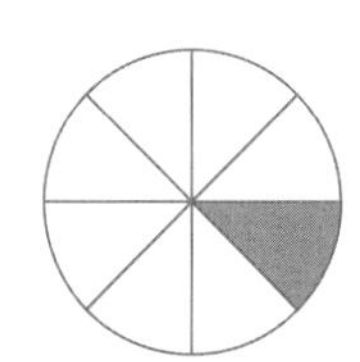 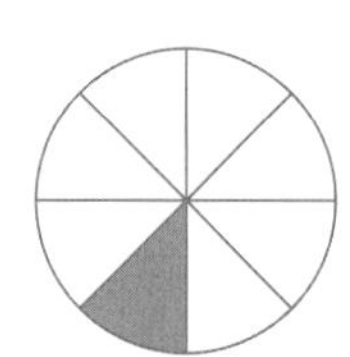 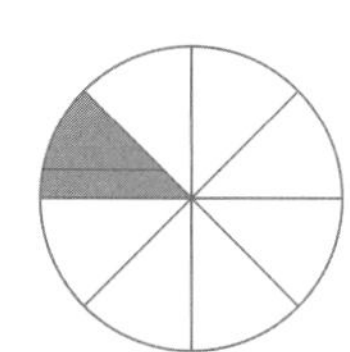 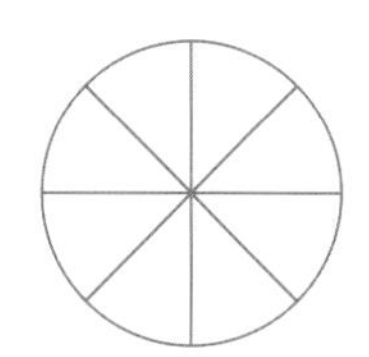

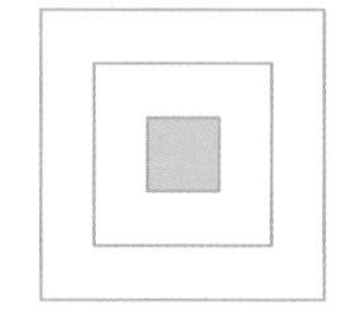 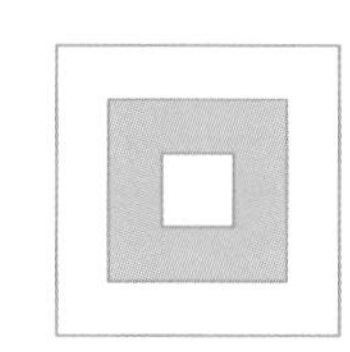 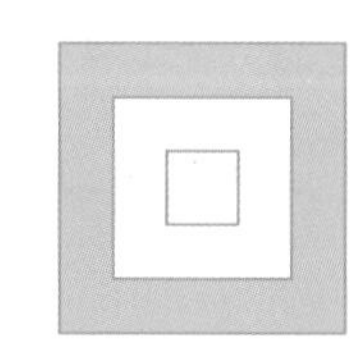  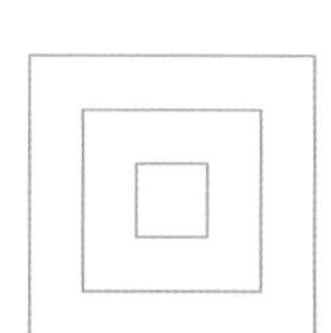

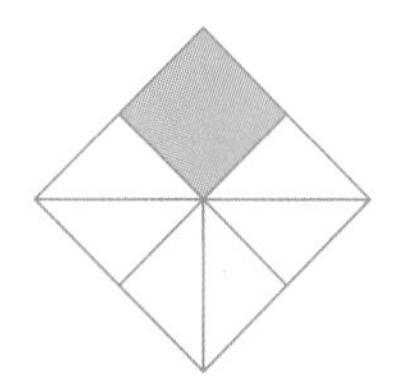 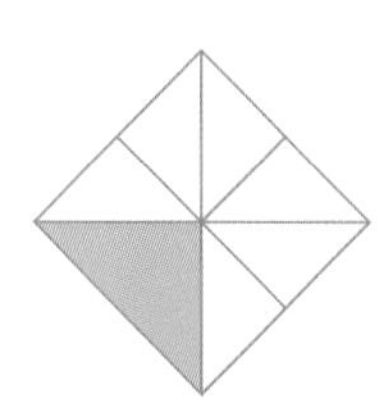 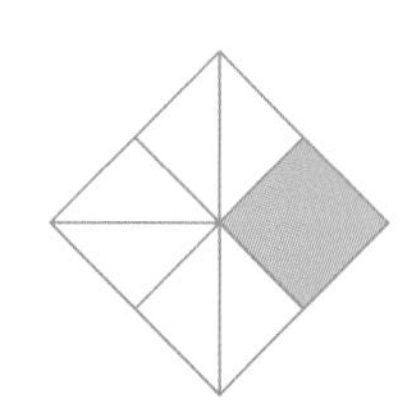 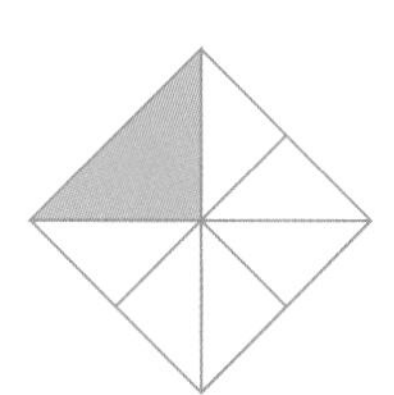 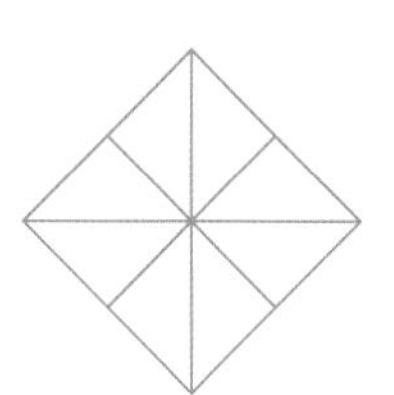

정답과 풀이 4쪽

규칙을 찾아 마지막 그림으로 알맞은 것에 ○표 하시오.

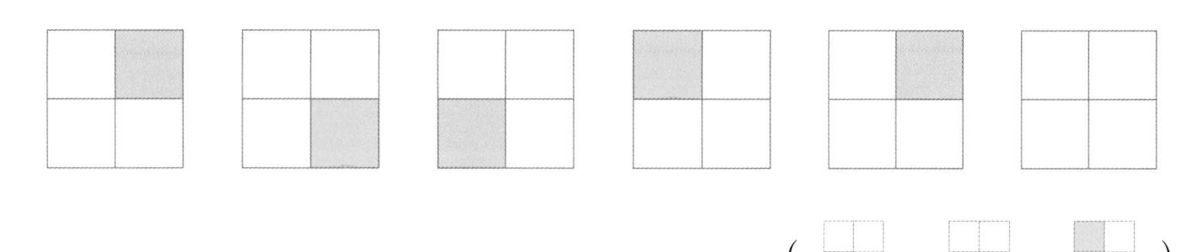

(, ,)

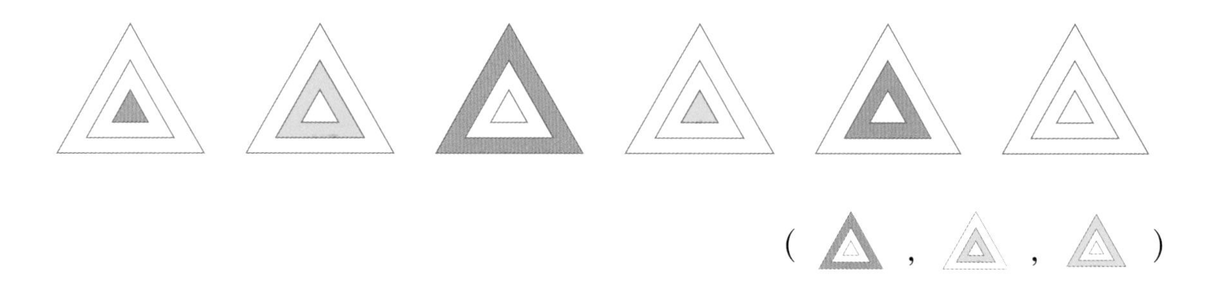

(, ,)

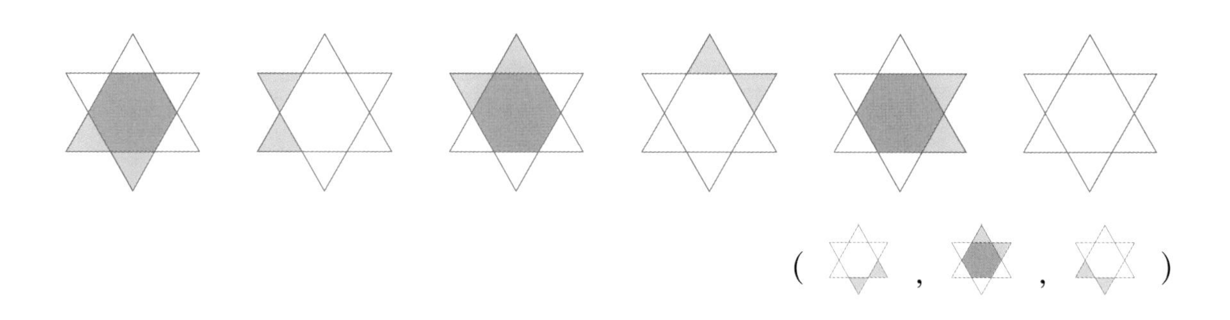

(, ,)

Lecture 회전 규칙

모양이 시계 방향 또는 시계 반대 방향으로 일정한 규칙에 따라 회전하는 규칙을 회전 규칙이라고 합니다.

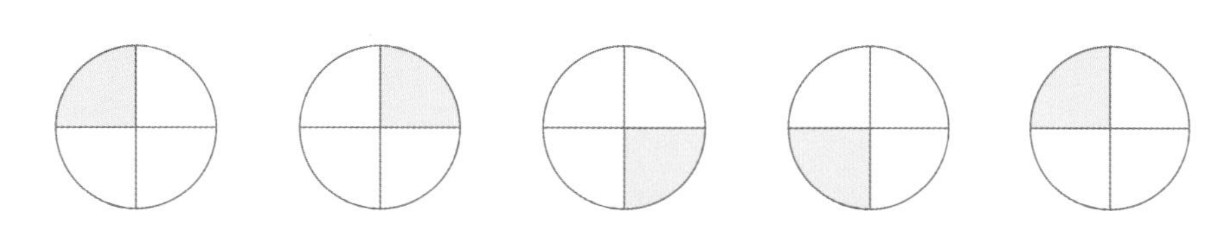

➡ (1 2 / 4 3) 라고 할 때, 색칠한 부분이 1 → 2 → 3 → 4의 순서를 반복하면서 이동합니다.

대표문제

그림과 같이 과녁판에 흰색 바둑돌과 검은색 바둑돌을 일정한 규칙에 따라 놓았습니다. 마지막 모양에 바둑돌을 그려 보시오.

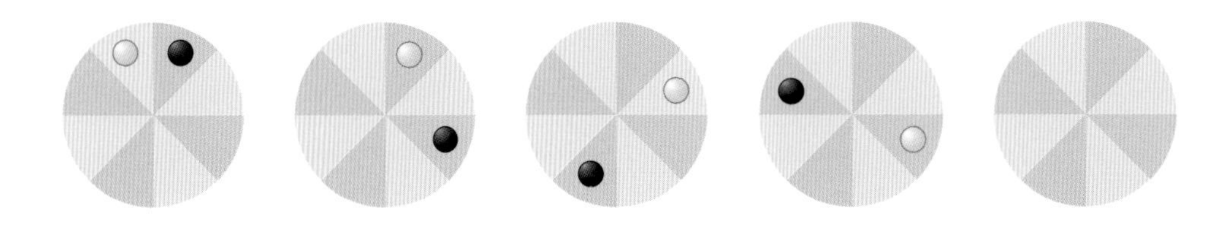

STEP 1 흰색 바둑돌의 움직이는 규칙을 찾아 마지막 모양에 흰색 바둑돌을 그려 보시오.

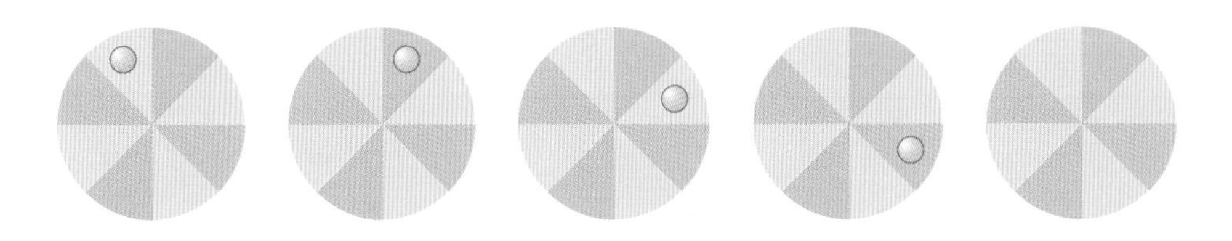

STEP 2 검은색 바둑돌의 움직이는 규칙을 찾아 마지막 모양에 검은색 바둑돌을 그려 보시오.

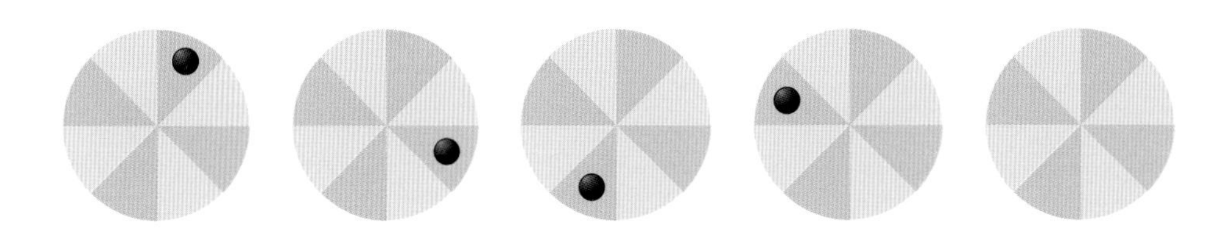

STEP 3 STEP 1 과 STEP 2 에서 그린 모양을 보고 마지막 모양에 바둑돌을 그려 보시오.

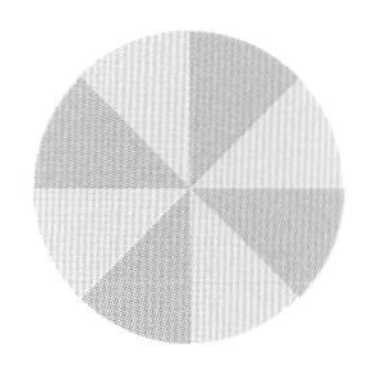

정답과 풀이 5쪽

01 규칙을 찾아 마지막 모양의 빈 곳에 알맞은 수를 써넣으시오.

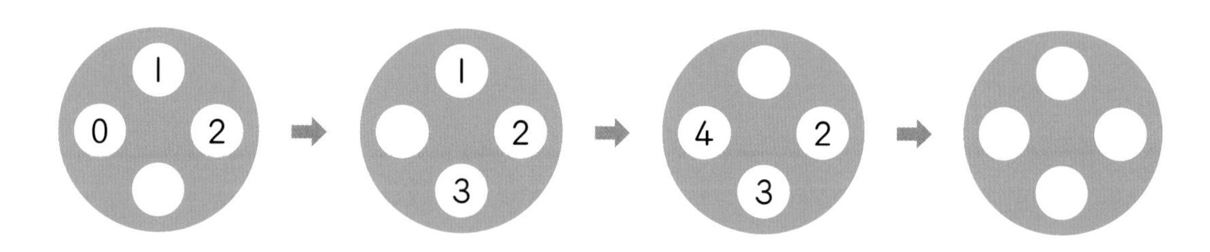

02 규칙을 찾아 마지막 그림을 완성해 보시오.

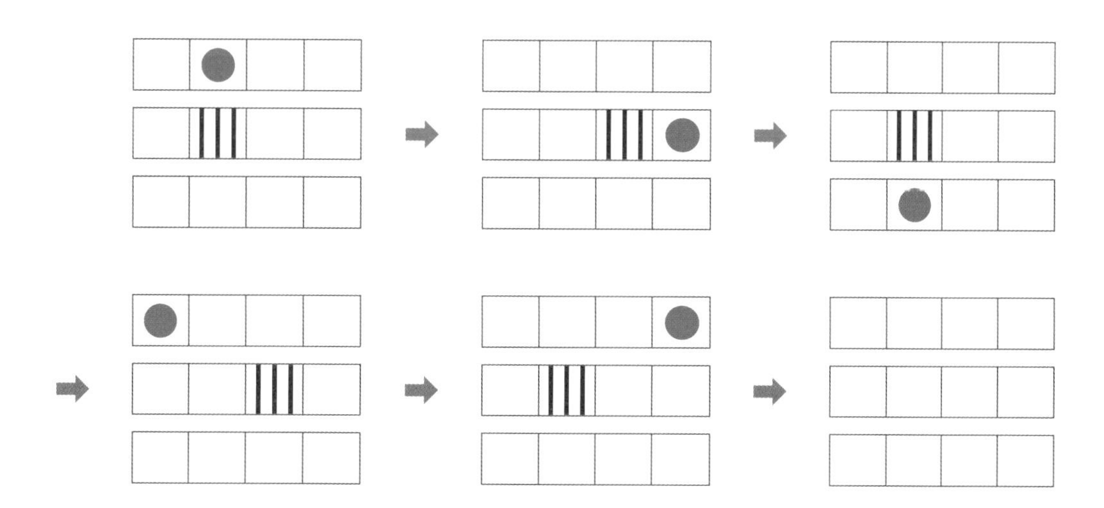

3 수열

규칙 찾기

규칙을 찾아 빈칸에 알맞은 수를 써넣으시오.

0 2 4 6 8 10 12 ☐

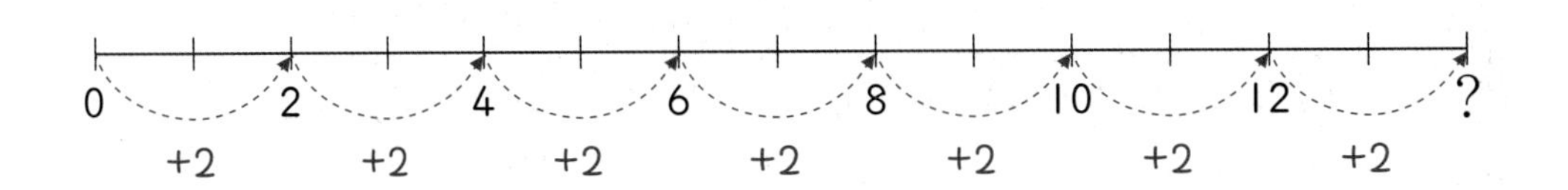

25 21 17 13 9 5 ☐

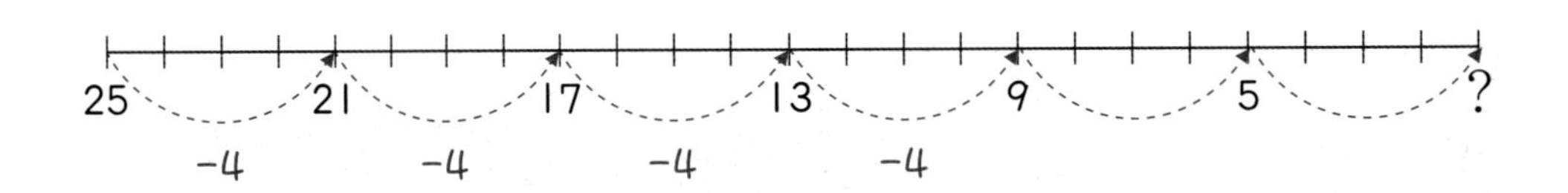

0 1 3 6 10 15 ☐

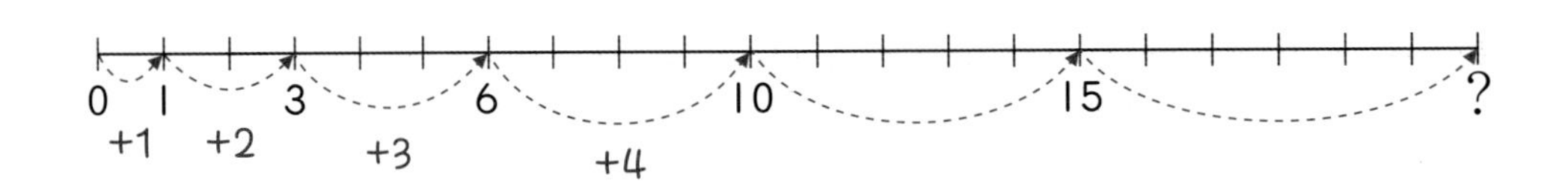

0 1 4 9 16 ☐

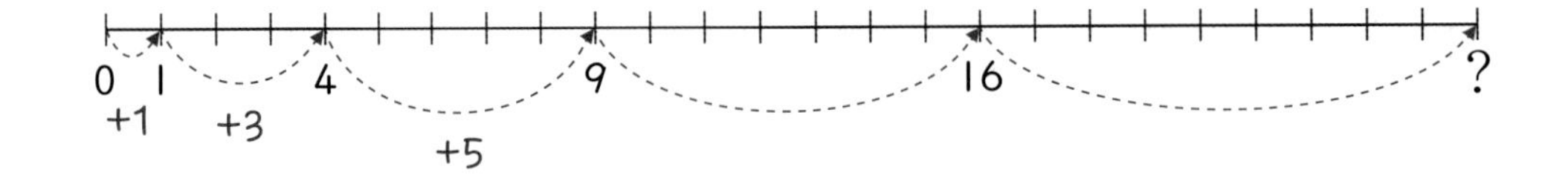

정답과 풀이 6쪽

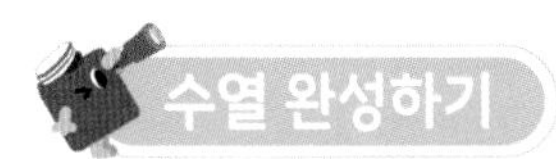

규칙을 찾아 마지막 모양의 빈 곳에 알맞은 수를 써넣으시오.

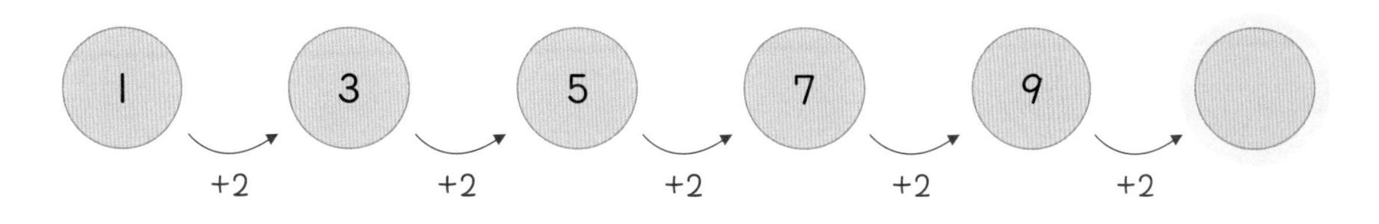

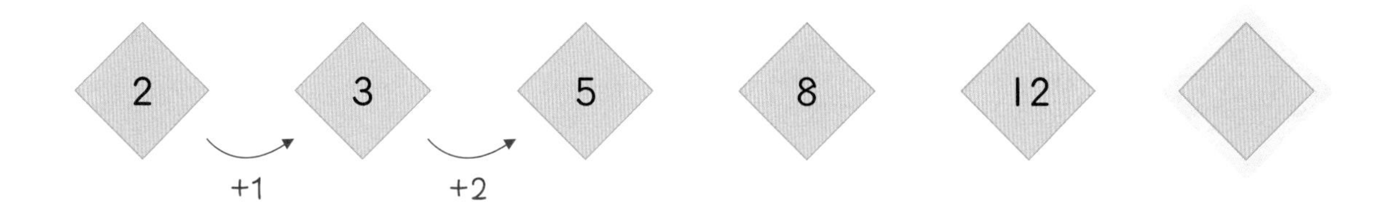

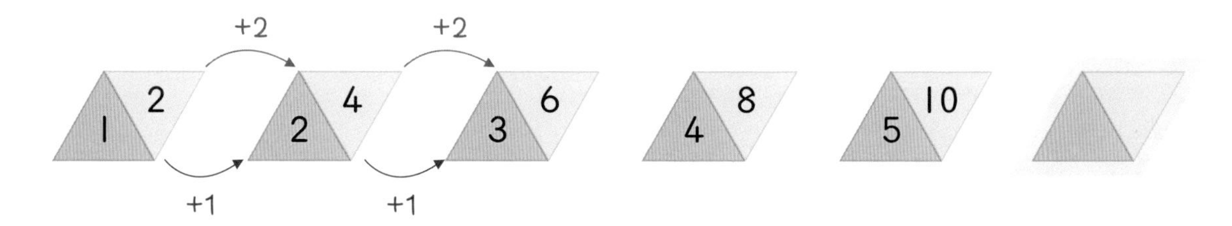

Lecture 수열

일정한 규칙에 따라 수를 늘어놓은 것을 수열이라고 합니다.

① 커지는 수가 일정한 수열

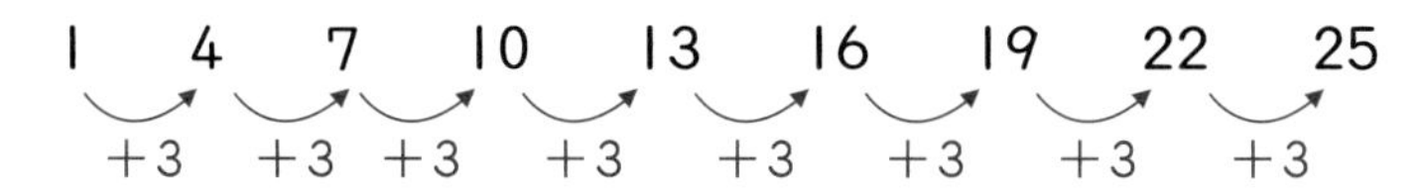

② 늘어나는 수가 일정하게 커지는 수열

대표문제

수 카드가 일정한 규칙으로 나열되어 있습니다. ㉮, ㉯에 알맞은 수를 각각 구해 보시오.

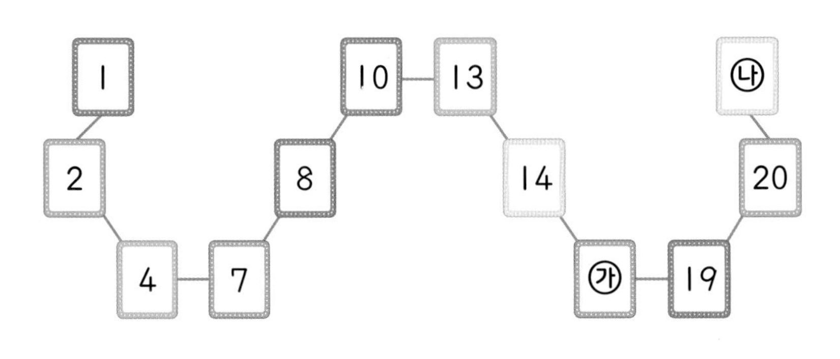

STEP 1 [1]부터 선을 따라 연결된 수를 나열했을 때, 얼마씩 커지는지 ☐ 안에 알맞은 수를 써넣으시오.

1		2		4		7		8		10		13		14
	+1		+2		+☐		+☐		+☐		+☐		+☐	

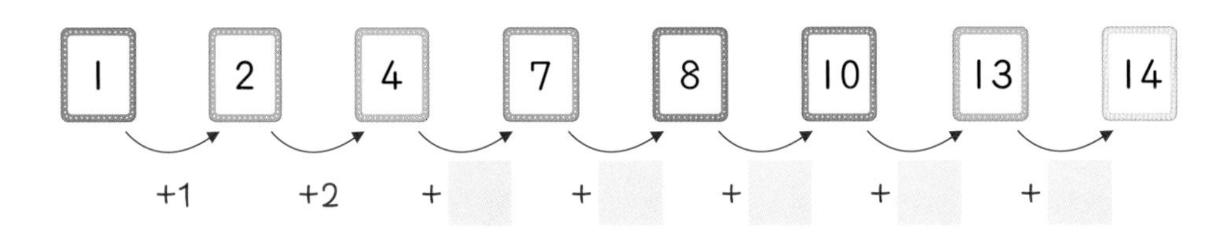

STEP 2 STEP 1에서 규칙을 찾아 ㉮에 알맞은 수를 구해 보시오.

STEP 3 STEP 1에서 규칙을 찾아 ㉯에 알맞은 수를 구해 보시오.

정답과 풀이 7쪽

01 규칙을 찾아 ◯ 안에 알맞은 수를 써넣으시오.

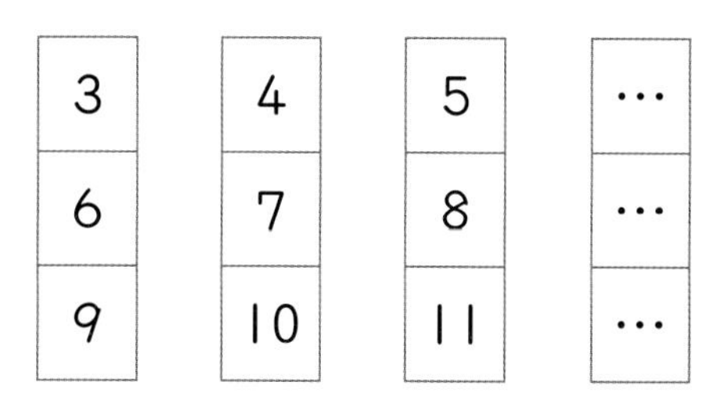

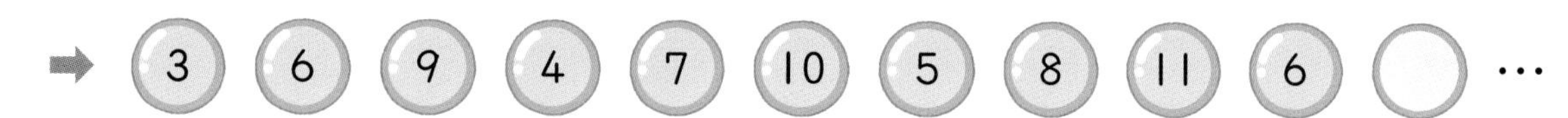

02 규칙을 찾아 빈 곳에 알맞은 수를 써넣으시오.

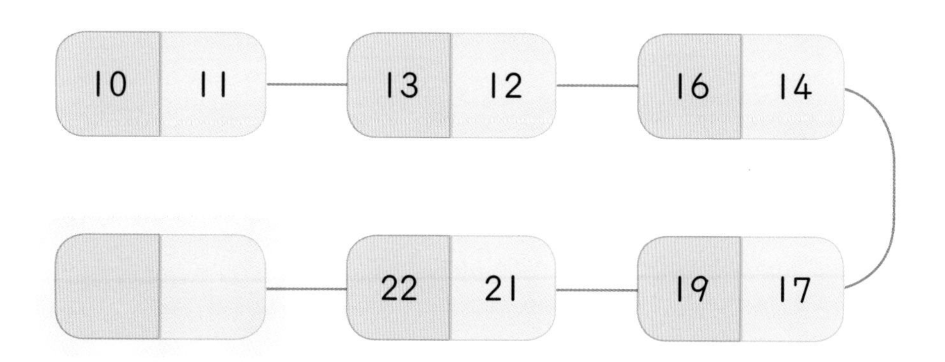

01 다음과 같은 규칙으로 구슬을 꿰어 목걸이를 만들려고 합니다. 목걸이를 완성하려면 연두색 구슬과 보라색 구슬이 각각 몇 개씩 더 필요한지 구해 보시오.

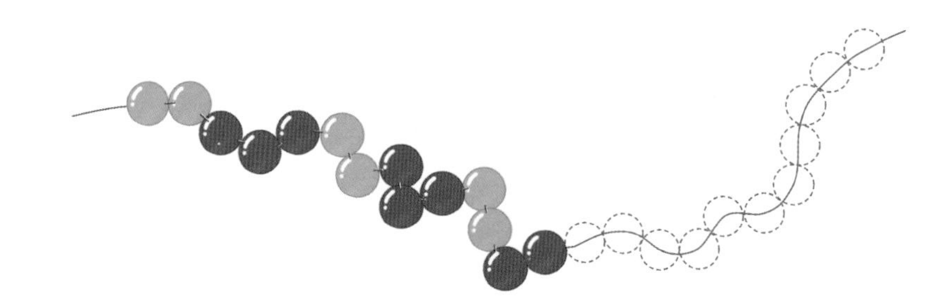

02 다음은 일정한 규칙에 따라 움직이는 모양입니다. 넷째 번 그림을 완성해 보시오.

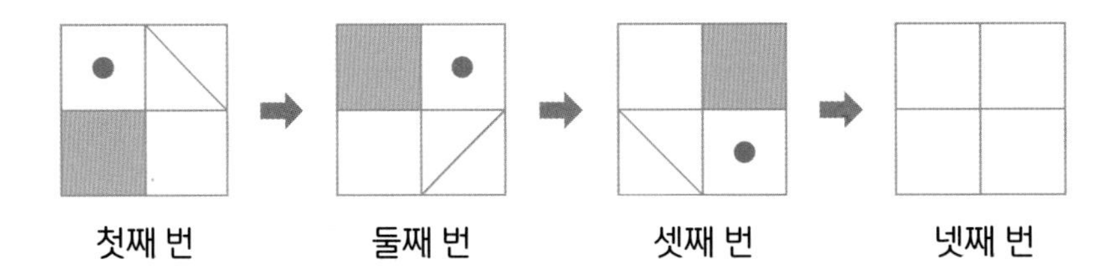

03 규칙을 찾아 다섯째 번 그림의 빈칸에 알맞은 수를 써넣으시오.

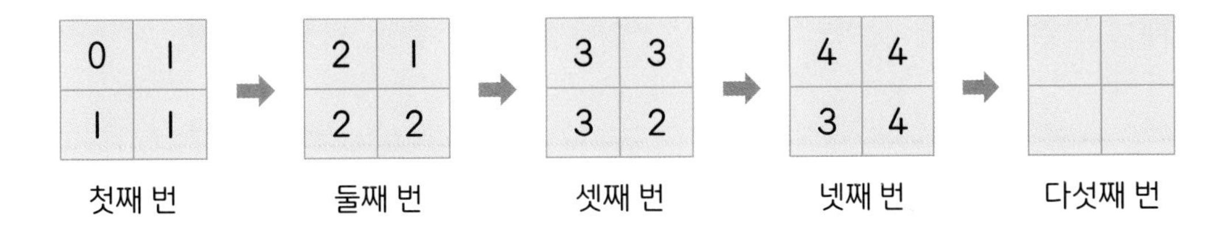

04 규칙을 찾아 ☐ 안에 알맞은 수를 써넣으시오.

1, 1, 8, 2, 2, 6, 3, 3, 4, 4, 4, ☐ …

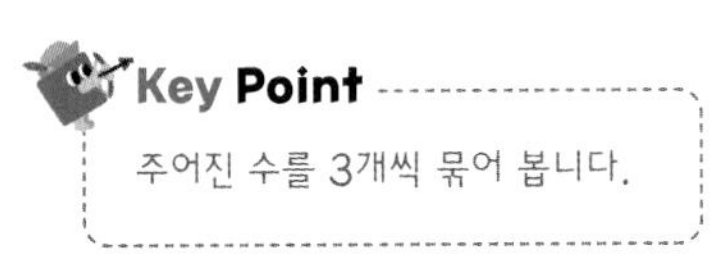

Key Point
주어진 수를 3개씩 묶어 봅니다.

4 수 배열표

수 배열표의 규칙을 찾아 ●, ▲, ■ 안에 알맞은 수를 써넣으시오.

오른쪽 방향으로 ● 씩 커지고, 아래쪽 방향으로 ▲ 씩 커집니다.

오른쪽 방향: +●, 아래쪽 방향: +▲

1	2	3	4	5	6
7	8	9	10	11	12
13	14	15	16	17	
19	20	21			■

12 → +▲ → +▲ → ■

오른쪽 방향으로 ● 씩 커지고, 아래쪽 방향으로 ▲ 씩 커집니다.

오른쪽 방향: +●, 아래쪽 방향: +▲

10	11	12	13	14
15	16	17	18	19
20	21			
25			■	

정답과 풀이 9쪽

오른쪽 방향으로 씩 커지고, 아래쪽 방향으로 씩 커집니다.

23	24	25	2			
30	31	32	3			
37	38	39	40			
44	45	46	47	48	49	50

Lecture 수 배열표

수 배열표의 가로, 세로, 대각선 방향으로 나열된 수에는 규칙이 있습니다.

1	2	3	4	5	6	7	8	9	10
11	12	13	14	15	16	17	18	19	20
21	22	23	24	25	26	27	28	29	30
31	32	33	34	35	36	37	38	39	40
41	42	43	44	45	46	47	48	49	50
51	52	53	54	55	56	57	58	59	60
61	62	63	64	65	66	67	68	69	70
71	72	73	74	75	76	77	78	79	80
81	82	83	84	85	86	87	88	89	90
91	92	93	94	95	96	97	98	99	100

① → 방향

1, 2, 3, 4, 5, 6, 7, 8, 9, 10

→ 1씩 커지는 규칙

② ↓ 방향

1, 11, 21, 31, 41, 51, 61, 71, 81, 91

→ 10씩 커지는 규칙

③ ↘ 방향

1, 12, 23, 34, 45, 56, 67, 78, 89, 100

→ 11씩 커지는 규칙

대표문제

오른쪽 그림은 왼쪽 수 배열표의 일부분입니다. 수 배열표의 규칙을 찾아 ㉮, ㉯에 알맞은 수를 각각 구해 보시오.

1	2	3	4	5	6	7
8	9	10	11	12	13	14
15	16	17	18	19	20	21
⋮	⋮	⋮	⋮	⋮	⋮	⋮

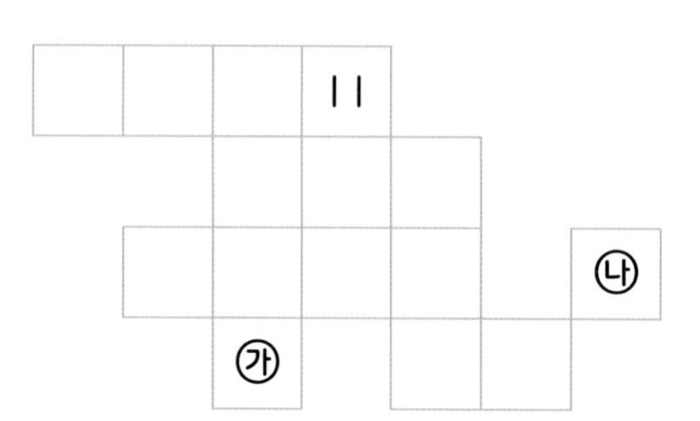

STEP 1 수 배열표의 규칙을 찾아 안에 알맞은 수를 써넣으시오.

오른쪽 방향으로 씩 커지고, 아래쪽 방향으로 씩 커집니다.

STEP 2 STEP 1에서 찾은 규칙을 이용하여 색칠된 칸에 알맞은 수를 써넣고, ㉮에 알맞은 수를 구해 보시오.

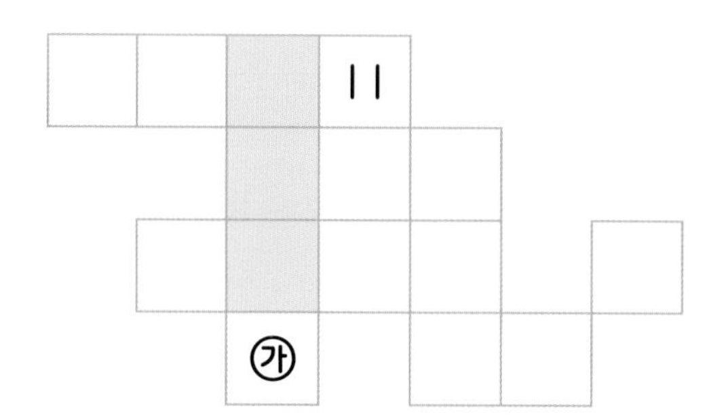

STEP 3 STEP 1에서 찾은 규칙을 이용하여 색칠된 칸에 알맞은 수를 써넣고, ㉯에 알맞은 수를 구해 보시오.

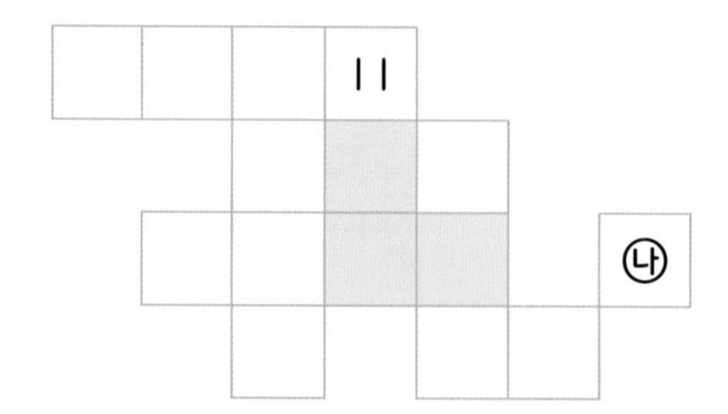

> 정답과 풀이 10쪽

01 오른쪽 그림은 왼쪽 수 배열표의 일부분입니다. 수 배열표의 규칙을 찾아 빈칸에 알맞은 수를 써넣으시오.

1	2	3	4	5	6
7	8	9	10	11	12
13	14	15	16	17	18
⋮	⋮	⋮	⋮	⋮	⋮

21	22	23
		29
	34	

02 다음 표는 규칙에 따라 알파벳 A부터 F까지의 줄에 수를 쓴 것입니다. 48은 어느 알파벳 줄에 있는지 써 보시오.

A	B	C	D	E	F
1	2	3	4	5	
	10	9	8	7	6
11	12	13	14	15	
	20	19	18	17	16
⋮	⋮	⋮	⋮	⋮	⋮

5 암호 규칙

주어진 그림 암호를 한 번씩 사용하여 문장을 만들어 보시오.

보기

암호	⋈	⊟	☆
뜻	친구	케이크	생일

☆에 ⋈와 함께
⊟를 먹었습니다.

암호	⪢	⦶	◫
뜻	달리기	1등	운동장

규칙을 찾아 ▢ 안에 알맞은 수를 써넣으시오.

31

23

52

▢

14

22

53

▢

정답과 풀이 11쪽

표의 규칙에 따라 영어는 한글로, 한글은 영어로 나타내어 보시오.

암호	A	B	C	D	E	F	G	H	…
해독	ㄱ	ㄴ	ㄷ	ㄹ	ㅁ	ㅂ	ㅅ	ㅇ	…

암호	a	b	c	d	e	f	g	h	…
해독	ㅏ	ㅑ	ㅓ	ㅕ	ㅗ	ㅛ	ㅜ	ㅠ	…

보기

Lecture 암호 규칙

수, 글자, 그림끼리 일정한 규칙으로 서로 바꿔서 암호로 사용할 수 있습니다.

암호	A	B	C	D	E	…
해독	ㄱ	ㄴ	ㄷ	ㄹ	ㅁ	…

암호	a	b	c	d	e	…
해독	ㅏ	ㅑ	ㅓ	ㅕ	ㅗ	…

DaEdB ➡ 라면

대표문제

규칙을 찾아 마지막 모양이 나타내는 수를 구해 보시오.

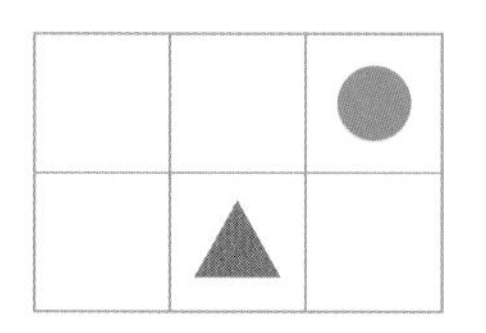

35

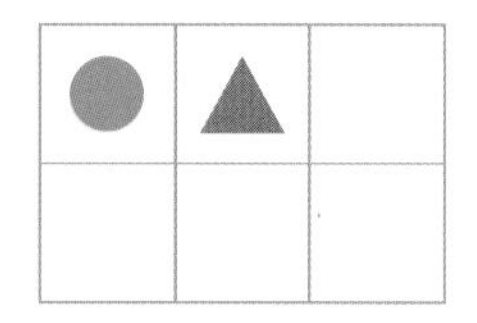

12

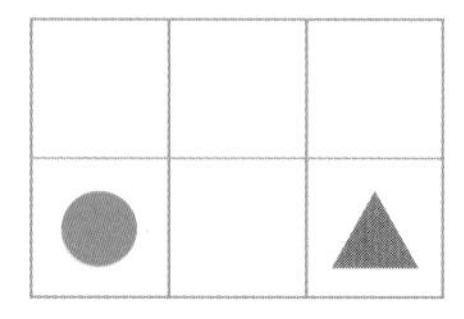

46

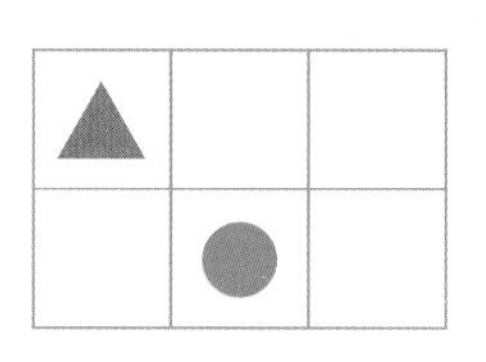

1	2	3
4	5	6

이라고 할 때, ●의 규칙을 찾아 알맞은 말에 ○표 하시오.

1	2	3(●)
4	5	6

35

1(●)	2	3
4	5	6

12

1	2	3
4(●)	5	6

46

➡ ●가 있는 칸의 숫자는 주어진 수의 (십, 일)의 자리 숫자입니다.

STEP 2

1	2	3
4	5	6

이라고 할 때, ▲의 규칙을 찾아 알맞은 말에 ○표 하시오.

1	2	3
4	5(▲)	6

35

1	2(▲)	3
4	5	6

12

1	2	3
4	5	6(▲)

46

➡ ▲가 있는 칸의 숫자는 주어진 수의 (십, 일)의 자리 숫자입니다.

STEP 3 STEP 1 과 STEP 2 에서 찾은 규칙을 이용하여 마지막 모양이 나타내는 수를 구해 보시오.

정답과 풀이 12쪽

01 암호의 규칙을 찾아 암호를 해독해 보시오.

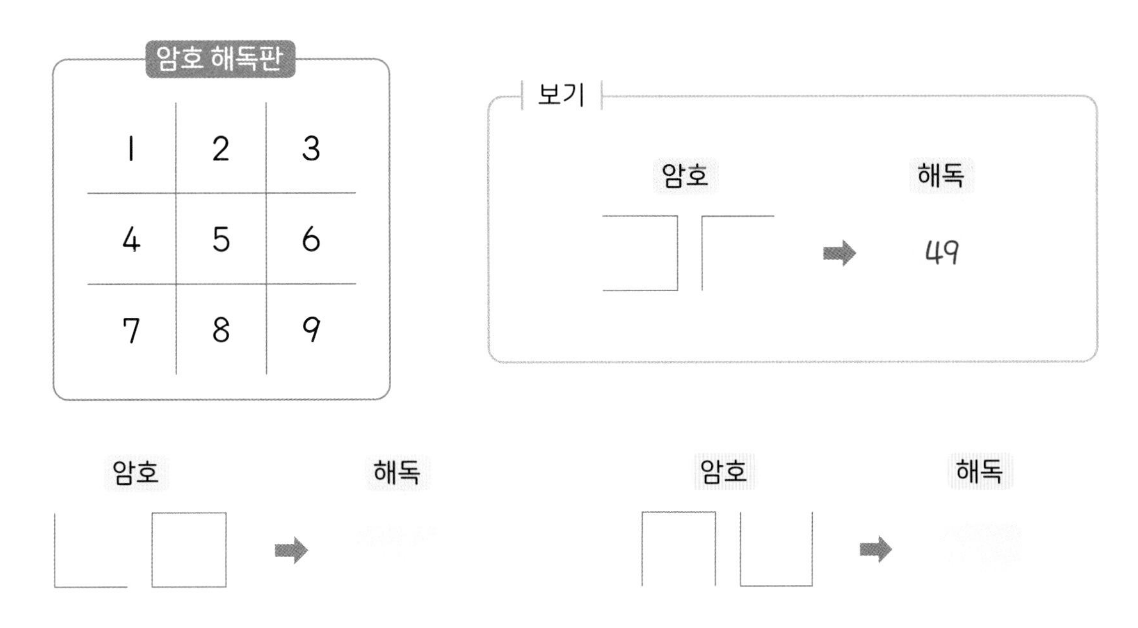

암호 → 해독

암호 → 해독

02 다음은 영수가 호영이에게 휴대전화로 문자 메시지를 보낼 때 누른 버튼의 순서입니다. 호영이의 응답 문자의 내용으로 가장 알맞은 것을 고르시오.

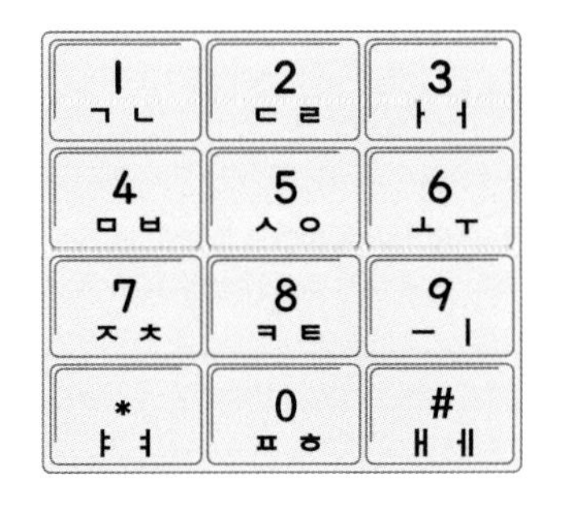

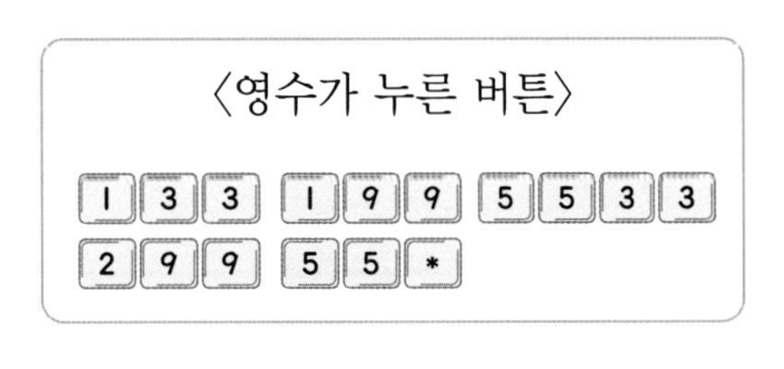

〈영수가 누른 버튼〉
1 3 3 1 9 9 5 5 3 3
2 9 9 5 5 *

① 공부 중이야.
② 지금 집이야.
③ 저녁 먹었어.
④ 한 시일 거야.
⑤ 정말 미안해.

6 약속셈

연산 약속에 맞게 계산하기

약속 에 맞게 계산하여 □ 안에 알맞은 수를 써넣으시오.

약속

㉮ ♥ ㉯ = ㉮ + ㉯ − 1

㉮ ♥ ㉯ = ㉮ + ㉯ − 1

2 ♥ 3 = 2 + 3 − 1 = □

5 ♥ 4 = □ + □ − 1 = □

약속

㉮ ◉ ㉯ = ㉯ − ㉮ + 1

㉮ ◉ ㉯ = ㉯ − ㉮ + 1

4 ◉ 6 = 6 − 4 + 1 = □

5 ◉ 9 = □ − □ + □ = □

약속

㉮ ◆ ㉯ = ㉮ × ㉯ − 1

1 ◆ 4 = □
→ 1 × 4 − 1

2 ◆ 5 = □

7 ◆ 3 = □

6 ◆ 4 = □

정답과 풀이 13쪽

연산 약속을 찾아 계산하기

| 약속 |을 보고 규칙을 찾아 주어진 식을 계산해 보시오.

약속

3 ▲ 2 = 6 (3+2+1)　　5 ▲ 3 = 9 (5+3+1)　　1 ▲ 4 = 6 (1+4+1)

6 ▲ 1 =　　　　4 ▲ 4 =

약속

5 ★ 2 = 2 (5−2−1)　　7 ★ 1 = 5　　9 ★ 3 = 5

8 ★ 4 =　　　　6 ★ 3 =

약속

1 ▣ 3 = 4 (1×3+1)　　2 ▣ 2 = 5　　2 ▣ 5 = 11

4 ▣ 2 =　　　　7 ▣ 4 =

Lecture 약속셈

새로운 기호나 도형을 사용하여 두 수의 연산을 약속하여 계산하는 것을 약속셈이라고 합니다.

약속

㉮ ♣ ㉯ = ㉮ − ㉯ + 1

㉮ ♣ ㉯ = ㉮ − ㉯ + 1
3 ♣ 1 = 3 − 1 + 1 = 3

㉮ ♣ ㉯ = ㉮ − ㉯ + 1
4 ♣ 3 = 4 − 3 + 1 = 2

대표문제

| 약속 |을 보고 규칙을 찾아 8★3은 얼마인지 구해 보시오.

| 약속 |

4 ★ 1 = 5　　2 ★ 3 = 7

3 ★ 4 = 13　　5 ★ 4 = 21

STEP 1 기호 ★에 주어진 두 수의 합, 차, 곱을 구하여 표를 완성해 보시오.

약속
4★1=5
2★3=7
3★4=13
5★4=21

➡

주어진 두 수	두 수의 합	두 수의 차	두 수의 곱
4, 1	4+1=5	4−1=3	4×1=4
2, 3			
3, 4			
5, 4			

STEP 2 STEP 1에서 구한 합, 차, 곱의 결과에 어떤 수를 더하거나 빼면 | 약속 |의 계산 결과가 나오는지 알아보시오.

STEP 3 8★3은 얼마인지 구해 보시오.

정답과 풀이 14쪽

01 규칙을 찾아 빈 곳에 알맞은 수를 써넣으시오.

| 규칙 |

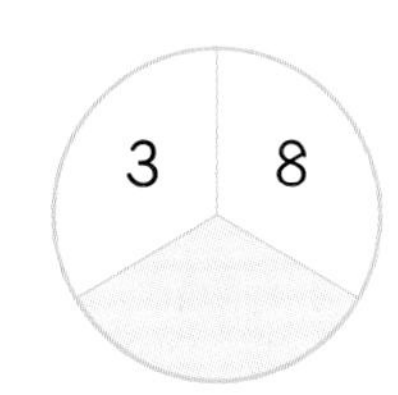

02 | 약속 |을 보고 규칙을 찾아 주어진 식을 계산해 보시오.

| 약속 |

4 ➤ 3 = 34　　　1 ➤ 2 = 21

2 ➤ 0 = 2　　　3 ➤ 3 = 33

8 ➤ 1 = 　　　4 ➤ 0 =

01 수 배열의 규칙을 찾아 빈칸에 알맞은 수를 써넣으시오.

1	2	3
	6	
3	4	5
	12	
7	8	9
	24	
15	16	17

02 다음 휴대전화의 버튼에서 가게 이름과 전화번호 사이의 규칙을 찾아 빈칸에 알맞은 전화번호를 써넣으시오. (단, 전화번호의 뒷자리 수는 항상 네 자리 수입니다.)

1 ABC	2 DE	3 FGH
4 IJK	5 LM	6 NO
7 PQR	8 ST	9 UVW
*	0 XYZ	#

가게 이름 (영어 이름)	전화번호
짱구 문방구 (JJANG GU)	441－6339
피자 핫 (PIZZA HOT)	7400－1368

멋진 미용실 (NICE HAIR) ➡ －

모자의 모든 것 (ALL OF CAP) ➡ －

정답과 풀이 15쪽

03 일정한 규칙으로 만든 수 배열표의 일부분입니다. ★에 알맞은 수를 구해 보시오.

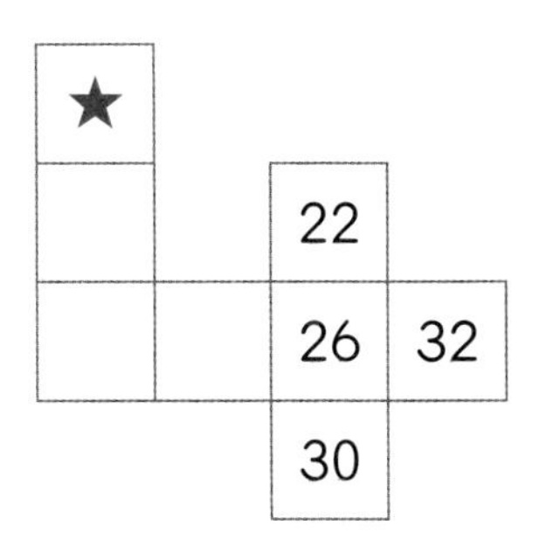

04 규칙을 찾아 빈 곳에 알맞은 수를 써넣으시오.

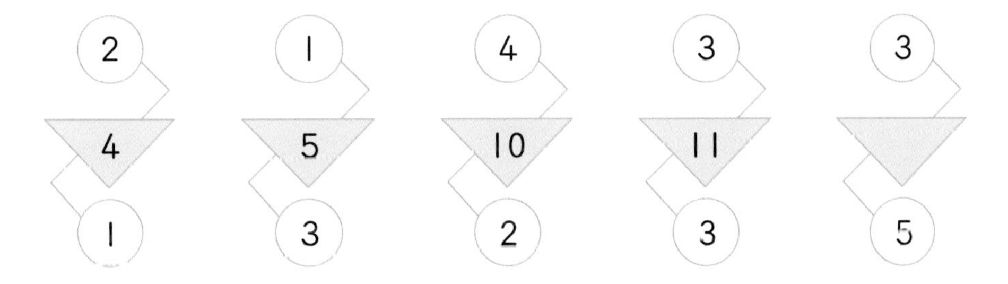

01 규칙에 따라 수를 늘어놓은 것입니다. 100보다 큰 수는 몇째 번에 처음 나오는지 구해 보시오.

1, 4, 10, 19, 31…

02 다음 수 배열의 규칙을 찾아 ㉮, ㉯에 알맞은 수를 구해 보시오.

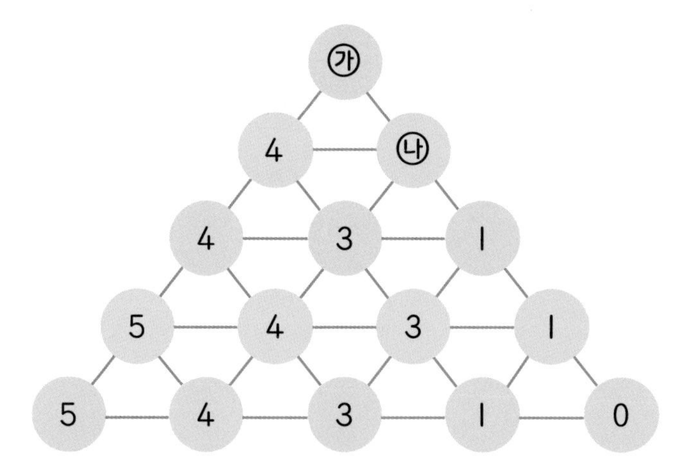

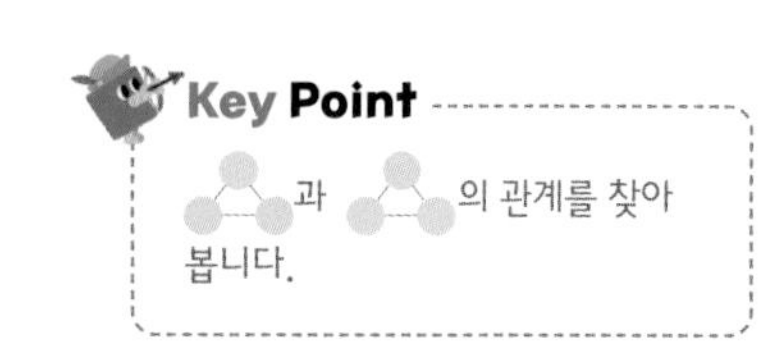

정답과 풀이 16쪽

03 오른쪽 그림은 왼쪽 곱셈구구표의 일부분을 나타낸 것입니다. 같은 색으로 표시된 부분에 들어갈 두 수의 합이 각각 40일 때, ★에 들어갈 수를 구해 보시오.

×	1	2	3	4	5	…
1	1	2	3	4	5	…
2	2	4	6	8	10	…
3	3	6	9	12	15	…
4	4	8	12	16	20	…
⋮	⋮	⋮	⋮	⋮	⋮	⋱

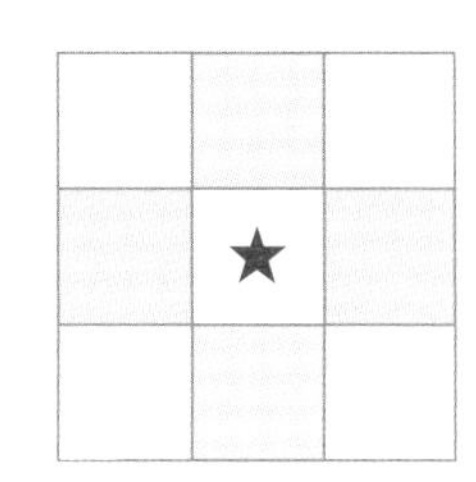

04 다음과 같은 투명한 모양 테이프를 색 테이프 위에 겹쳐서 색깔과 모양이 규칙적으로 반복되는 패턴을 만들려고 합니다. 15번 칸이 연두색 □ 모양이 되려면 1번 칸 위에 놓인 테이프의 모양은 ○, □, ☆, ▽ 모양 중 어느 것인지 구해 보시오.

	1	2	3	4	5	6	7	8	9	…
색 테이프										…
투명한 모양 테이프	○	□	☆	▽	○	□	☆	▽	○	…

	1	…	13	14	15	…
➡ 겹친 모양	?	…	▽	○	□	…

01 0부터 50까지의 수를 사용하여 규칙을 만들어 보시오.

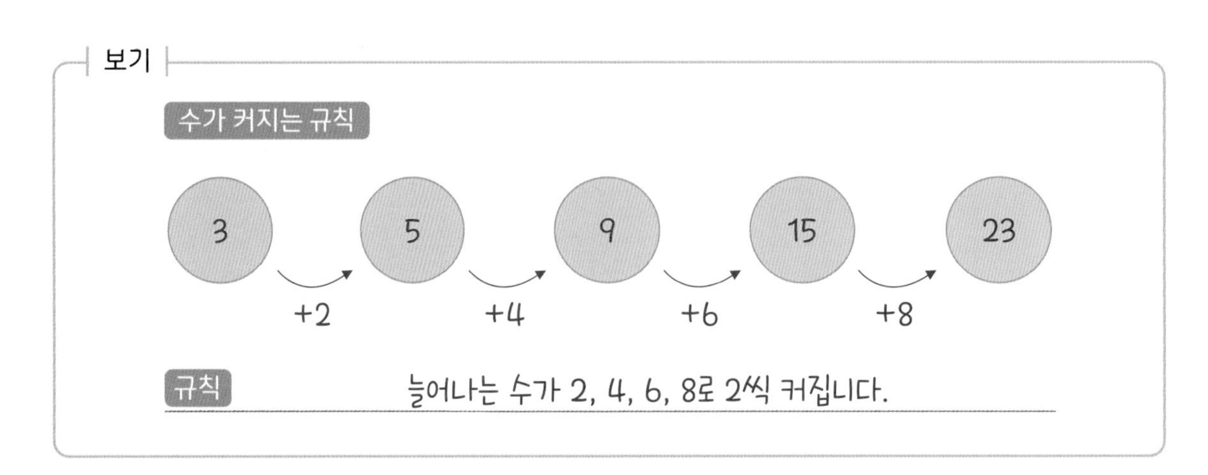

보기
수가 커지는 규칙
3
5
9
15
23
+2
+4
+6
+8
규칙
늘어나는 수가 2, 4, 6, 8로 2씩 커집니다.

수가 작아지는 규칙

규칙 ______

수가 커지는 규칙

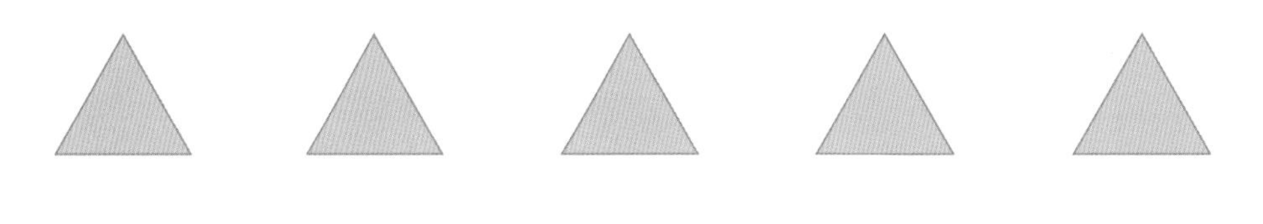

규칙 ______

수가 작아지는 규칙

규칙 ______

02 나만의 그림 암호로 암호문을 만들어 보시오.

보기

암호				
뜻				

암호문

Ⅱ

기 하

학습 Planner

계획한 대로 공부한 날은 😀에, 공부하지 못한 날은 ☹️에 ○표 하세요.

공부할 내용	공부할 날짜	확 인
1 도형 밀기와 뒤집기	월 일	😀 ☹️
2 도형 돌리기	월 일	😀 ☹️
3 거울에 비친 모양	월 일	😀 ☹️
Creative 팩토	월 일	😀 ☹️
4 점을 이어 만든 도형	월 일	😀 ☹️
5 조건에 맞게 도형 자르기	월 일	😀 ☹️
6 찾을 수 있는 도형의 개수	월 일	😀 ☹️
Creative 팩토	월 일	😀 ☹️
Perfect 경시대회	월 일	😀 ☹️
Challenge 영재교육원	월 일	😀 ☹️

1 도형 밀기와 뒤집기

도형 밀기

도형을 위쪽, 아래쪽, 왼쪽, 오른쪽으로 밀어도 모양은 변하지 않습니다.

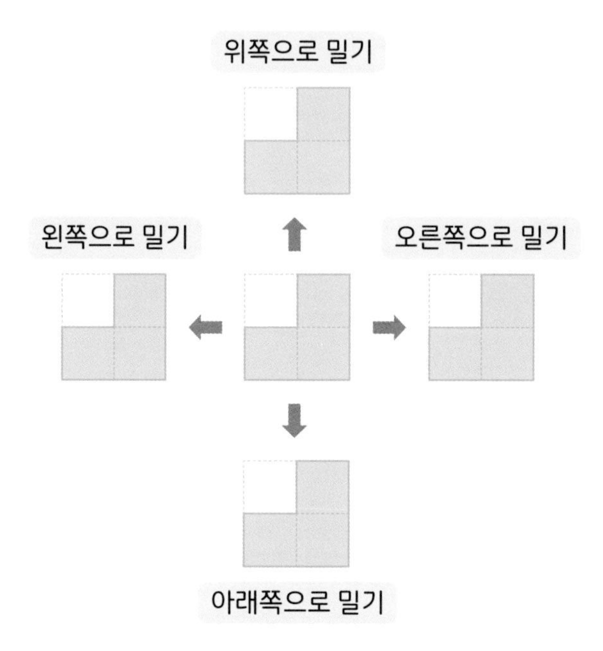

도형 뒤집기

도형을 왼쪽과 오른쪽으로 뒤집었을 때의 모양이 서로 같고, 위쪽과 아래쪽으로 뒤집었을 때의 모양이 서로 같습니다.

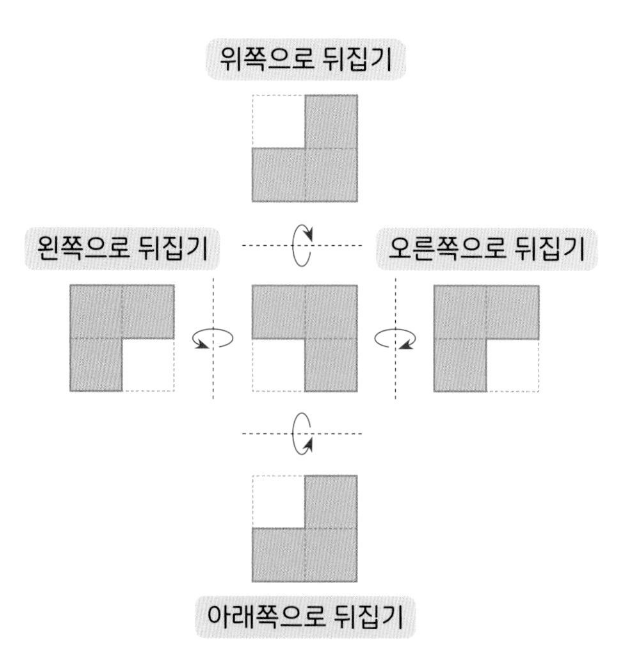

정답과 풀이 18쪽

다음 도형을 주어진 방향대로 뒤집었을 때의 도형을 그려 보시오.

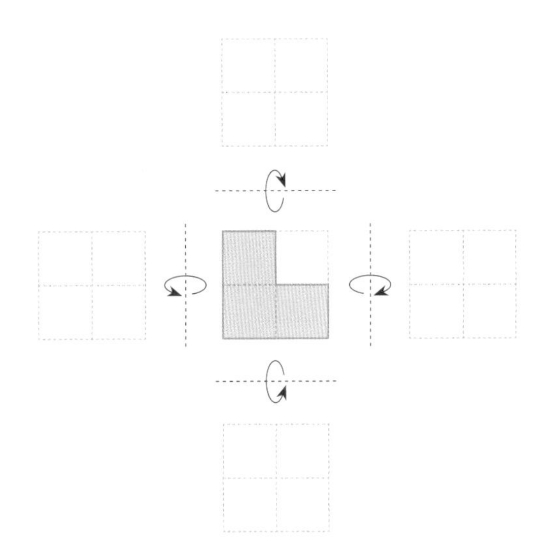

도형 밀기

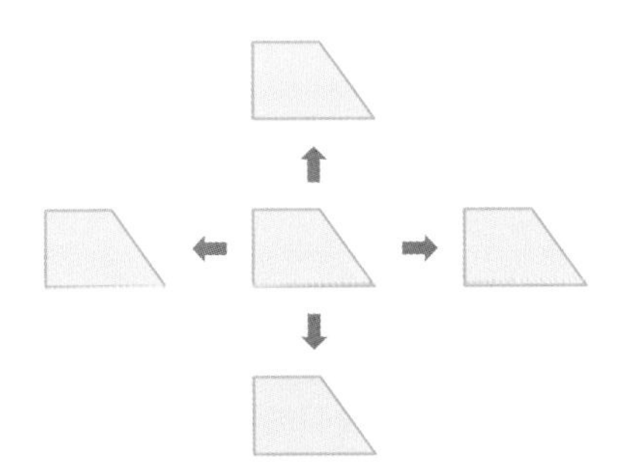

도형을 위쪽, 아래쪽, 왼쪽, 오른쪽으로 밀어도 모양은 변하지 않습니다.

도형 뒤집기

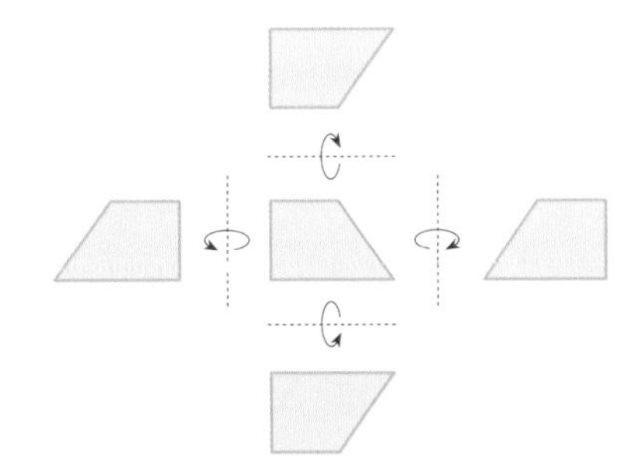

도형을 왼쪽과 오른쪽으로 뒤집었을 때의 모양이 서로 같고, 위쪽과 아래쪽으로 뒤집었을 때의 모양이 서로 같습니다.

대표문제

투명한 그림 카드를 9조각으로 자르고 자른 조각을 다음과 같이 움직였습니다. 밀기를 한 조각과 뒤집기를 한 조각을 각각 찾아 번호를 써 보시오.

STEP 1 밀기를 하면 모양은 변하지 않고 위치만 달라집니다. 밀기를 한 조각을 모두 찾아 번호를 써 보시오.

STEP 2 모양을 왼쪽 또는 오른쪽으로 뒤집으면 왼쪽과 오른쪽이 서로 바뀝니다. 왼쪽 또는 오른쪽으로 뒤집기를 한 조각을 모두 찾아 번호를 써 보시오.

STEP 3 모양을 위쪽 또는 아래쪽으로 뒤집으면 위쪽과 아래쪽이 서로 바뀝니다. 위쪽 또는 아래쪽으로 뒤집기를 한 조각을 모두 찾아 번호를 써 보시오.

정답과 풀이 19쪽

01 도형을 왼쪽으로 밀었을 때의 도형을 그려 보시오.

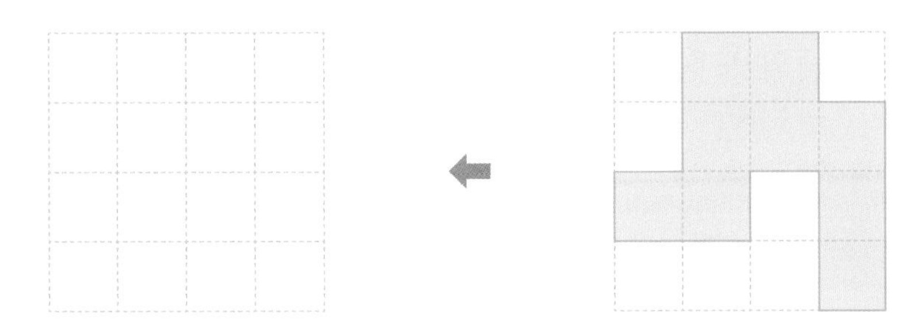

02 민아는 방 안에서 다음과 같은 모양의 스티커를 붙인 다음 밖으로 나가 창문을 보았습니다. 밖에서 본 창문의 모양이 다음과 같을 때 방 안에서 본 창문의 모양을 그려 보시오.

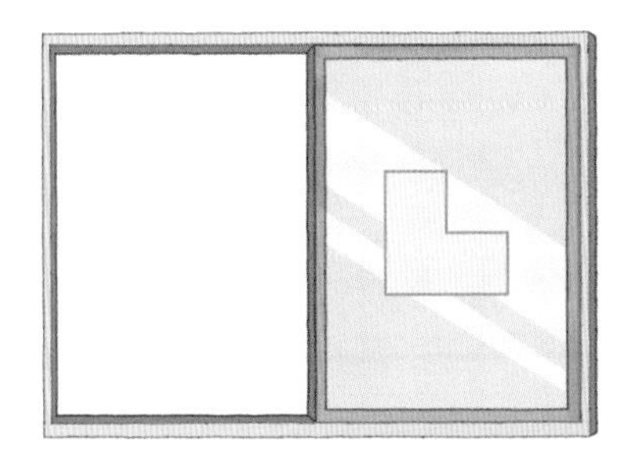
<밖에서 본 창문의 모양>

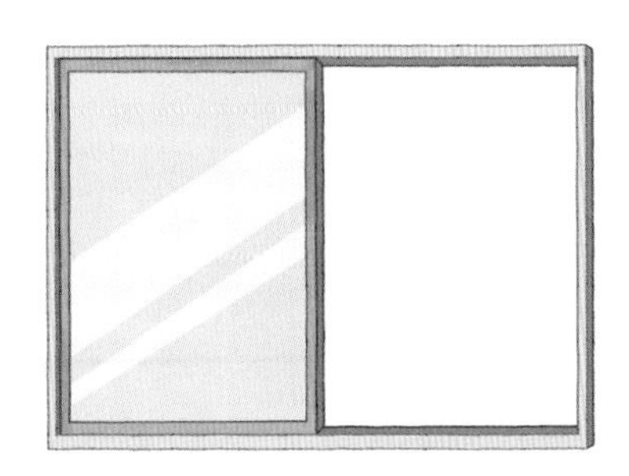
<방 안에서 본 창문의 모양>

2 도형 돌리기

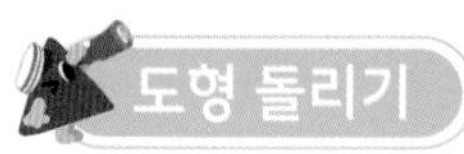

도형을 돌렸을 때의 도형을 각각 그려 보시오. 온라인 활동지

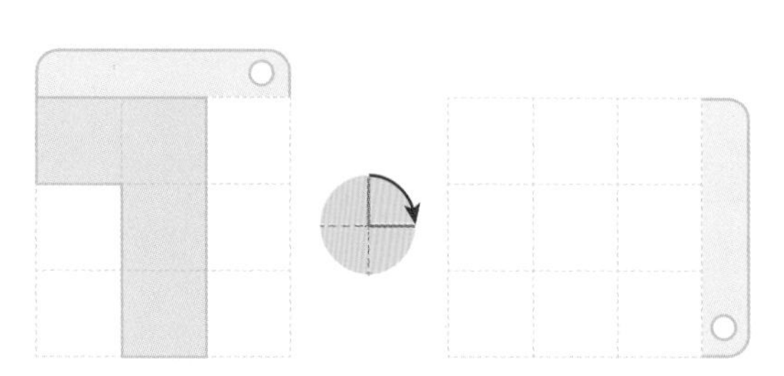

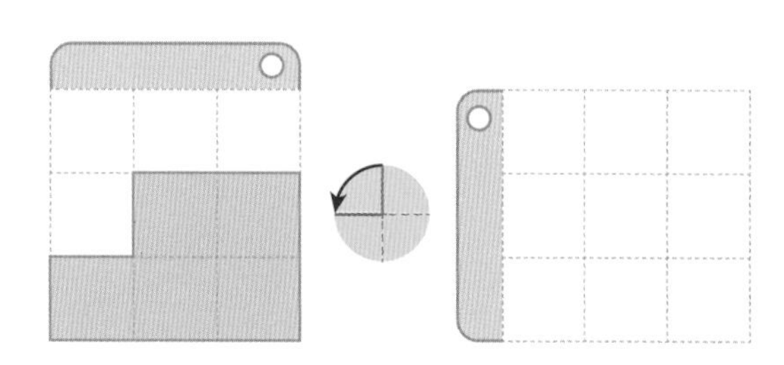

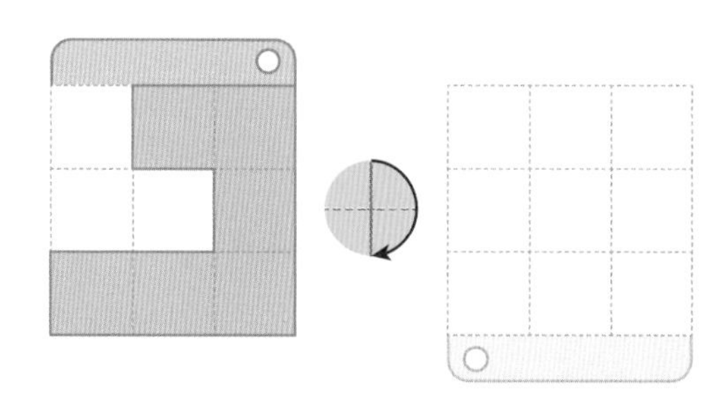

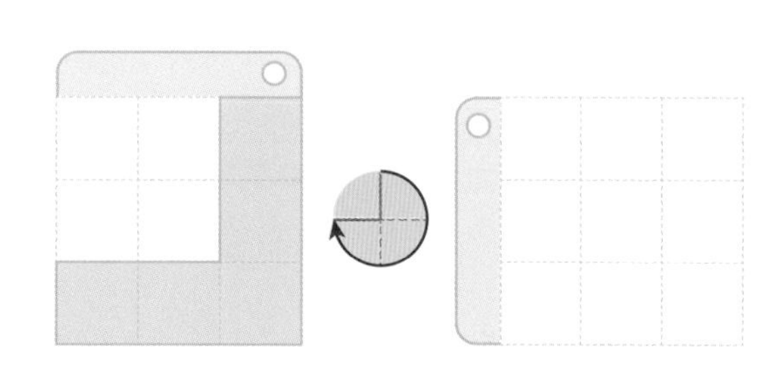

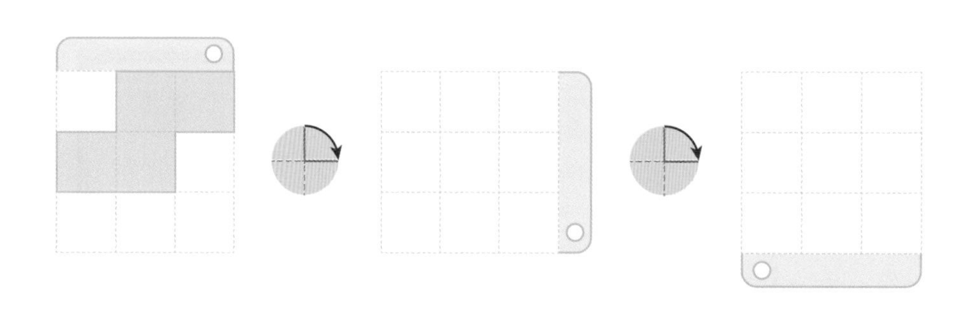

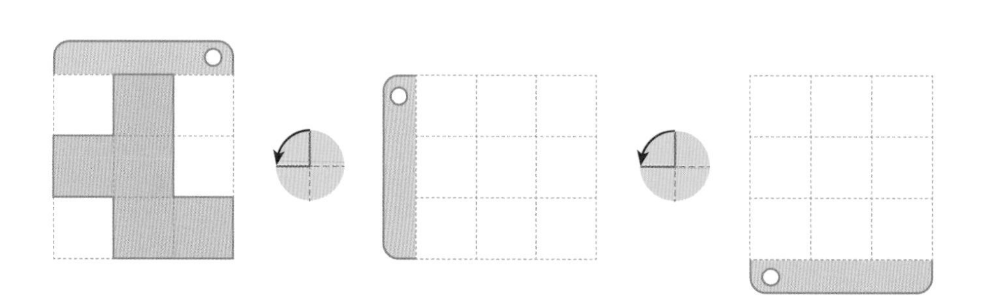

주어진 투명 카드 2장을 서로 돌려서 겹쳤을 때 나오는 모양을 그려 보시오.

온라인 활동지

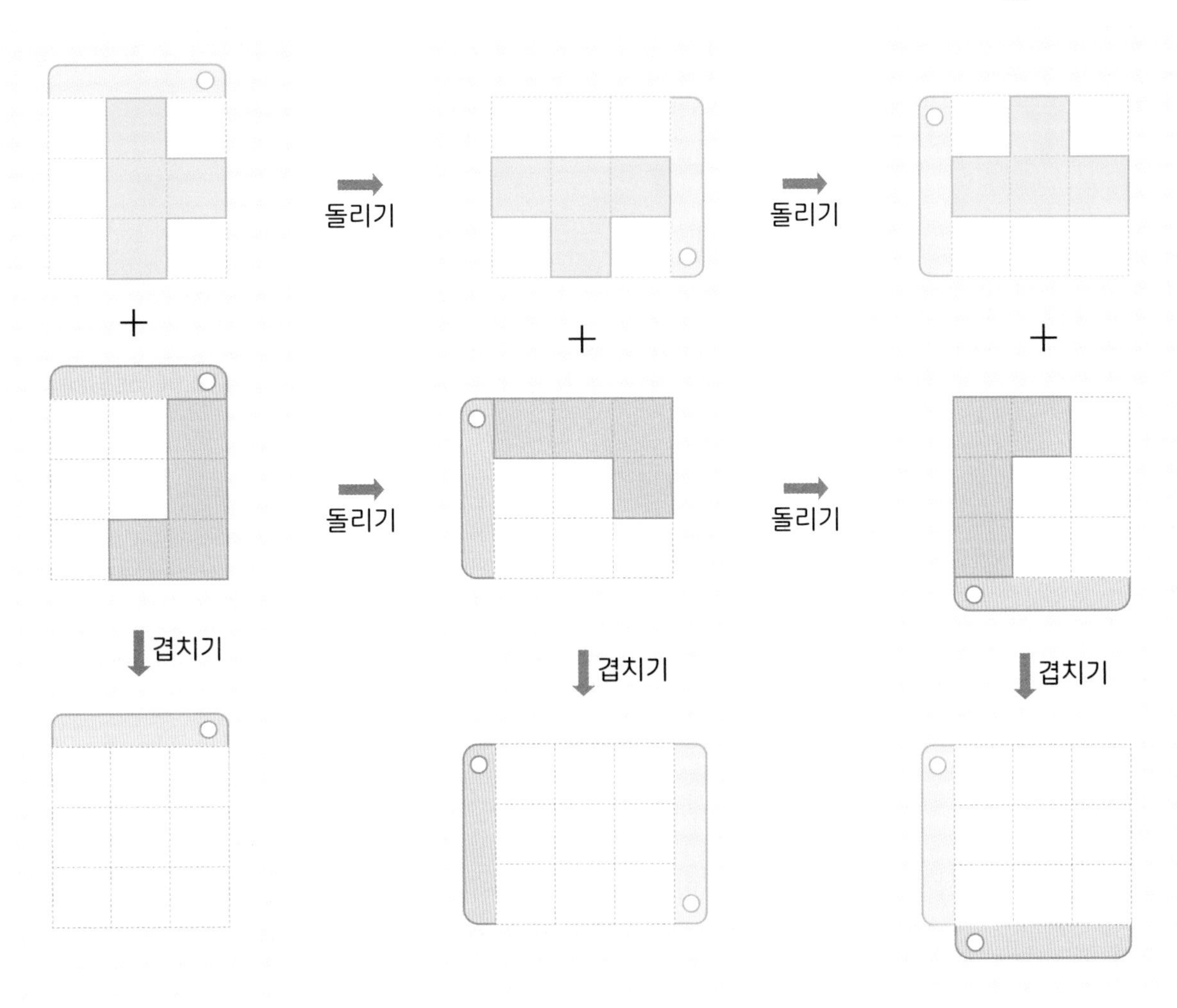

Lecture 도형 돌리기

돌리기 표시의 화살표 끝부분이 같으면 돌렸을 때의 도형도 같습니다.

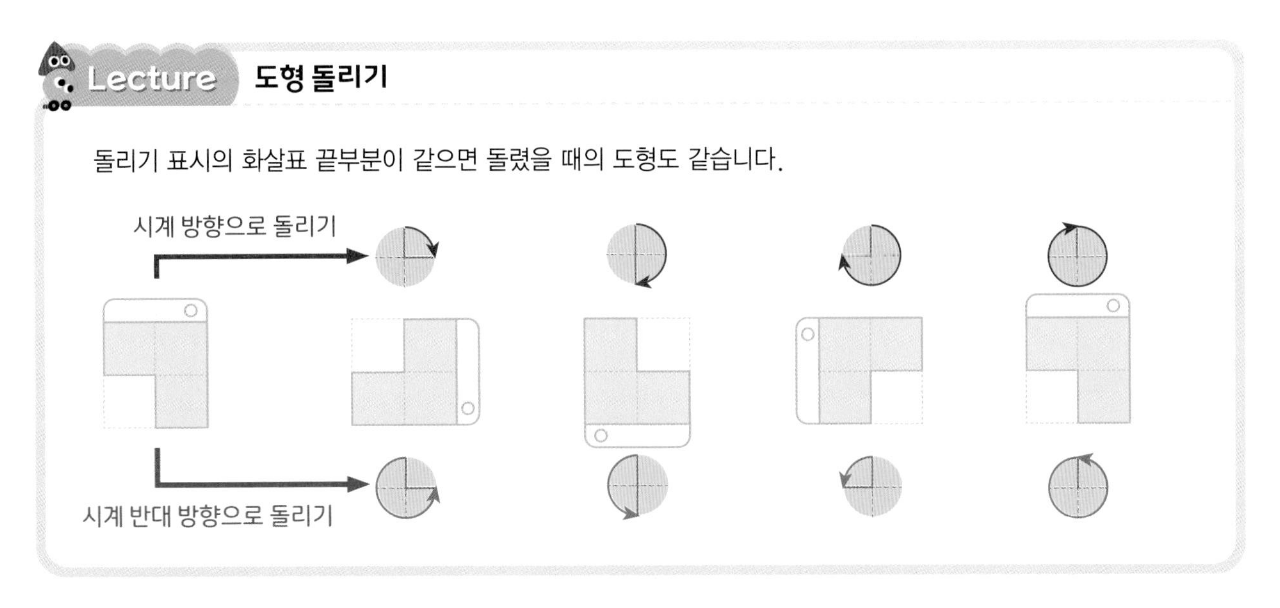

대표문제

| 보기 |와 같이 투명 카드를 시계 방향으로 반의반 바퀴씩 돌리면서 나타나는 모양인 ①, ②, ③, ④를 모두 빈 종이에 색칠하면 오른쪽과 같습니다. 온라인 활동지

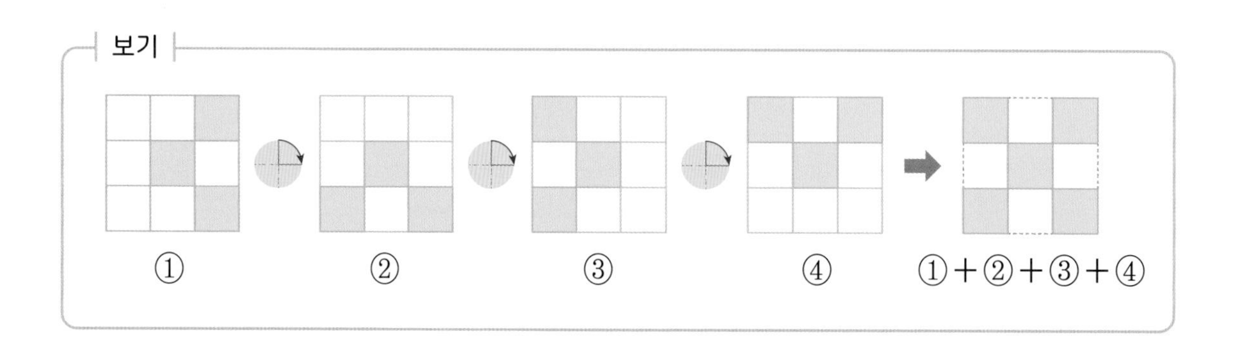

다음 투명 카드를 위와 같은 규칙으로 돌리면서 나타나는 모양을 모두 빈 종이에 색칠해 보시오.

STEP ① 투명 카드를 시계 방향으로 반의반 바퀴씩 돌리면서 나타나는 모양을 각각 그려 보시오.

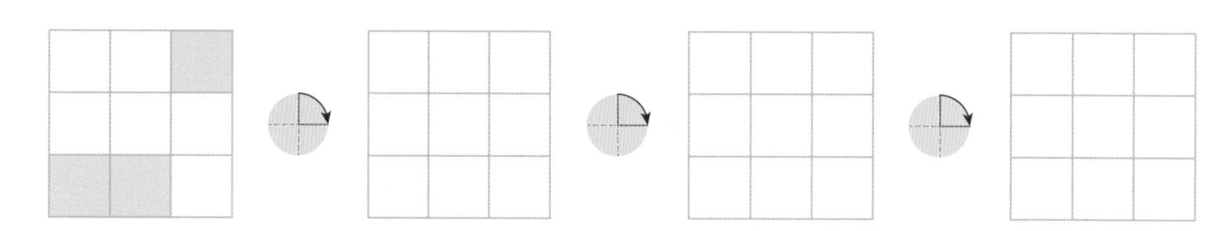

STEP ② STEP ①에서 그린 4가지 모양을 모두 빈 종이에 색칠해 보시오.

정답과 풀이 21쪽

01 어떤 도형을 시계 방향으로 반의반 바퀴 돌린 모양이 다음과 같습니다. 돌리기 전의 도형을 그려 보시오. 온라인 활동지

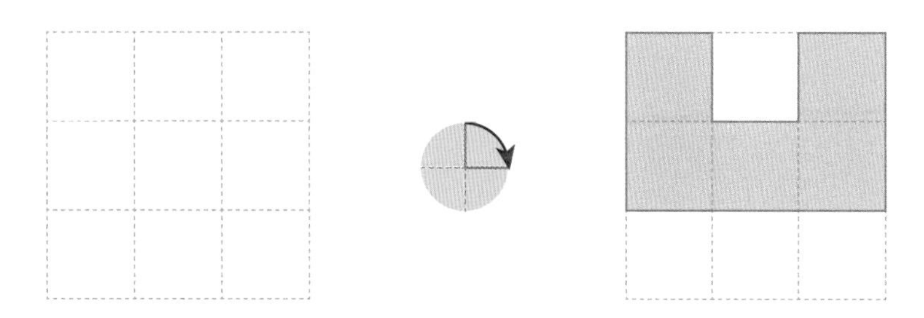

02 규칙에 따라 번호가 쓰여 있는 주차장의 모습입니다. 차가 주차된 곳의 번호는 몇 번인지 구하시오.

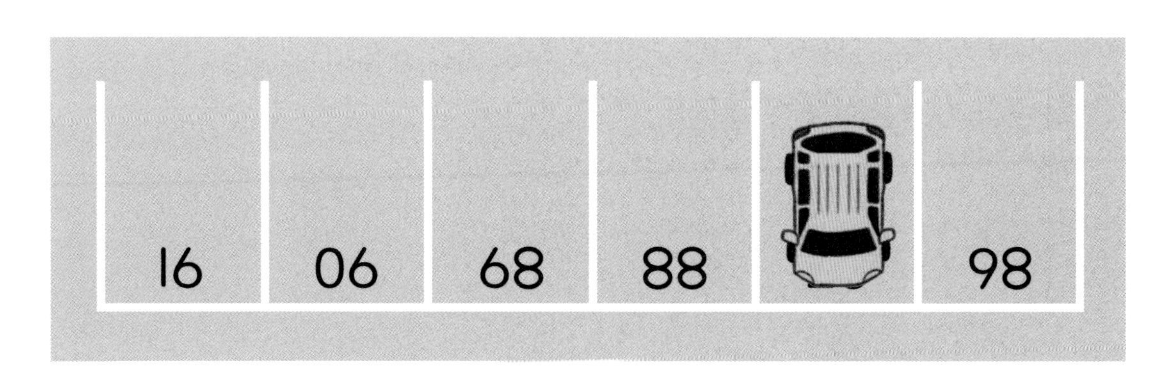

3 거울에 비친 모양

다음과 같이 거울을 세워 놓고 디지털 숫자를 비추었을 때 거울에 나타나는 모양을 그려 보시오.

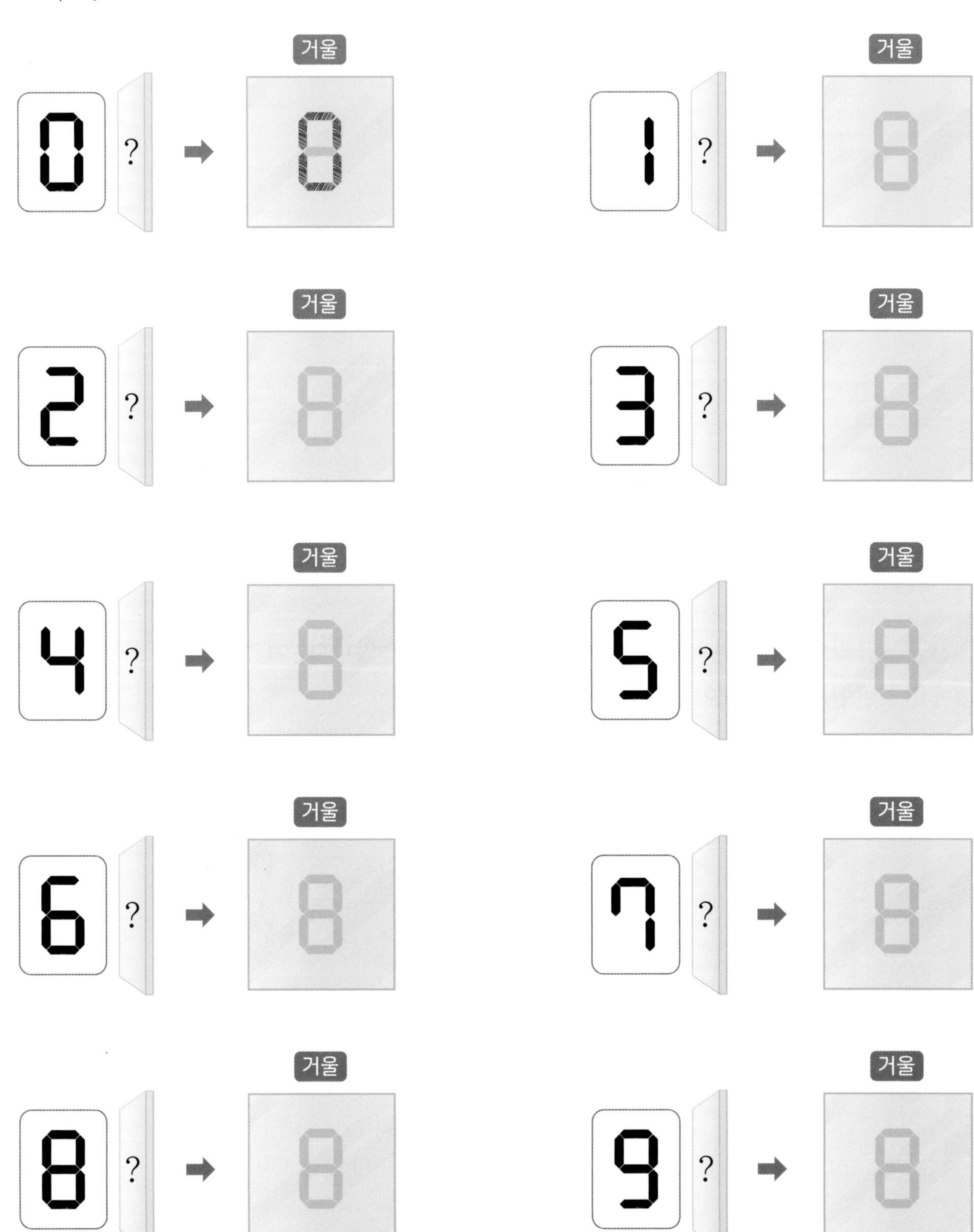

정답과 풀이 22쪽

거울에 비친 식

거울에 비친 식을 보고, 거울에 비추기 전의 원래 식과 계산 결과를 써 보시오.

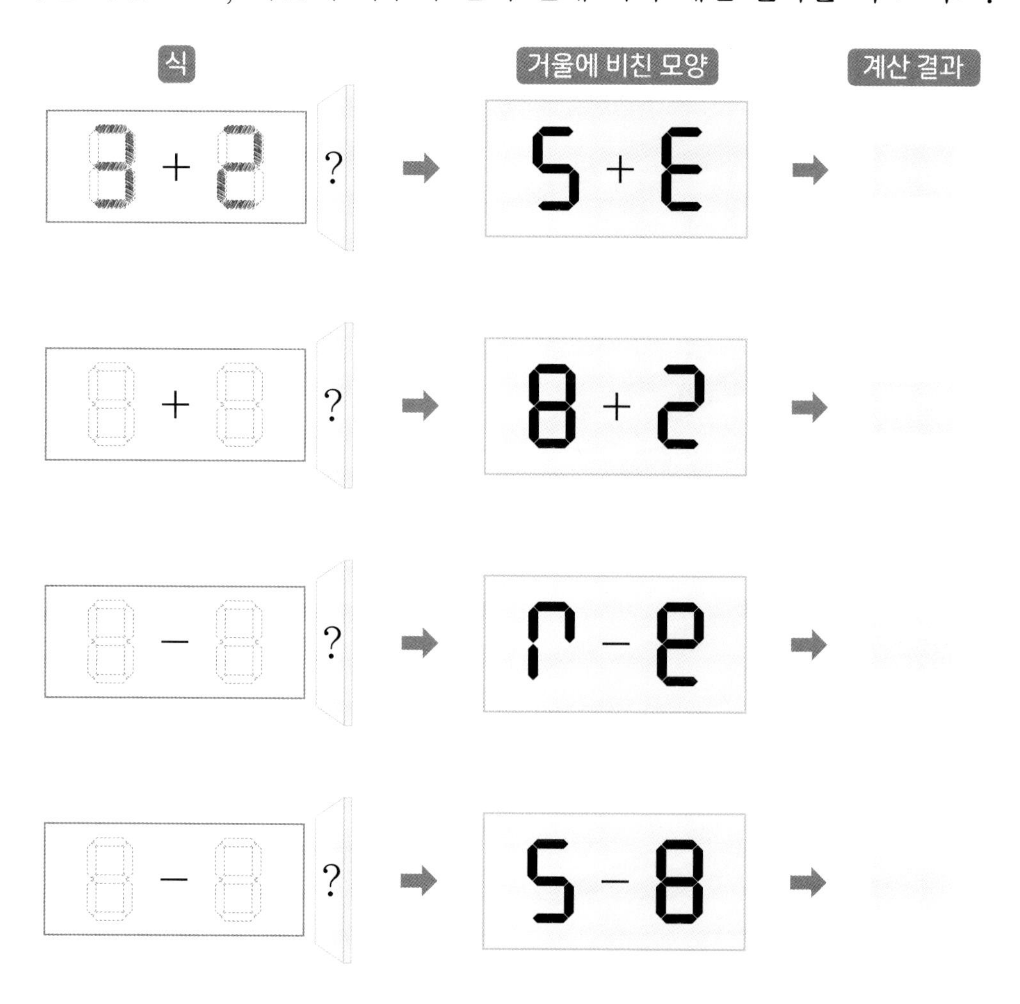

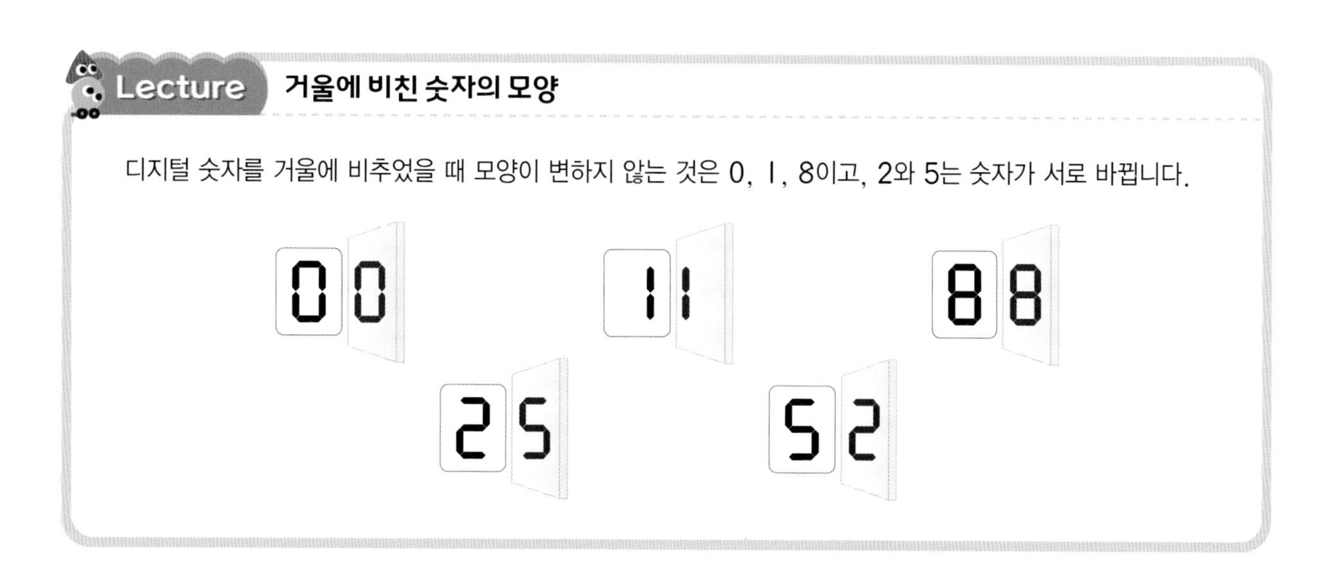

디지털 숫자를 거울에 비추었을 때 모양이 변하지 않는 것은 0, 1, 8이고, 2와 5는 숫자가 서로 바뀝니다.

대표문제

다음은 | 보기 |와 같이 디지털 숫자로 만든 덧셈식과 뺄셈식 카드를 거울에 비친 모양입니다. 원래 식의 계산 결과가 가장 큰 것과 가장 작은 것을 찾아 기호를 써 보시오.

| 보기 |

12+ 15 ? ➡ 21 +51

<거울에 비친 모양>

㉮	㉯	㉰	㉱
21 +21	1 5+81	81 −25	55−52

STEP 1 어떤 모양을 거울에 비추면 왼쪽과 오른쪽이 서로 바뀝니다. 거울에 비친 모양을 보고 원래의 식을 쓰고, 계산 결과를 구하시오.

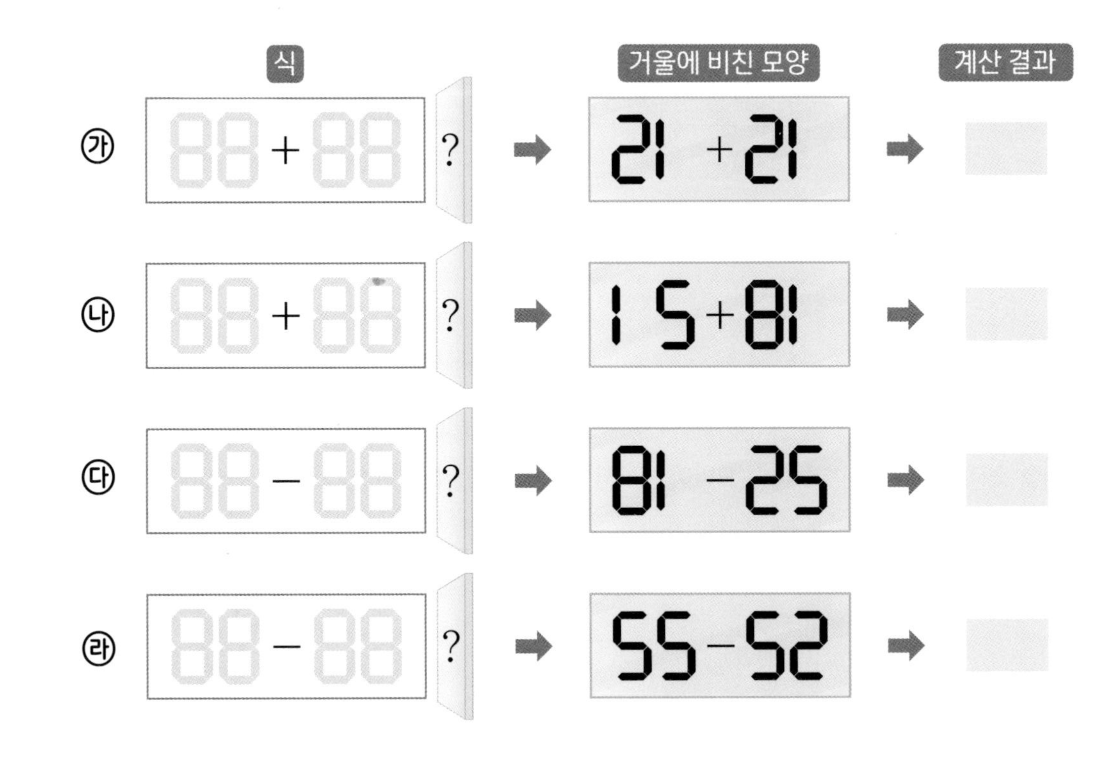

STEP 2 계산 결과가 가장 큰 것과 가장 작은 것을 찾아 기호를 써 보시오.

정답과 풀이 23쪽

01 다음은 디지털 숫자로 만든 덧셈식을 거울에 비춘 모양입니다. ☐ 안에 알맞은 수는 얼마인지 구하시오.

52= +25

02 동수가 거울에 비친 디지털 시계의 모양을 본 모습입니다. 지금 시각은 몇 시 몇 분인지 구하시오. (단, 거울은 시계의 오른쪽에 세워 놓고 비춘 것입니다.)

01 도형을 다음과 같이 돌렸을 때의 도형을 차례대로 그려 보시오. 온라인 활동지

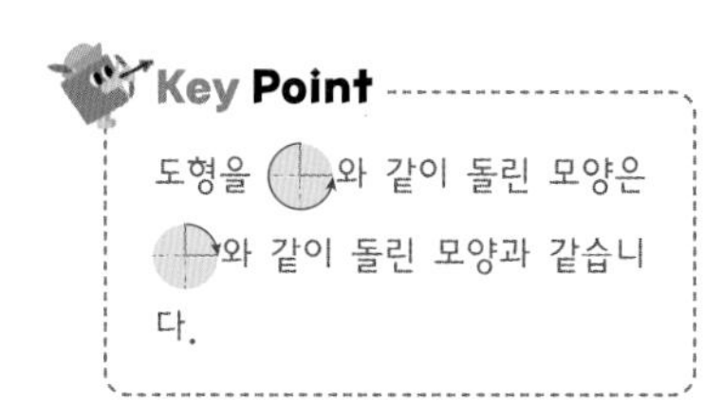

Key Point

도형을 ◔와 같이 돌린 모양은 ◔와 같이 돌린 모양과 같습니다.

02 다음은 수 카드를 거울에 비친 모양입니다. 원래의 수 중에서 가장 큰 수와 가장 작은 수의 차를 구하시오. (단, 거울은 수 카드의 오른쪽에 세워 놓고 비춘 것입니다.)

03 다음은 어떤 모양 카드를 위로 민 다음 거울에 비쳤을 때의 모양입니다. 모양 카드의 처음 모양을 그려 보시오.

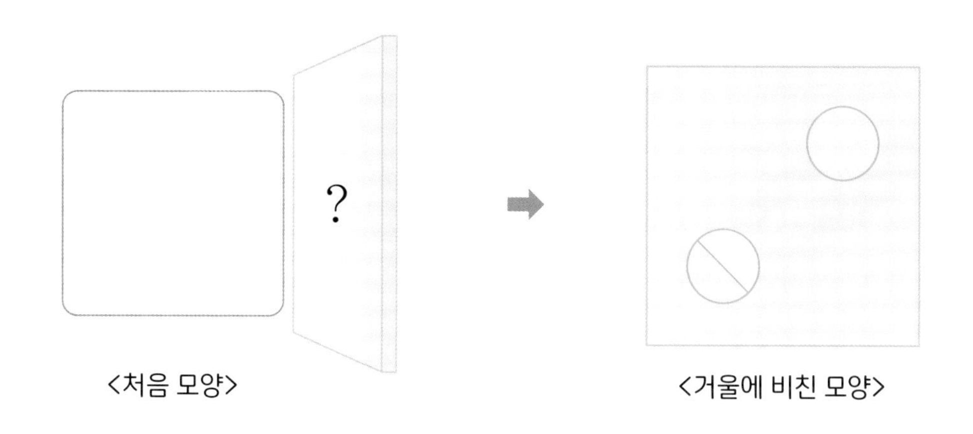

04 어떤 도형을 오른쪽으로 뒤집은 후, 시계 반대 방향으로 반의반 바퀴 돌린 도형이 오른쪽과 같습니다. 처음 도형을 그려 보시오.

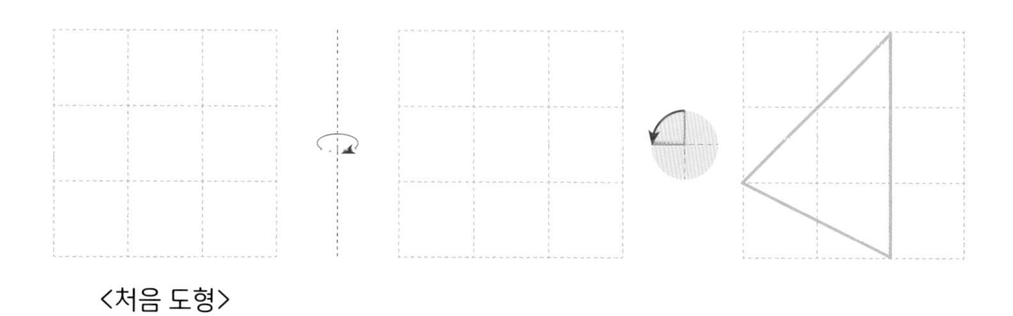

4 점을 이어 만든 도형

네 각이 모두 직각이고 네 변의 길이가 모두 같은 사각형을 정사각형이라고 합니다.

주어진 점을 이어 그릴 수 있는 사각형 중 크기가 서로 다른 정사각형은 모두 몇 가지인지 구하시오. (단, 돌리거나 뒤집어서 겹쳐지는 것은 한 가지로 봅니다.)

(1) 주어진 선을 한 변으로 하는 정사각형을 그려 보시오.

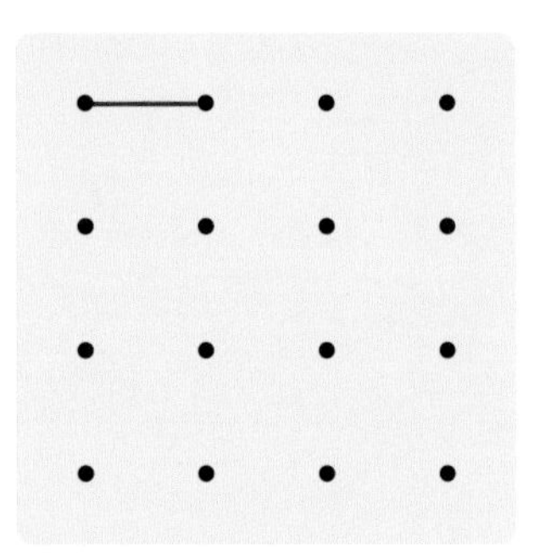
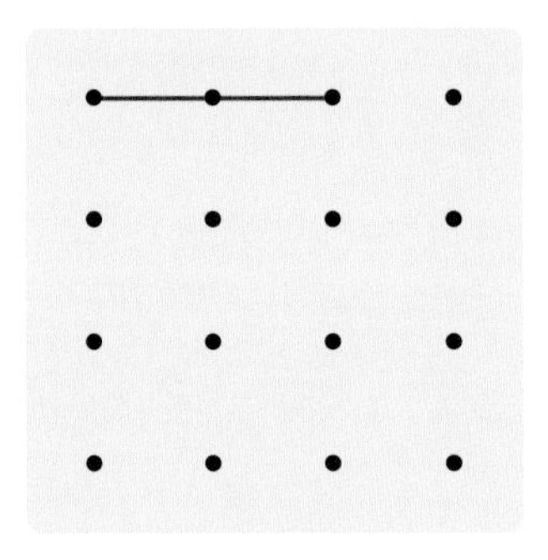
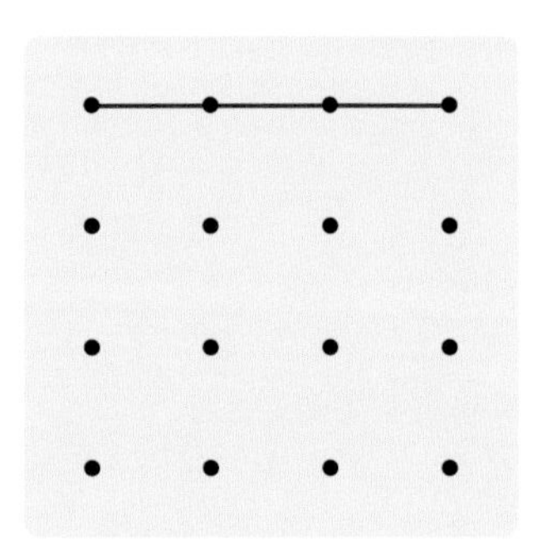

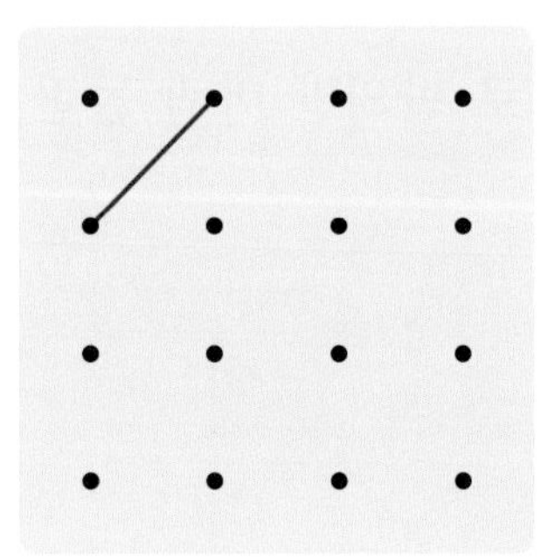
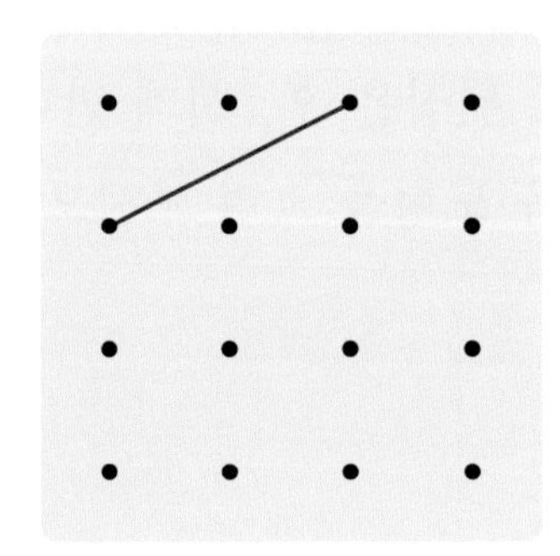

(2) 점을 이어 그릴 수 있는 크기가 서로 다른 정사각형은 모두 몇 가지입니까?

정답과 풀이 25쪽

크기가 서로 다른 정삼각형 그리기

세 변의 길이가 같은 삼각형을 정삼각형이라고 합니다.

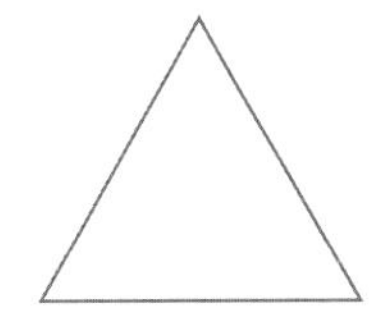

주어진 점을 이어 그릴 수 있는 삼각형 중 크기가 서로 다른 정삼각형은 모두 몇 가지인지 구하시오. (단, 돌리거나 뒤집어서 겹쳐지는 것은 한 가지로 봅니다.)

(1) 크기가 서로 다른 정삼각형을 모두 그려 보시오.

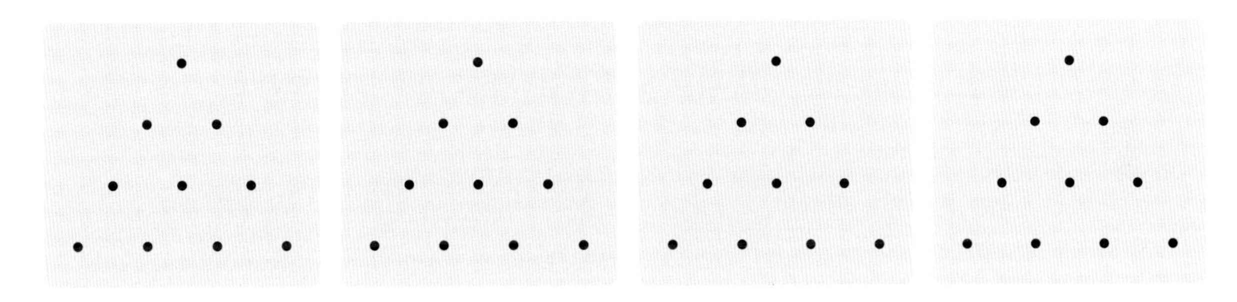

(2) 점을 이어 그릴 수 있는 크기가 서로 다른 정삼각형은 모두 몇 가지입니까?

Lecture 점을 이어 만든 도형

• 가로와 세로의 간격이 같은 점 종이 위에 다음과 같이 모양이 서로 다른 삼각형을 그릴 수 있습니다.

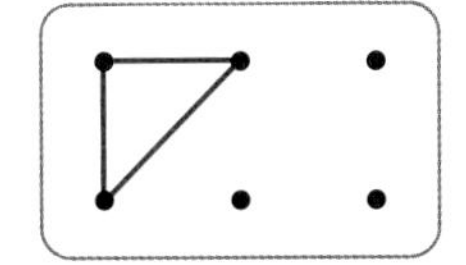 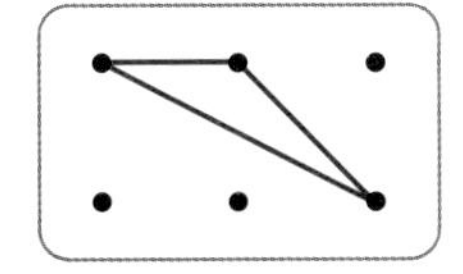 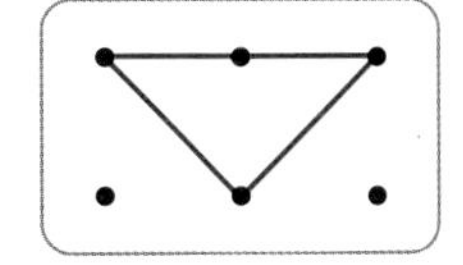 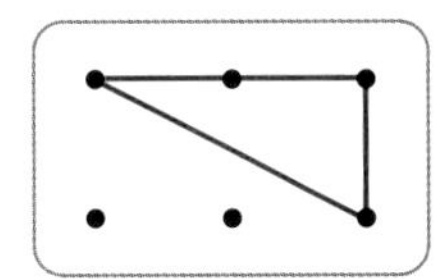

• 아래 삼각형들은 모두 돌리거나 뒤집으면 겹쳐지므로 한 가지 모양으로 봅니다.

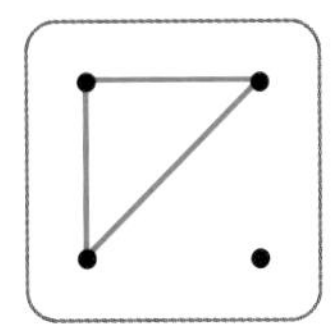 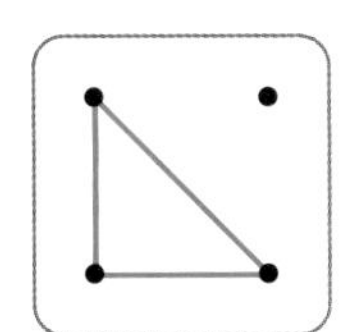 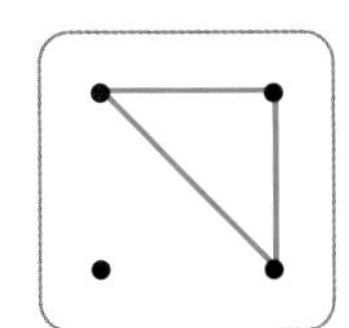 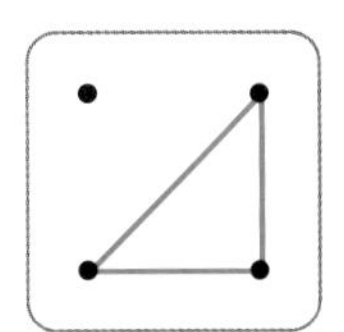

대표문제

주어진 점을 이어 그릴 수 있는 삼각형 중 서로 다른 모양의 삼각형은 모두 몇 가지인지 구하시오. (단, 돌리거나 뒤집어서 겹쳐지는 것은 한 가지로 봅니다.)

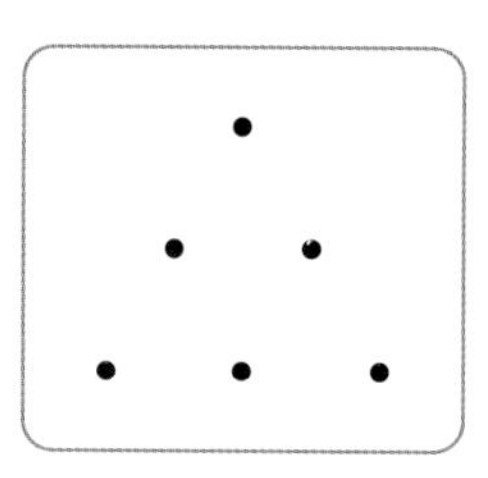

STEP 1 주어진 선을 한 변으로 하는 서로 다른 모양의 삼각형을 모두 그려 보시오.

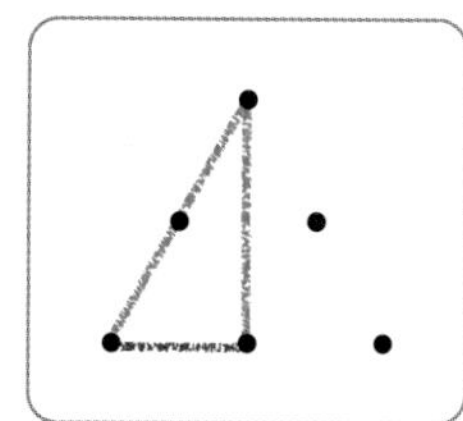
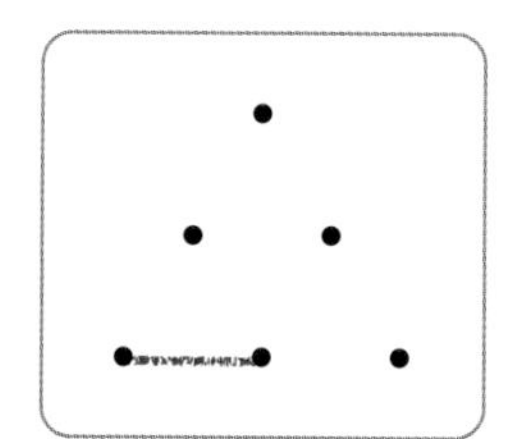
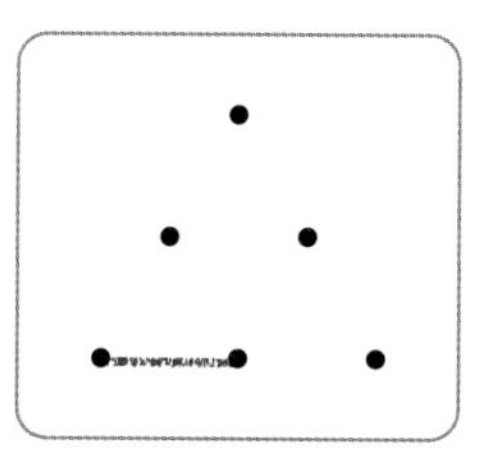

STEP 2 주어진 선을 한 변으로 하는 서로 다른 모양의 삼각형을 모두 그려 보시오.

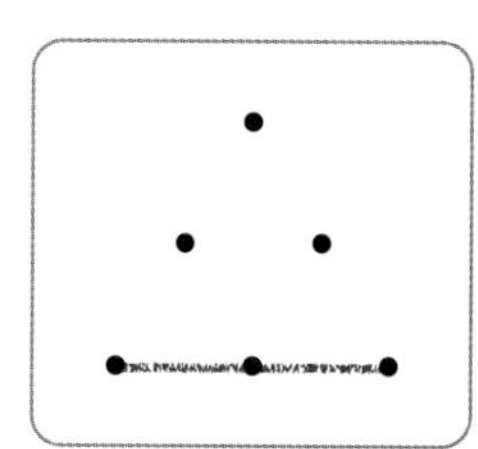
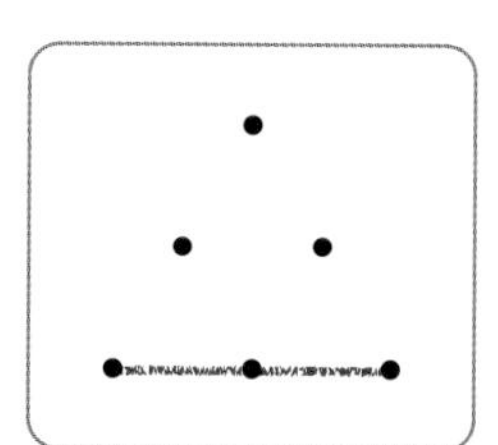

STEP 3 STEP 1 과 STEP 2 에서 돌리거나 뒤집었을 때 겹쳐지는 것을 찾아 STEP 2 에 ○표 하시오.

STEP 4 점을 이어 그릴 수 있는 서로 다른 모양의 삼각형은 모두 몇 가지입니까?

정답과 풀이 26쪽

01 다음과 같이 원 위에 같은 간격으로 6개의 점이 찍혀 있습니다. 점을 이어 만들 수 있는 삼각형 중 서로 다른 모양의 삼각형은 모두 몇 가지인지 구하시오. (단, 돌리거나 뒤집어서 겹쳐지는 것은 한 가지로 봅니다.)

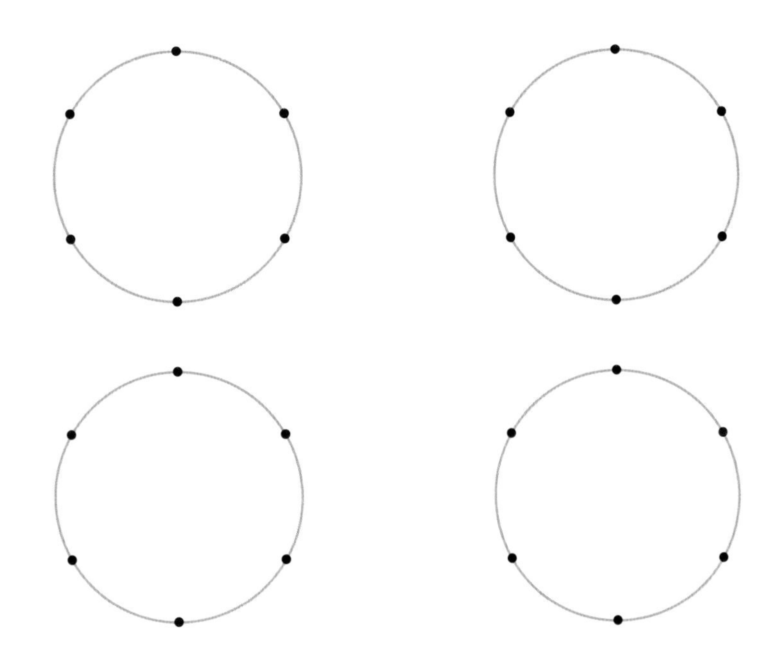

02 주어진 점을 이어 그릴 수 있는 사각형 중 크기가 서로 다른 정사각형은 모두 몇 가지인지 구하시오. (단, 돌리거나 뒤집어서 겹쳐지는 것은 한 가지로 봅니다.)

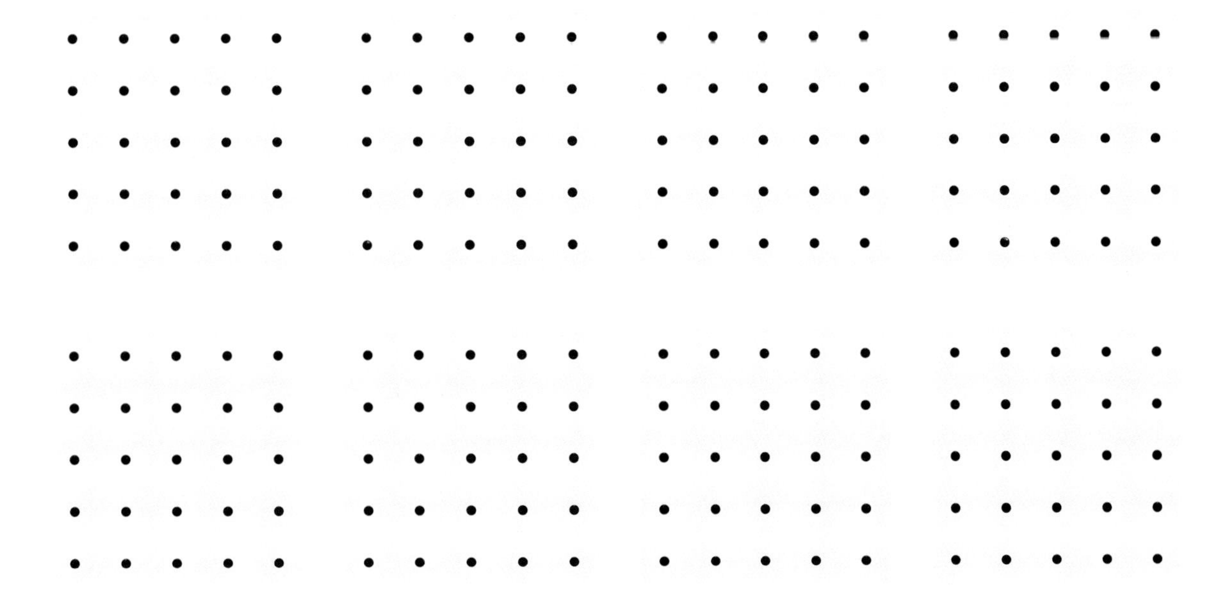

5 조건에 맞게 도형 자르기

선을 따라 잘랐을 때 생기는 도형의 개수를 각각 구하시오.

보기

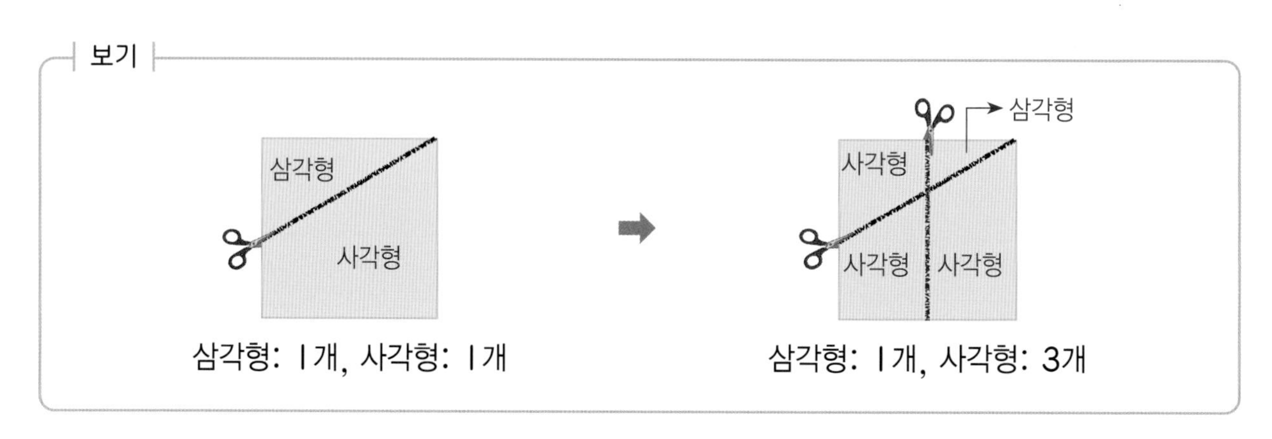

삼각형: 1개, 사각형: 1개 → 삼각형: 1개, 사각형: 3개

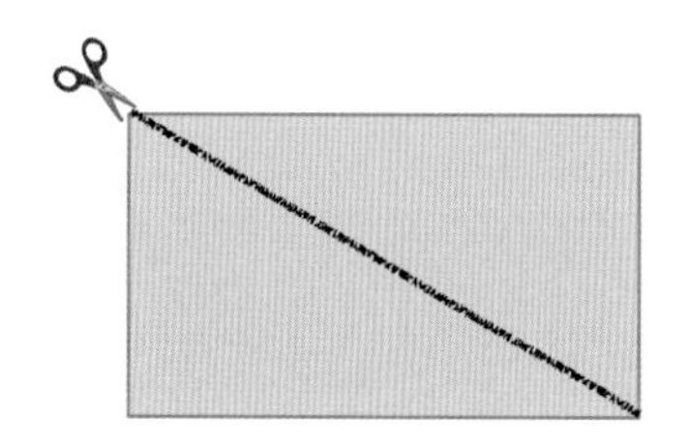

삼각형: 2 개, 사각형: 0 개

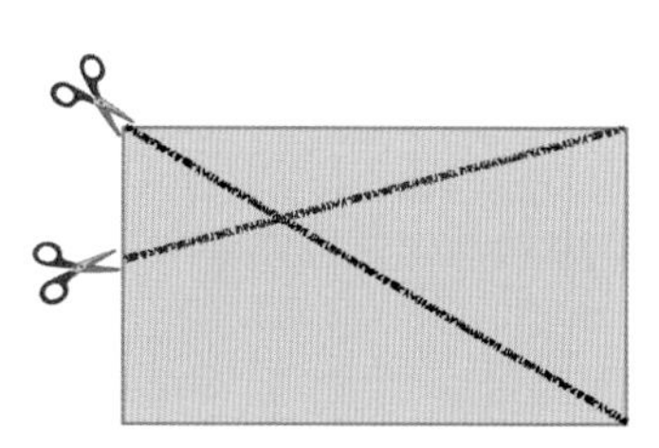

삼각형: ☐ 개, 사각형: ☐ 개

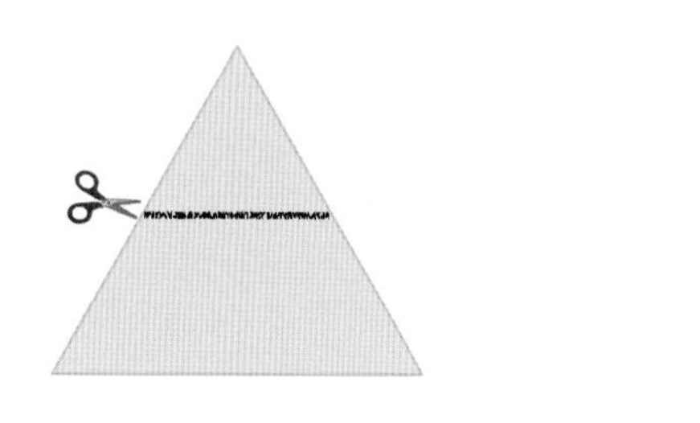

삼각형: ☐ 개, 사각형: ☐ 개

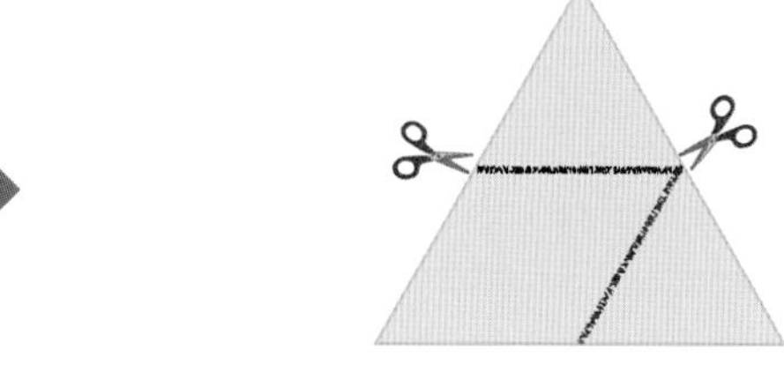

삼각형: ☐ 개, 사각형: ☐ 개

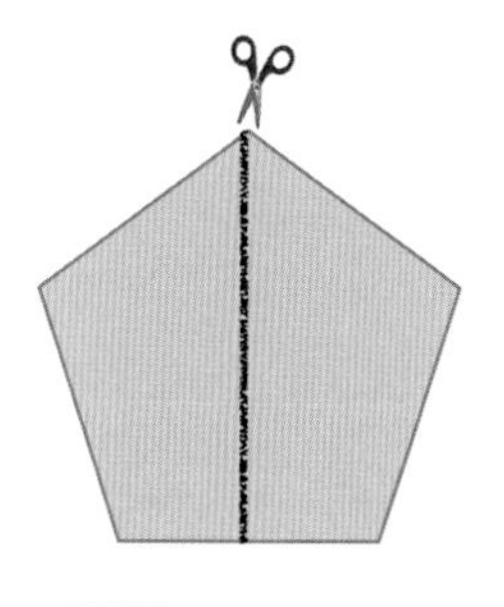

삼각형: ☐ 개, 사각형: ☐ 개

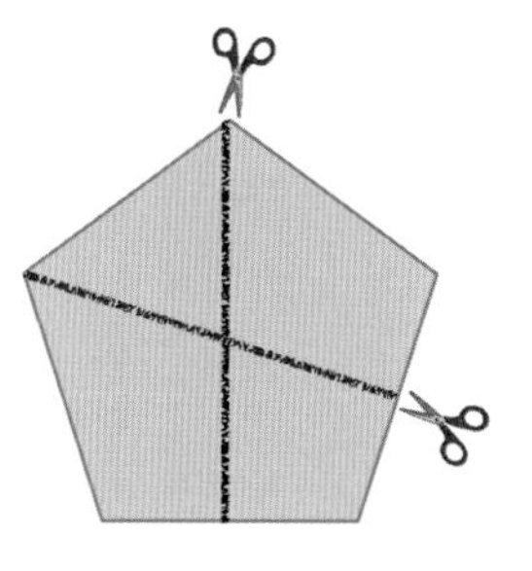

삼각형: ☐ 개, 사각형: ☐ 개

정답과 풀이 27쪽

모든 선을 따라 잘랐을 때 주어진 도형의 개수가 나오도록 점과 점을 연결하는 선을 1개 더 그어 보시오.

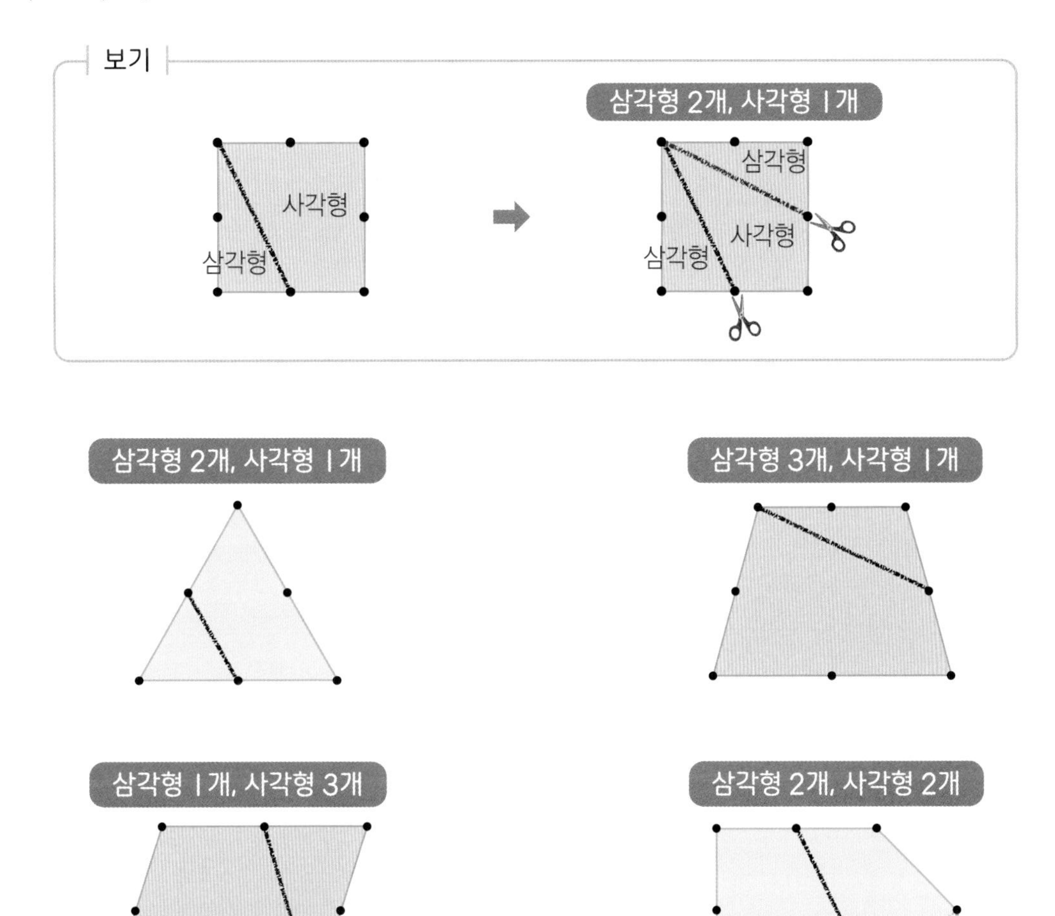

Lecture
조건에 맞게 도형 자르기
선 2개를 그어 자르는 방법에 따라 여러 가지 도형이 생길 수 있습니다.
방법1
방법2
방법3
삼각형: 4개
삼각형: 3개
삼각형: 1개, 사각형: 3개

대표문제

다음 도형에 선을 2개 긋고 그 선을 따라 잘랐을 때, 삼각형 5개가 되도록 만들어 보시오.

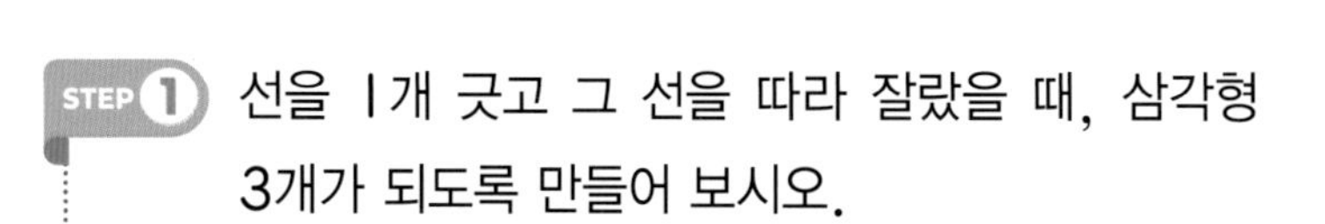

STEP 1 선을 1개 긋고 그 선을 따라 잘랐을 때, 삼각형 3개가 되도록 만들어 보시오.

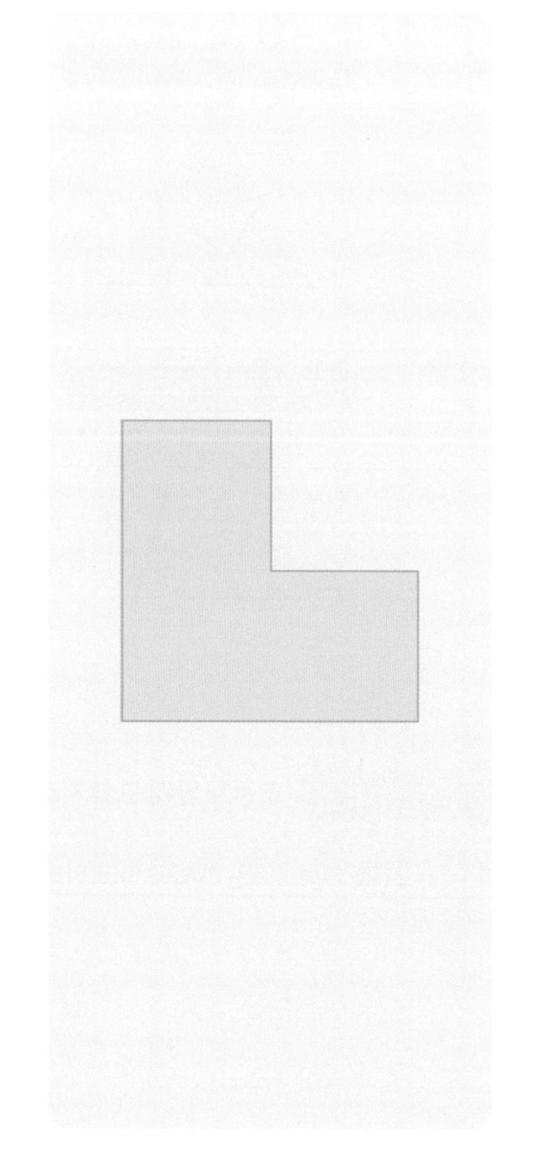

STEP 2 STEP 1 의 그림에 선을 1개 더 긋고, 그 선을 따라 잘랐을 때, 삼각형 5개가 되도록 만들어 보시오.

정답과 풀이 28쪽

01 도형의 두 점을 잇는 선을 2개 긋고 그 선을 따라 잘랐을 때, 삼각형 1개와 사각형 3개가 되도록 만들어 보시오.

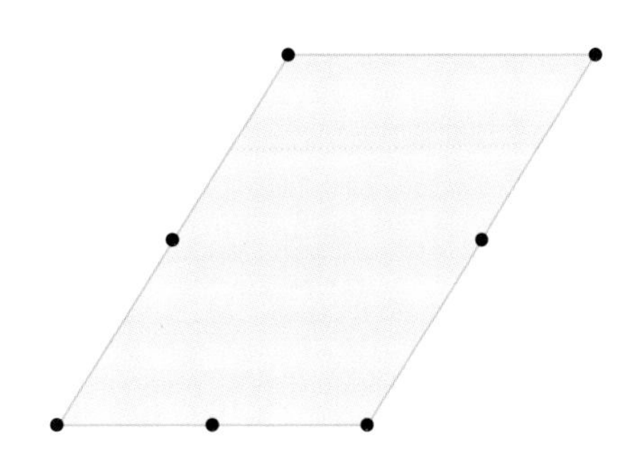

02 다음 도형에 선을 2개 긋고 그 선을 따라 잘랐을 때, 삼각형 2개와 사각형 2개가 되도록 만들어 보시오.

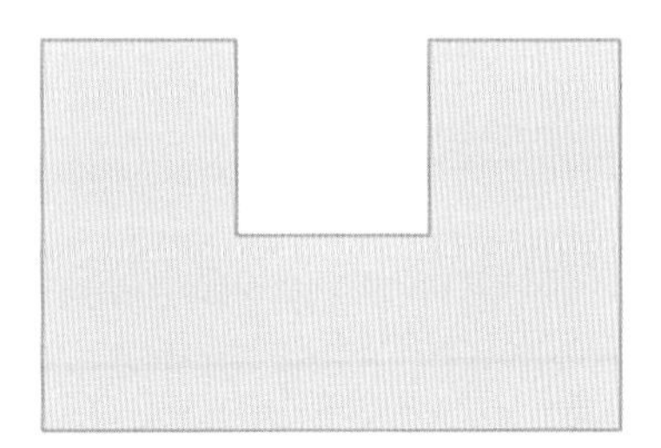

6 찾을 수 있는 도형의 개수

|보기|와 같이 도형에서 찾을 수 있는 크고 작은 삼각형 또는 사각형을 모두 그려 보시오.

보기

모양 ➡

모양 ➡

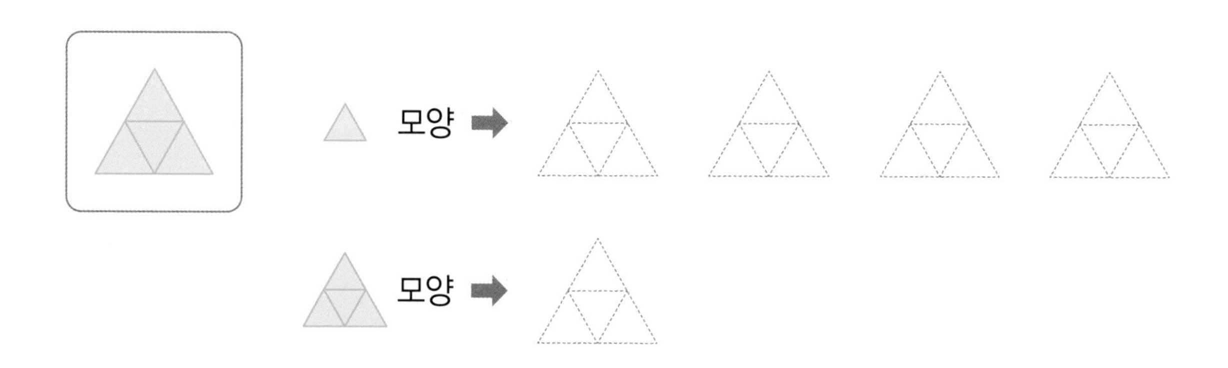

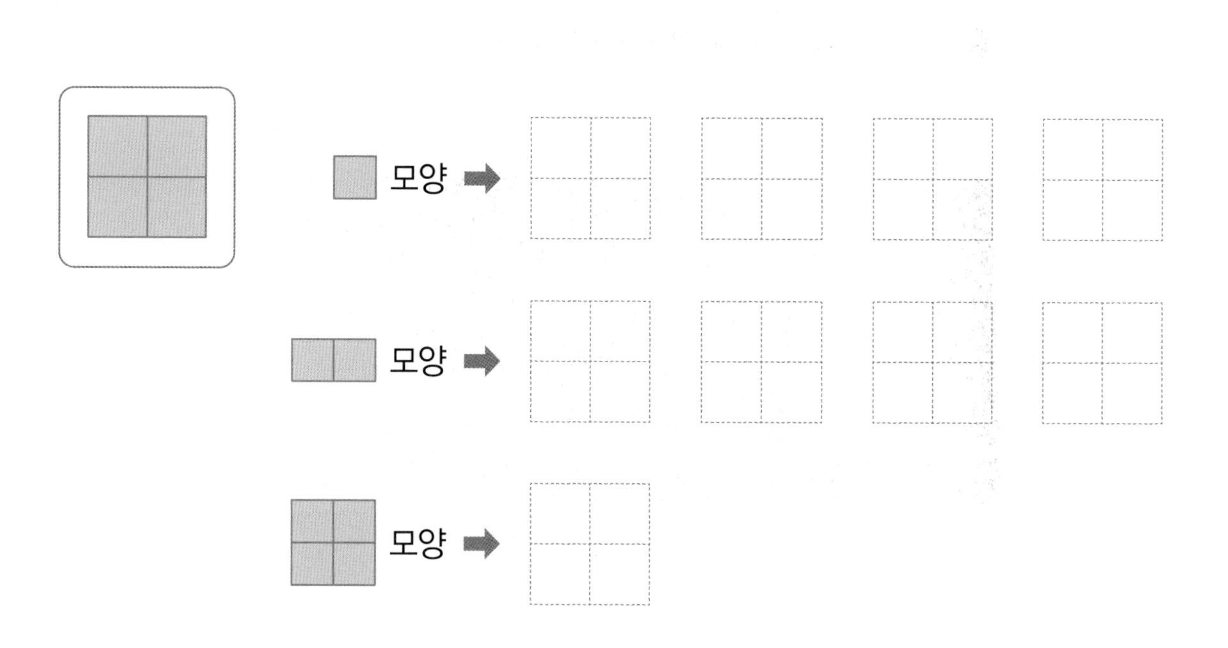

정답과 풀이 29쪽

주어진 도형에서 찾을 수 있는 크고 작은 사각형의 개수를 구하시오.

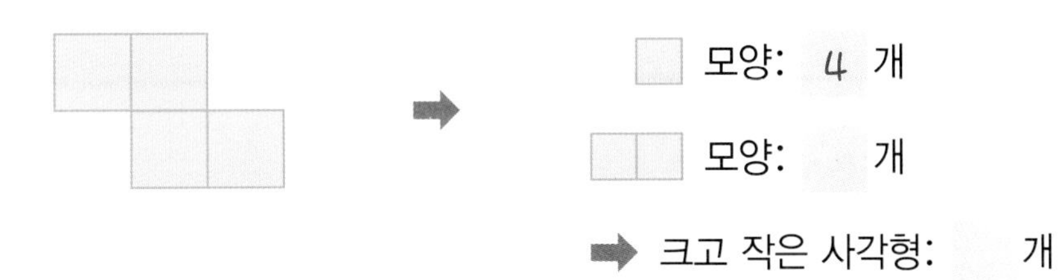

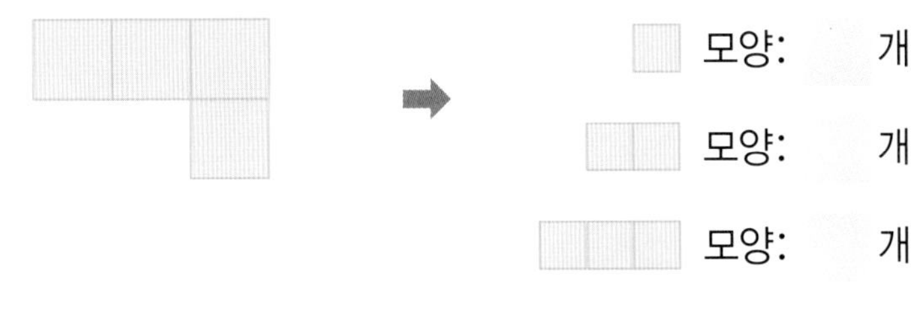

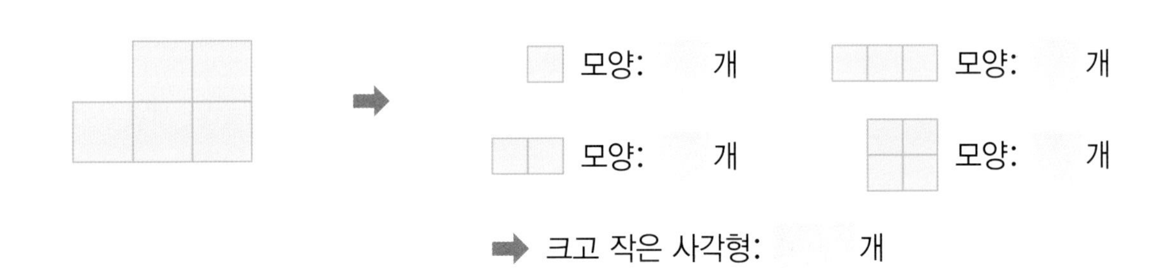

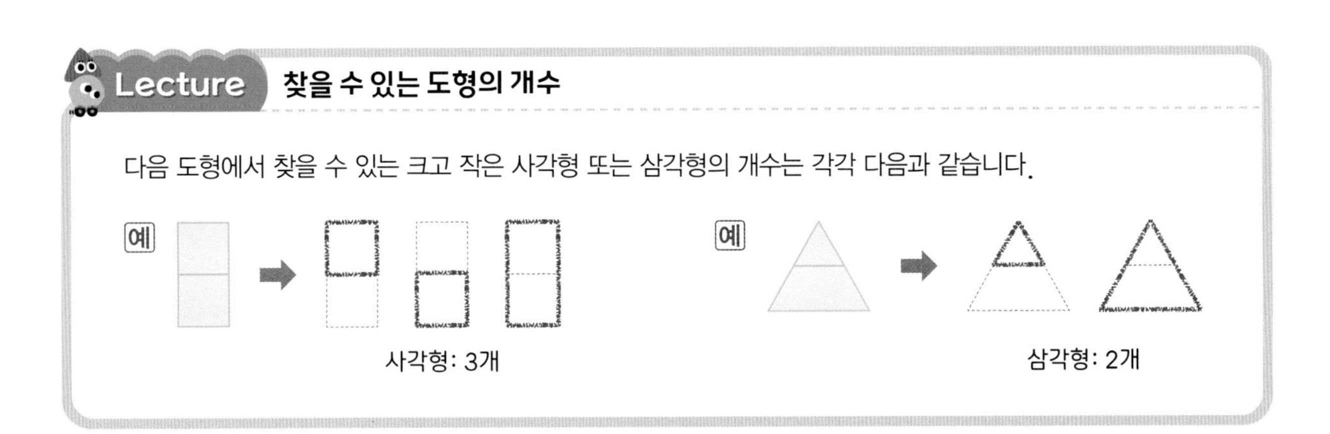

Lecture
찾을 수 있는 도형의 개수
다음 도형에서 찾을 수 있는 크고 작은 사각형 또는 삼각형의 개수는 각각 다음과 같습니다.
예
사각형: 3개
예
삼각형: 2개

대표문제

다음 그림에서 찾을 수 있는 크고 작은 사각형은 모두 몇 개인지 개수를 구하시오.

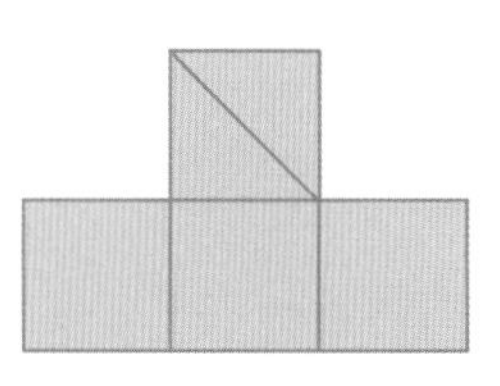

STEP 1 위의 그림에서 ☐ 모양의 사각형은 모두 몇 개입니까?

STEP 2 위의 그림에서 작은 사각형 2개가 붙어 있는 ☐☐ 모양의 사각형은 모두 몇 개입니까?

STEP 3 위의 그림에서 작은 사각형 3개가 붙어 있는 ☐☐☐ 모양의 사각형은 모두 몇 개입니까?

STEP 4 위의 그림에서 대각선이 포함된 ◸ 모양의 사각형은 모두 몇 개입니까?

STEP 5 위의 그림에서 찾을 수 있는 크고 작은 사각형은 모두 몇 개입니까?

정답과 풀이 30쪽

01 다음 그림에서 찾을 수 있는 크고 작은 삼각형은 각각 몇 개인지 구하시오.

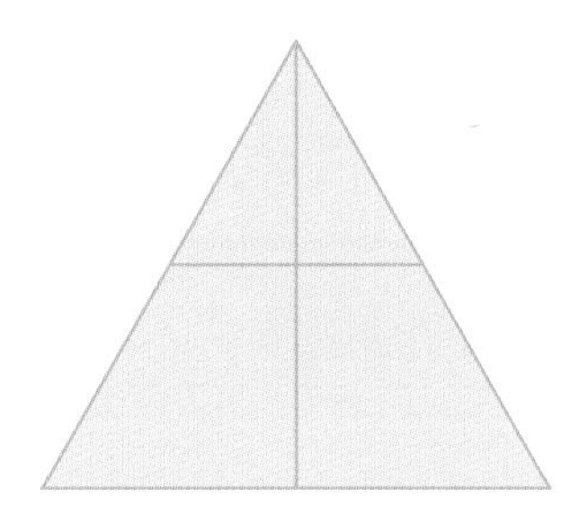

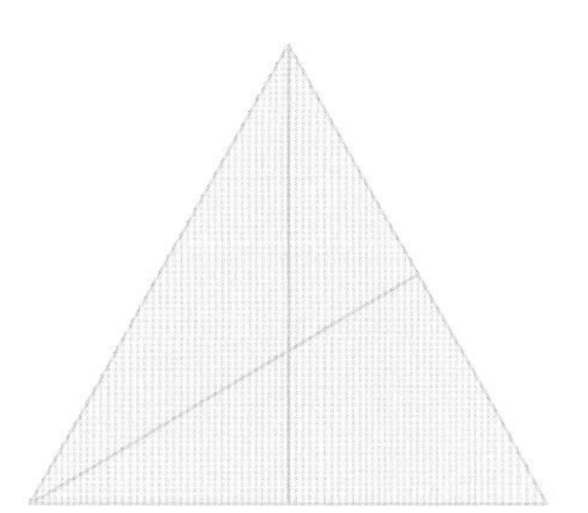

02 다음 그림에서 찾을 수 있는 크고 작은 사각형은 모두 몇 개인지 구하시오.

Creative 팩토

01 |보기|와 같이 주어진 도형 위에 선 1개를 더 그어 크고 작은 삼각형의 개수가 각각 4개, 5개, 6개가 되도록 만들어 보시오.

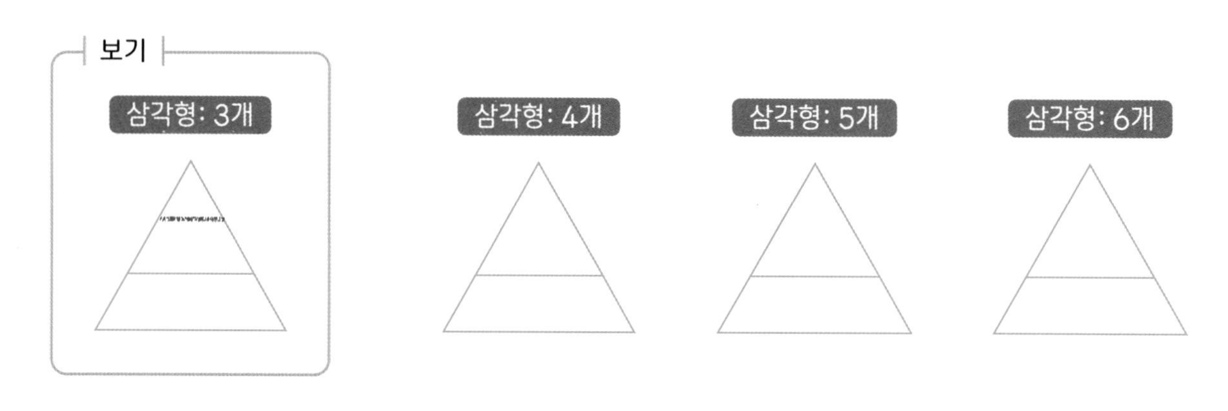

02 ♥ 모양을 포함하는 크고 작은 사각형의 개수를 구하시오.

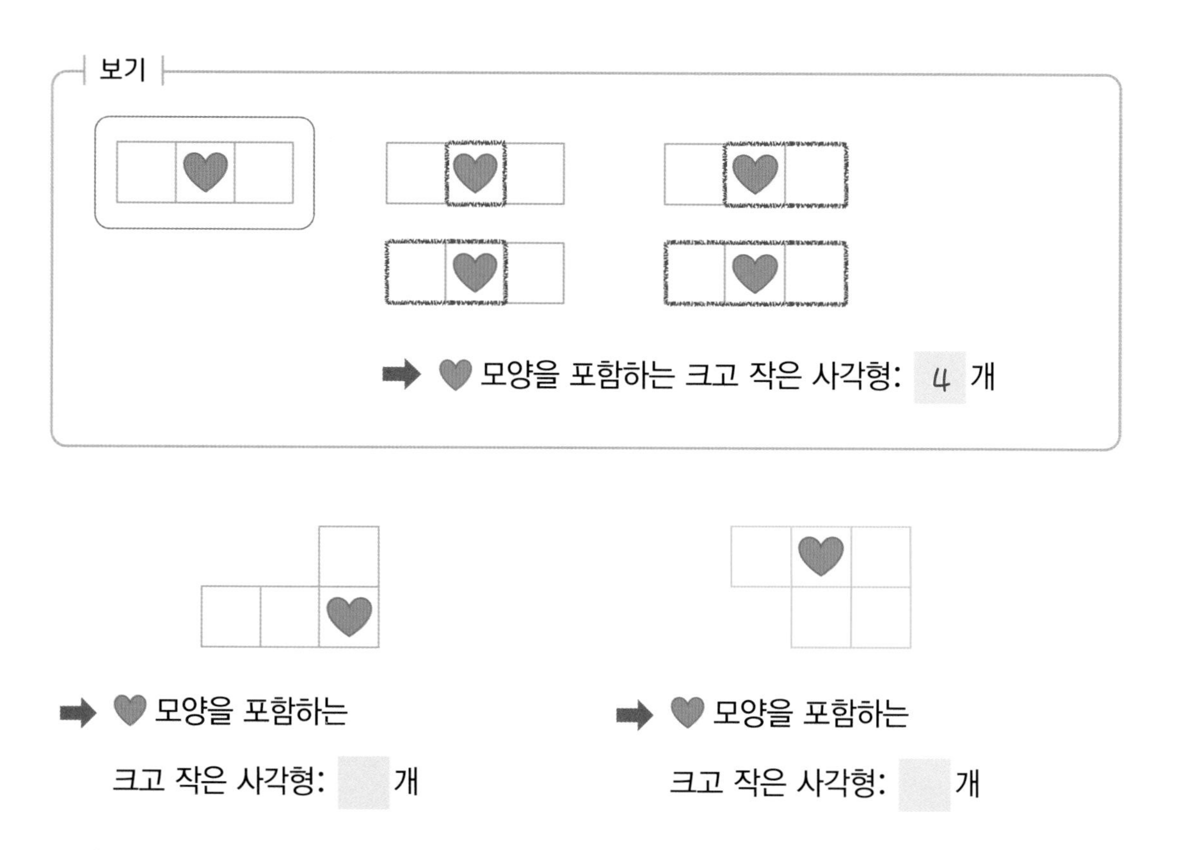

보기
➡ ♥ 모양을 포함하는 크고 작은 사각형: 4 개
➡ ♥ 모양을 포함하는
크고 작은 사각형: 개
➡ ♥ 모양을 포함하는
크고 작은 사각형: 개

정답과 풀이 31쪽

03 다음 그림은 나란한 두 개의 직선 위에 각각 3개의 점을 같은 간격으로 놓은 것입니다. 점 4개를 꼭짓점으로 하는 사각형을 9개 그려 보시오. (단, 모양이 같더라도 꼭짓점이 다르면 서로 다른 도형으로 봅니다.)

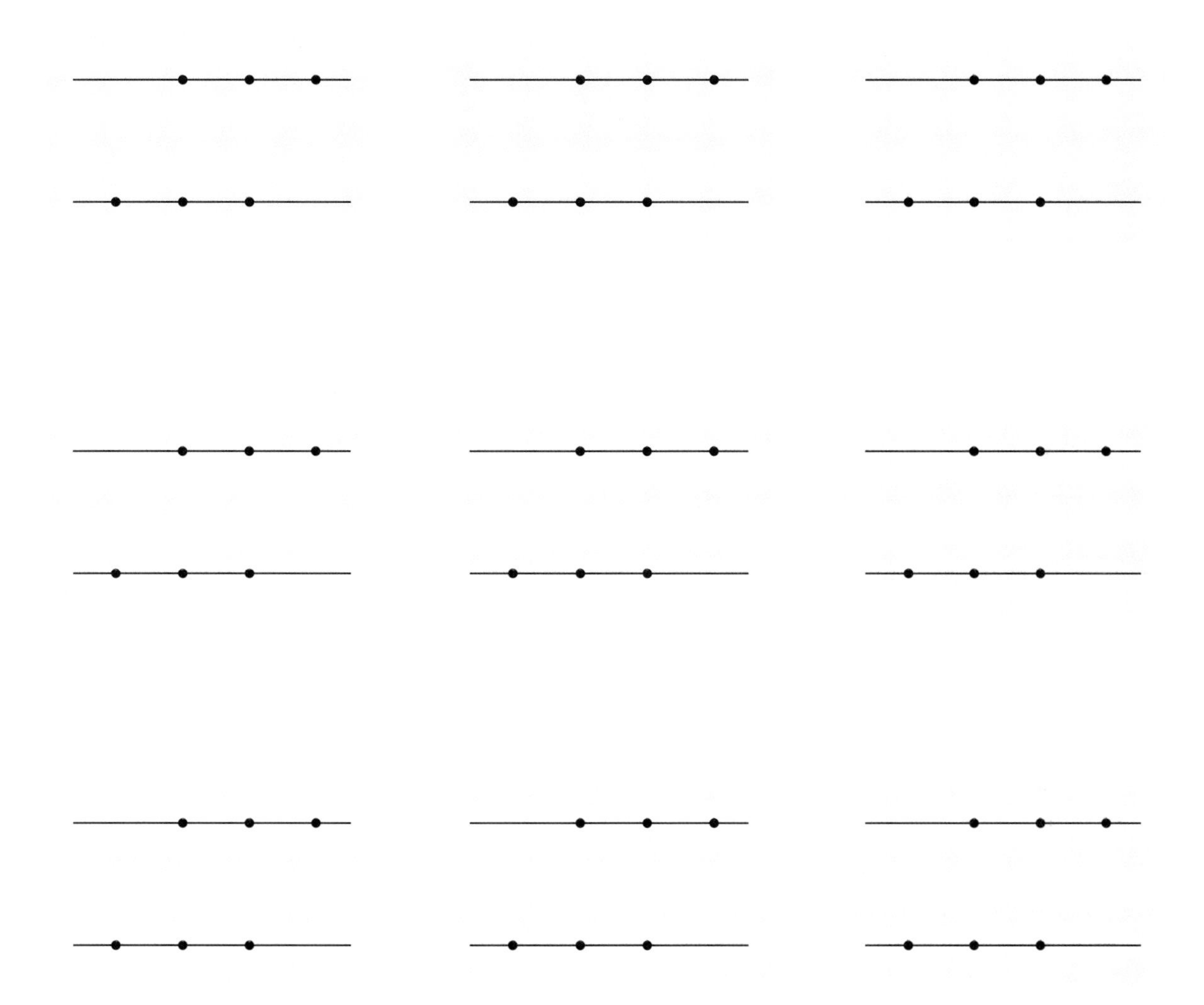

Key Point

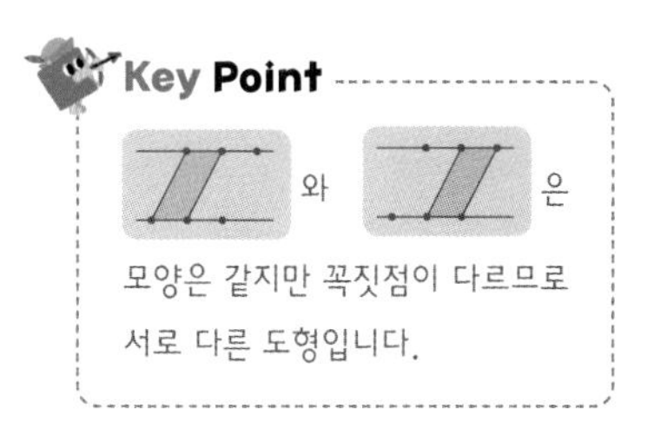

와 은 모양은 같지만 꼭짓점이 다르므로 서로 다른 도형입니다.

01 다음은 민희가 철봉에 거꾸로 매달려서 본 디지털 시계의 모양입니다. 지금 시각은 몇 시 몇 분입니까?

12:80

02 주어진 글자에 거울을 비추어 원래 모양과 거울에 비친 모양을 합하여 새로운 모양을 만들 수 있습니다. 새로운 모양이 나오도록 왼쪽 글자에 거울을 놓는 위치와 바라보는 방향을 표시해 보시오.

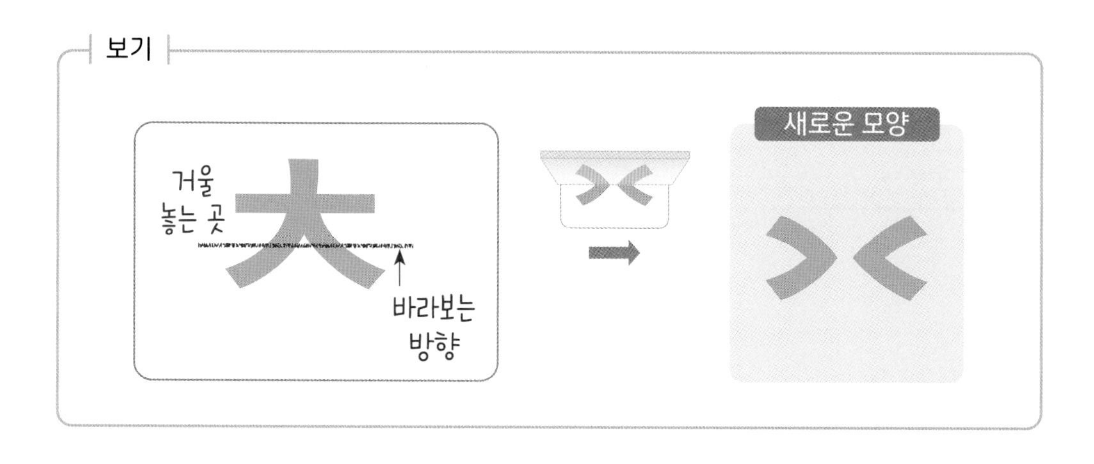

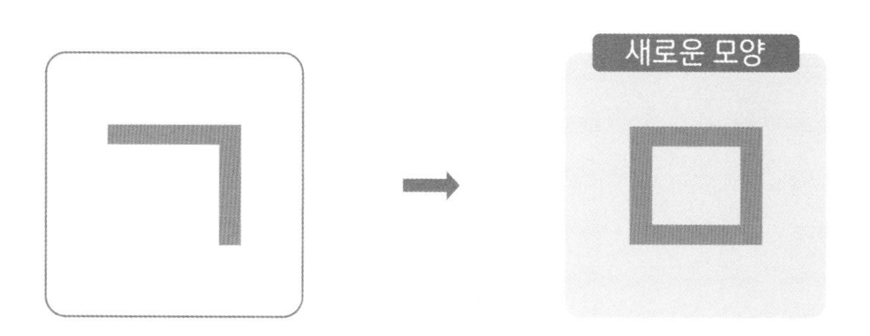

정답과 풀이 32쪽

03 다음과 같은 모양의 투명판이 있습니다. 이 투명판을 아래쪽으로 뒤집은 다음 시계 방향으로 반 바퀴 돌려서 한글 판 위에 올려 놓았습니다. 이때, 색칠된 칸에 있는 글자를 위에서부터 차례대로 써 보시오.

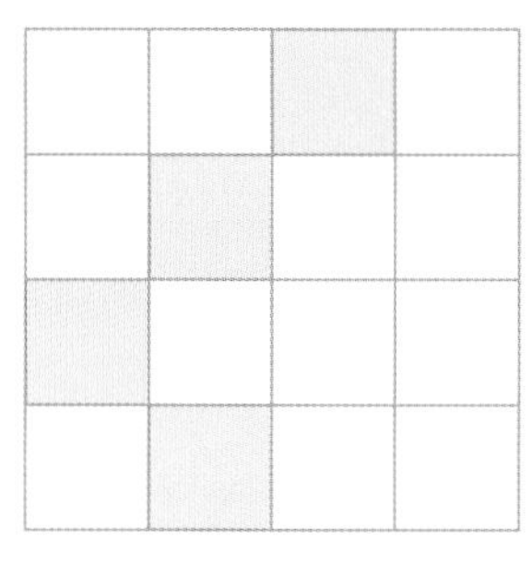
<투명판>

이	대	케	스
오	보	한	도
아	랑	카	민
트	우	국	탄

<한글 판>

04 다음과 같이 점 사이의 간격이 모두 같은 점 종이가 있습니다. 보기 와 같이 점 종이 위의 점을 이어서 만들 수 있는 서로 다른 모양의 삼각형을 모두 그려 보시오. (단, 보기 의 모양은 제외하고, 돌리거나 뒤집어서 겹쳐지는 모양은 한 가지로 봅니다.)

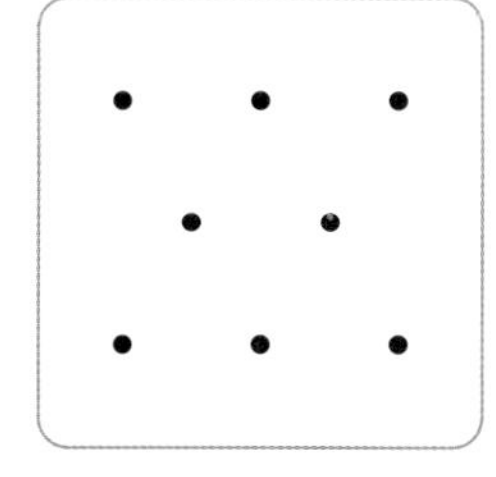
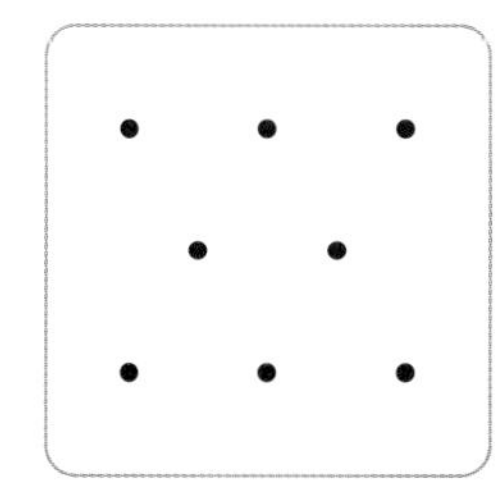
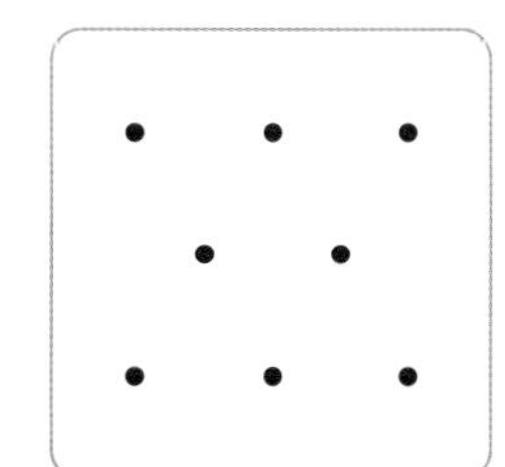
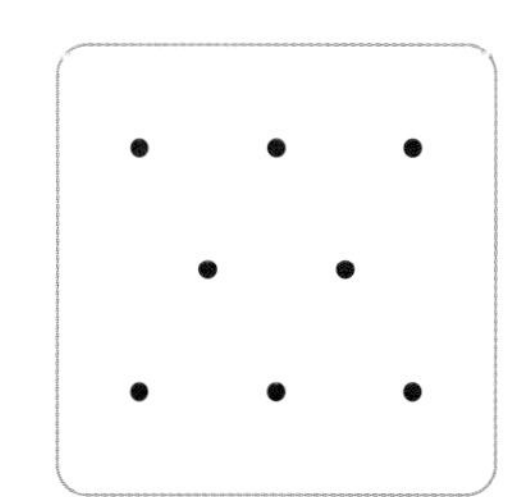
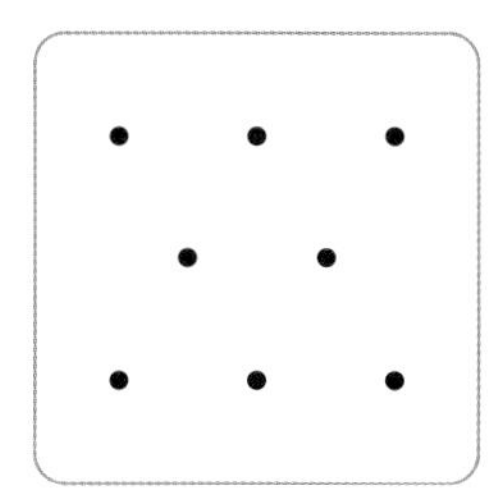
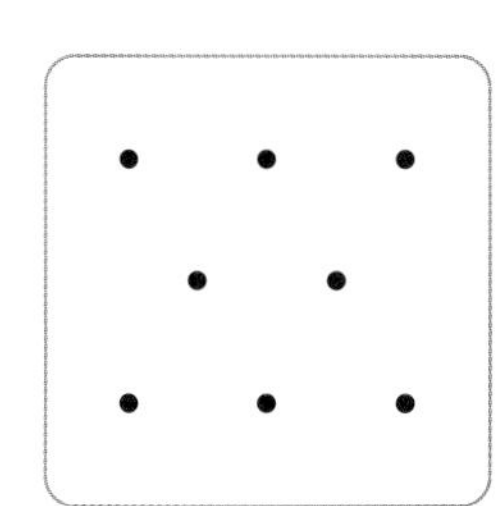
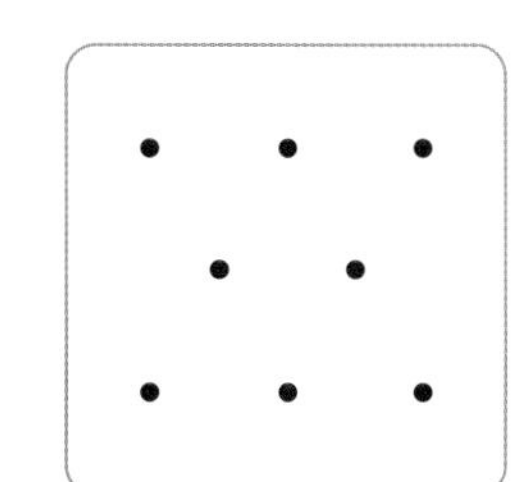
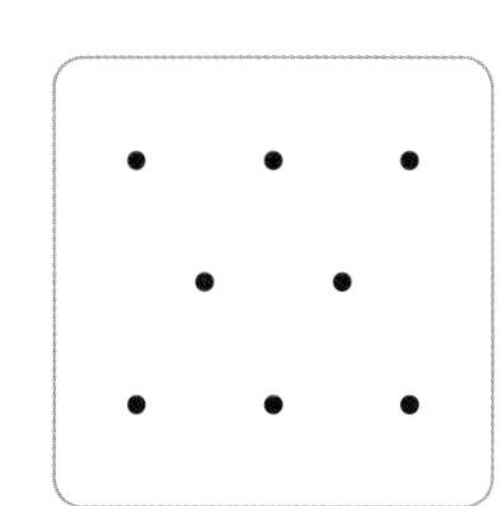

01 |보기|와 같이 정사각형 모양의 숫자 타일을 큰 정사각형의 주변을 따라 시계 방향으로 한 바퀴 굴리려고 합니다. ①과 같은 모양은 ①을 포함하여 모두 몇 번 나오는지 구하시오.

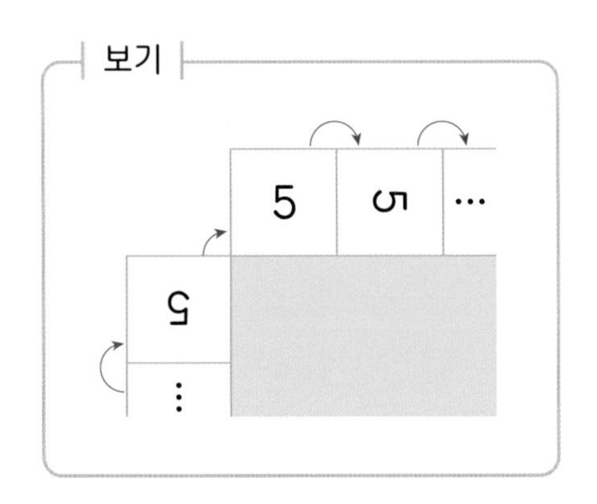

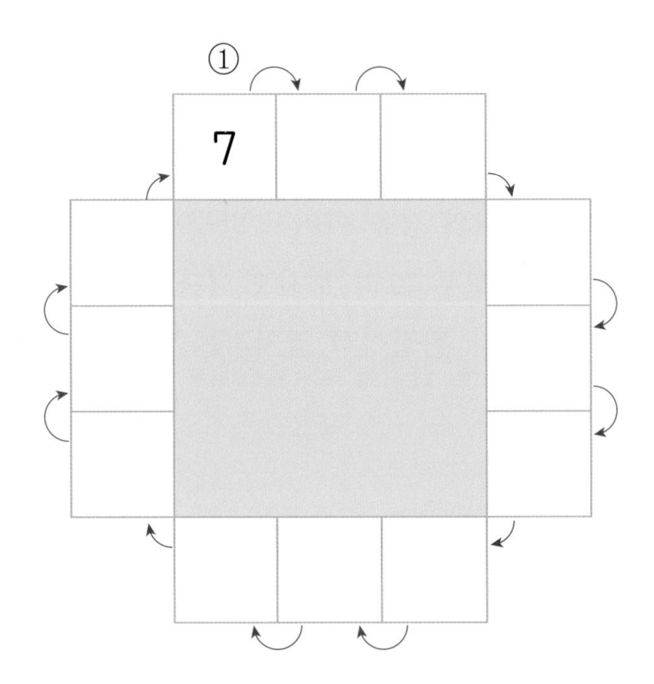

정답과 풀이 33쪽

02 0부터 9까지의 디지털 숫자로 세 자리 수를 만들어 거울에 비쳤을 때, 같은 수가 되는 수를 5개 찾아보려고 합니다. 물음에 답하시오.

(1) 디지털 수를 거울에 비쳤을 때 나오는 모양을 그려 보시오.

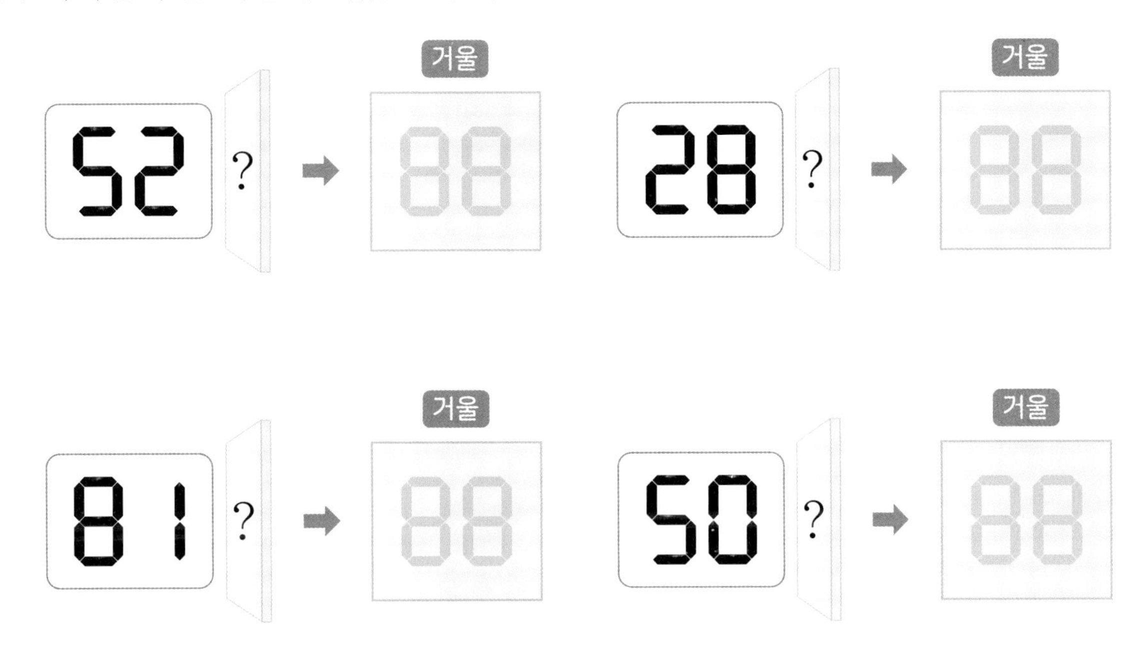

(2) 0부터 9까지의 디지털 숫자로 세 자리 수를 만든 다음 거울에 비쳤을 때, 같은 수가 되는 수를 5개 써 보시오.

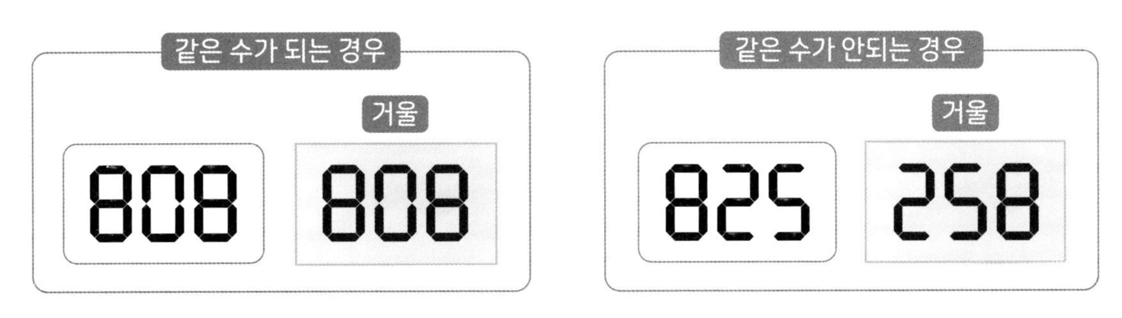

Ⅲ

문제해결력

계획한 대로 공부한 날은 😀 에, 공부하지 못한 날은 ☹ 에 ○표 하세요.

공부할 내용	공부할 날짜	확 인
1 두 수의 합과 차	월 일	😀 | ☹
2 나이 문제 해결하기	월 일	😀 | ☹
3 거꾸로 해결하기	월 일	😀 | ☹
Creative 팩토	월 일	😀 | ☹
4 같은 부분을 찾아 문제 해결하기	월 일	😀 | ☹
5 벤 다이어그램	월 일	😀 | ☹
6 똑같이 묶어 계산하기	월 일	😀 | ☹
Creative 팩토	월 일	😀 | ☹
Perfect 경시대회	월 일	😀 | ☹
Challenge 영재교육원	월 일	😀 | ☹

1 두 수의 합과 차

도미노 점의 수의 합과 차를 이용하여 도미노를 완성하고, ▢ 안에 알맞은 수를 써넣으시오.

보기
문제
합: 7, 차: ▢
합을 이용하여
도미노 점의 수를 구합니다.
합: 7, 차: ▢
도미노 점의 수를 보고
차를 구합니다.
합: 7, 차: 3

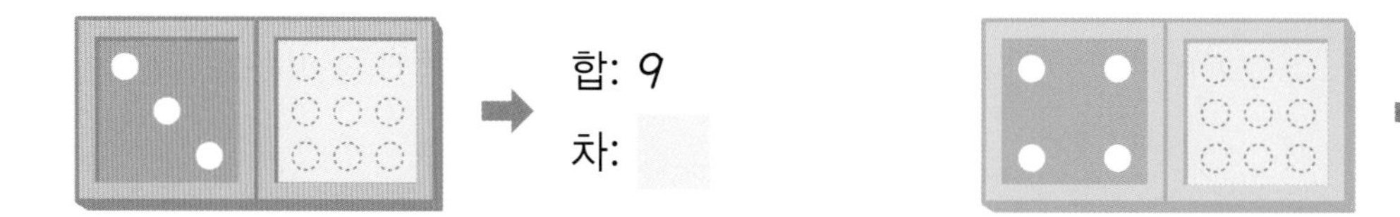

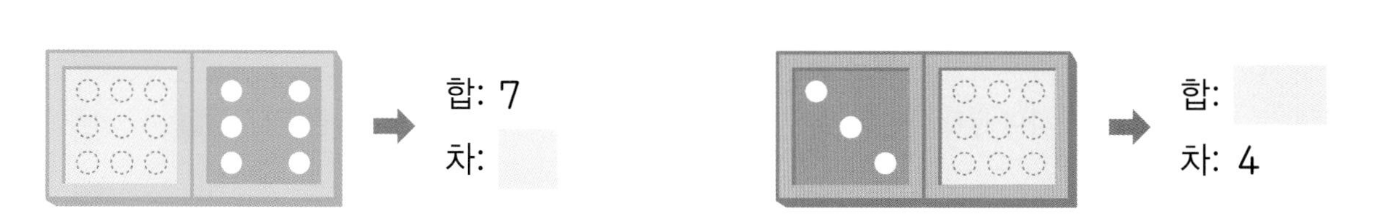

정답과 풀이 34쪽

주어진 합과 차를 만들 수 있는 두 수를 구해 보시오.

보기

합: 6, 차: 2

큰 수에 차인 2만큼 그리기 ➡ 합이 6이 되도록 남은 4를 똑같이 나누어 그리기

큰 수 ○○
작은 수

큰 수 ○○○○
작은 수 ○○

➡ 큰 수: 4 , 작은 수: 2

합: 9, 차: 1

큰 수 ○○○○○○
작은 수 ○○○○○○

➡ 큰 수: , 작은 수:

합: 7, 차: 3

큰 수 ○○○○○○
작은 수 ○○○○○○

➡ 큰 수: , 작은 수:

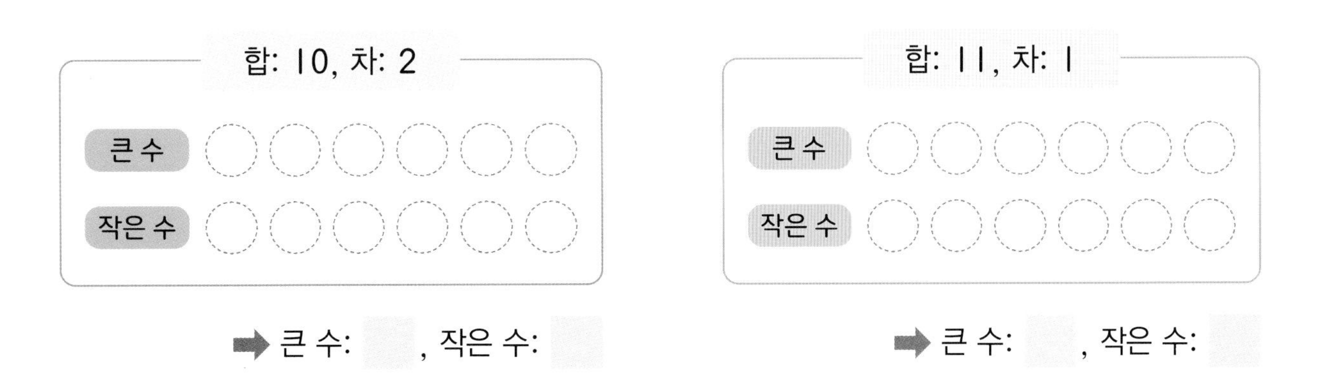

합: 10, 차: 2

큰 수 ○○○○○○
작은 수 ○○○○○○

➡ 큰 수: , 작은 수:

합: 11, 차: 1

큰 수 ○○○○○○
작은 수 ○○○○○○

➡ 큰 수: , 작은 수:

대표문제

세호와 은서가 쿠키 15개를 나누어 먹었습니다. 세호가 은서보다 쿠키를 3개 더 많이 먹었다면 두 사람은 쿠키를 각각 몇 개씩 먹었는지 구해 보시오.

STEP 1 세호와 은서가 먹은 쿠키 수의 차는 얼마입니까?

STEP 2 두 사람이 먹은 쿠키 수의 합과 STEP 1 에서 구한 쿠키 수의 차를 이용하여 세호와 은서가 쿠키를 각각 몇 개씩 먹었는지 구해 보시오.

세호가 먹은 쿠키 수 ○○○○○○○○○○

은서가 먹은 쿠키 수 ○○○○○○○○○○

01 준호가 가지고 있는 초콜릿은 민서가 가지고 있는 초콜릿보다 4개 더 많습니다. 두 사람이 가지고 있는 초콜릿이 모두 16개일 때 준호가 가지고 있는 초콜릿은 몇 개인지 구해 보시오.

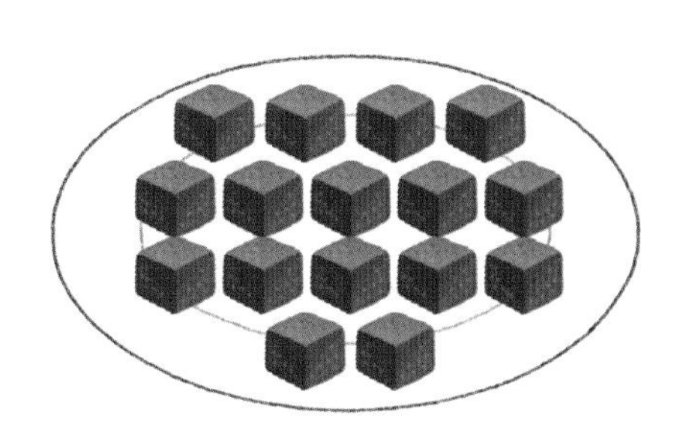

02 주머니에 노란색 구슬과 초록색 구슬이 합하여 19개 있습니다. 노란색 구슬이 초록색 구슬보다 3개 더 적을 때 노란색 구슬과 초록색 구슬은 각각 몇 개인지 구해 보시오.

2 나이 문제 해결하기

나이의 합 규칙

□ 안에 알맞은 수를 써넣고, 알 수 있는 사실을 완성해 보시오.

	올해	1년 후	2년 후	3년 후
민서의 나이(살)	8	9	10	11
동생의 나이(살)	7	8	9	10
나이의 합(살)	15			

+ □ + □ + □

	올해	1년 후	2년 후	3년 후	4년 후
동생의 나이(살)	5	6	7	8	9
정우의 나이(살)	9	10	11	12	13
나이의 합(살)					

+ □ + □ + □ + □

	올해	1년 후	2년 후	3년 후	4년 후	5년 후
서준이의 나이(살)	5	6	7	…	…	…
이모의 나이(살)	27	28	29	…	…	…
나이의 합(살)	32			…	…	

+ □ + □ + □ + □ + □

알 수 있는 사실

두 사람의 나이의 합은 1년마다 □ 살씩 늘어납니다.

정답과 풀이 36쪽

나이의 차 규칙

안에 알맞은 수를 써넣고, 알 수 있는 사실을 완성해 보시오.

	올해	1년 후	2년 후	3년 후	4년 후
민지의 나이(살)	5	6	7	8	9
오빠의 나이(살)	7	8	9	10	11
나이의 차(살)					

	올해	1년 후	2년 후	···	10년 후
설아의 나이(살)	11	12	13	···	21
동생의 나이(살)	6	7	8	···	
나이의 차(살)				···	

알 수 있는 사실

시간이 지나도 두 사람의 나이의 차는 (변합니다, 변하지 않습니다).

Lecture 나이 문제 해결하기

	올해	1년 후	2년 후	···	20년 후
수민이의 나이(살)	5	6	7	···	25
인니의 나이(살)	6	7	8	···	26
나이의 합(살)	11	13	15	···	51
나이의 차(살)	1	1	1	···	1

- 두 사람의 나이의 합은 1년마다 2살씩 늘어납니다.
- 시간이 지나도 두 사람의 나이의 차는 변하지 않습니다.

2 나이 문제 해결하기

대표문제

올해 지유는 12살이고, 동생인 민수는 10살, 삼촌은 32살입니다. 지유와 민수의 나이의 합이 삼촌의 나이와 같아지는 때는 몇 년 후인지 구해 보시오.

STEP 1 올해 지유와 민수의 나이의 합은 몇 살입니까?

STEP 2 지유와 민수의 나이의 합은 1년마다 몇 살씩 늘어납니까?

STEP 3 지유와 민수의 나이의 합과 삼촌의 나이를 나타내는 표를 완성해 보시오.

	올해	1년 후	2년 후	…	10년 후
지유와 민수의 나이의 합(살)	22			…	
삼촌의 나이(살)	32			…	

STEP 4 지유와 민수의 나이의 합이 삼촌의 나이와 같아지는 때는 몇 년 후입니까?

정답과 풀이 37쪽

01 올해 민호의 나이는 5살이고, 어머니의 나이는 35살입니다. 표를 이용하여 어머니의 나이가 민호의 나이의 4배가 되는 것은 몇 년 후인지 구해 보시오.

	올해	1년 후	2년 후	3년 후	4년 후	5년 후	6년 후
민호의 나이(살)							
어머니의 나이(살)							

02 다음 조건 을 보고 채원이는 올해 몇 살인지 구해 보시오.

조건

- 올해 채원이와 오빠의 나이의 합은 12살입니다.
- 2년 후에 채원이와 오빠의 나이의 차는 4살이 됩니다.

3 거꾸로 해결하기

거꾸로 생각하여 어떤 수를 구해 보시오.

어떤 수에 3을 더하고 5를 뺐더니 2가 되었습니다.

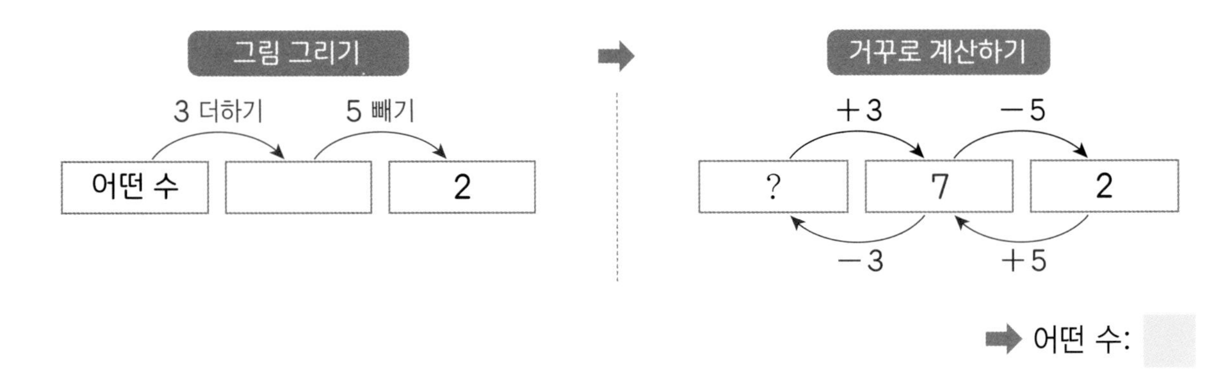

➡ 어떤 수:

어떤 수에서 6을 빼고 9를 더했더니 12가 되었습니다.

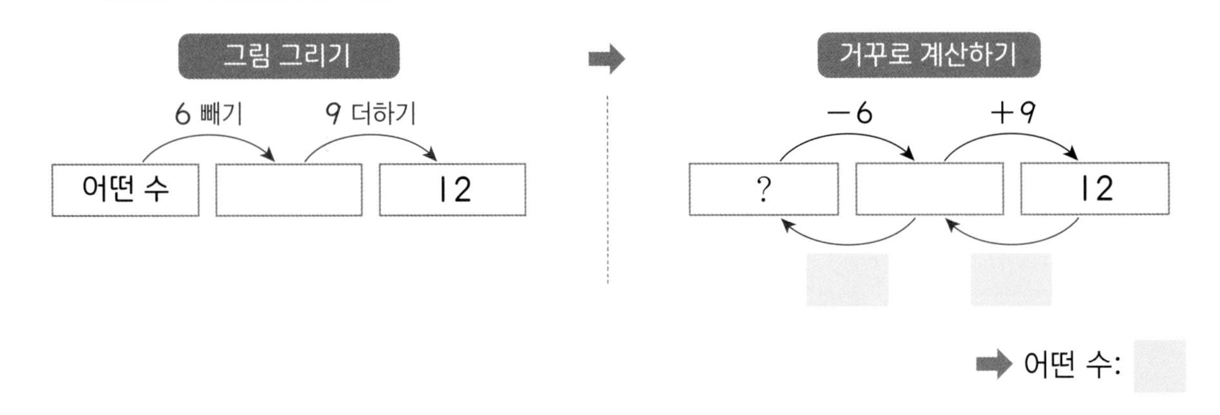

➡ 어떤 수:

어떤 수에서 7을 빼고 4를 뺐더니 9가 되었습니다.

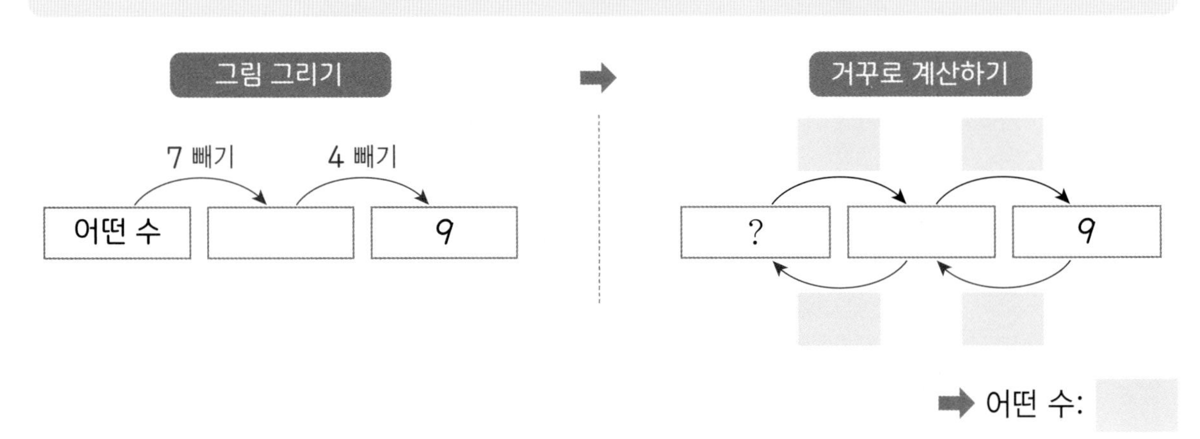

➡ 어떤 수:

다음을 읽고 거꾸로 생각하여 처음 수를 구해 보시오.

사탕 한 봉지를 사서 3개를 먹고, 동생에게 5개를 주었더니 4개가 남았습니다.

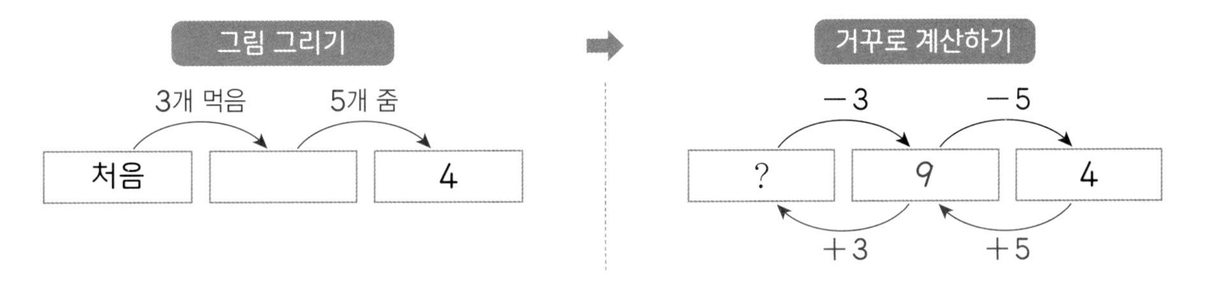

➡ 처음 사탕 한 봉지에 들어 있던 사탕의 수: 개

엘리베이터에 몇 명의 사람이 타고 있었습니다. 이번 층에서 6명이 내리고 2명이 탔더니 9명이 되었습니다.

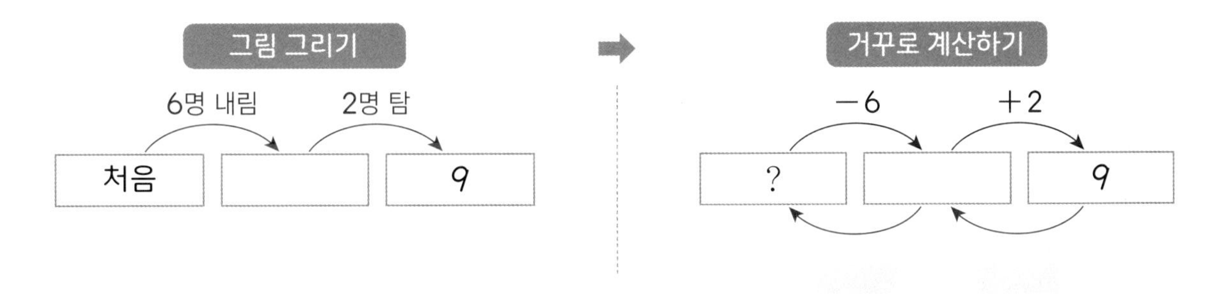

➡ 처음 엘리베이터에 타고 있던 사람의 수: 명

주머니에 들어 있던 구슬 4개를 꺼내고, 6개를 더 넣었더니 구슬이 8개가 되었습니다.

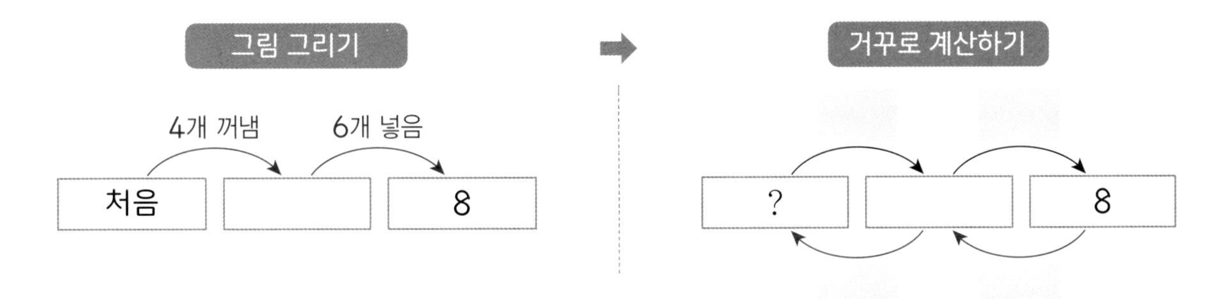

➡ 처음 주머니에 들어 있던 구슬의 수: 개

대표문제

버스에 몇 명의 승객이 타고 있었습니다. 첫째 번 정류장에서 6명이 타고 4명이 내렸습니다. 둘째 번 정류장에서 9명이 타고 5명이 내렸습니다. 둘째 번 정류장을 지나고 승객 수를 세어 보니 11명이었습니다. 처음 버스에 타고 있던 승객은 몇 명인지 구해 보시오.

STEP 1 둘째 번 정류장에 서기 전 버스에 타고 있던 승객은 몇 명인지 구해 보시오.

둘째 번 정류장에서 9명이 타고 5명이 내렸더니 11명이 되었습니다.

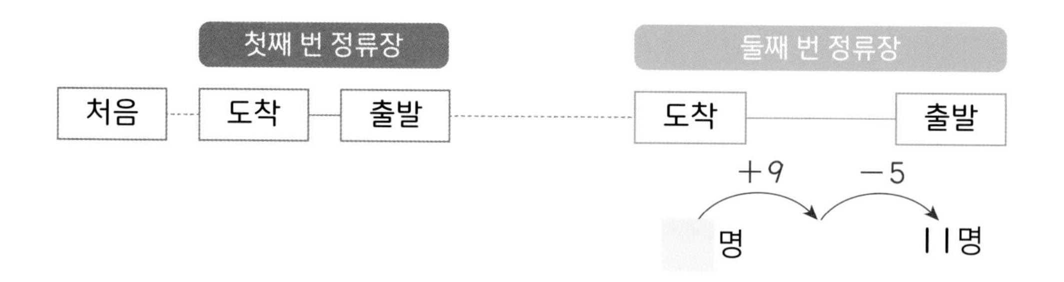

STEP 2 처음 버스에 타고 있던 승객은 몇 명인지 구해 보시오.

첫째 번 정류장에서 6명이 타고 4명이 내렸습니다.

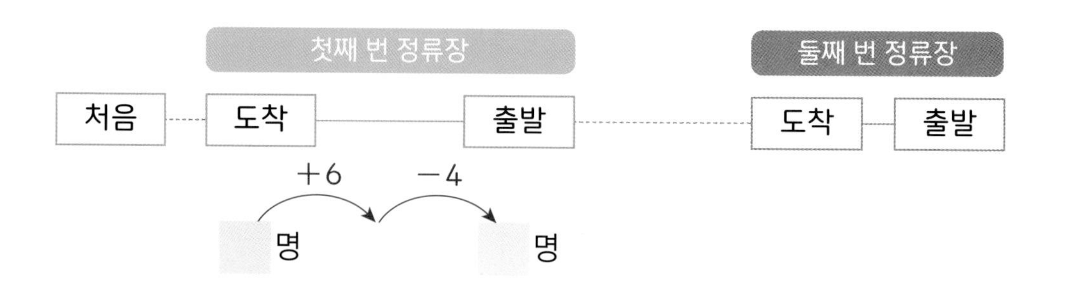

01 1층에서 아무도 없는 엘리베이터에 몇 명이 탔습니다. 2층에서 3명이 내리고, 3층에서는 5명이 탔습니다. 4층에서 4명이 내렸더니 엘리베이터 안에 있는 사람은 7명이 되었습니다. 1층에서 엘리베이터를 탄 사람은 몇 명인지 구해 보시오.

02 진영이는 4일 동안 매일 턱걸이를 하였습니다. 둘째 날에는 첫째 날에 한 횟수의 2배만큼 했고, 셋째 날에는 둘째 날보다 3회 적게 했습니다. 넷째 날에는 셋째 날보다 5회 많이 하여 6회를 하였습니다. 첫째 날 턱걸이를 한 횟수를 구해 보시오.

01 올해 민우는 9살이고, 누나는 11살, 동생은 5살, 이모의 나이는 33살입니다. 표를 이용하여 민우, 누나, 동생의 나이의 합이 이모의 나이와 같아지는 때는 몇 년 후인지 구해 보시오.

	올해	1년 후	2년 후	3년 후	4년 후	5년 후
민우의 나이(살)						
누나의 나이(살)						
동생의 나이(살)						
민우, 누나, 동생 나이의 합(살)						
이모의 나이(살)						

02 미주네 농장에 오리, 돼지, 양이 있습니다. 세 동물을 합하여 19마리가 있는데 오리는 돼지보다 5마리가 더 많고, 양은 돼지보다 2마리가 더 많습니다. 미주네 농장에 있는 오리, 돼지, 양은 각각 몇 마리인지 구해 보시오.

정답과 풀이 40쪽

03 홍길동이 부잣집의 돈을 가져다가 가난한 집에 나누어 주었습니다. 파란 지붕인 부잣집에서는 황금을 각각 4개씩 가지고 나왔고, 빨간 지붕인 가난한 집에는 황금을 각각 10개씩 주었습니다. 다음 5개의 집을 차례로 모두 지난 후 홍길동이 가지고 있던 황금이 2개였다면 처음 홍길동이 가지고 있던 황금은 몇 개인지 구해 보시오.

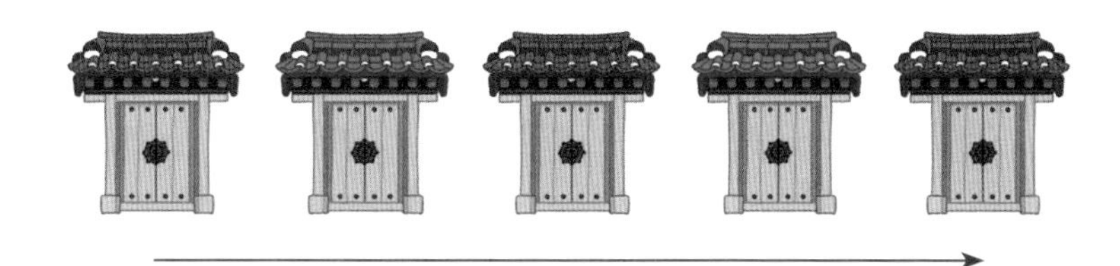

04 올해 은우는 4살, 동생은 2살이고, 아버지는 38살입니다. 표를 이용하여 아버지의 나이가 은우와 동생의 나이의 합의 4배가 되는 것은 몇 년 후인지 구해 보시오.

	올해	1년 후	2년 후	3년 후	4년 후
은우의 나이(살)					
동생의 나이(살)					
은우와 동생 나이의 합(살)					
아버지의 나이(살)					

4 같은 부분을 찾아 문제 해결하기

그림을 보고 사과 1개의 가격을 구해 보시오.

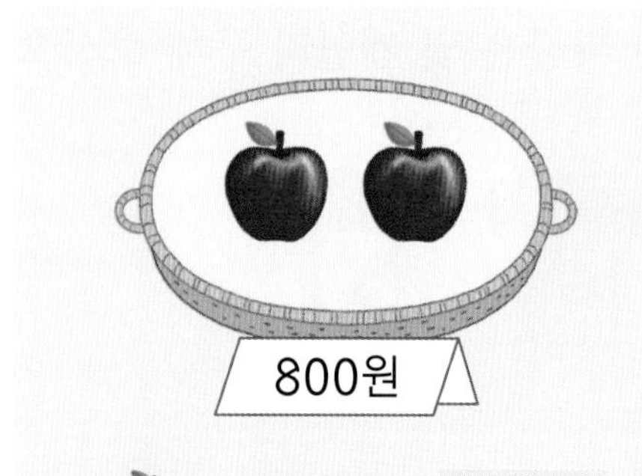

➡ 🍎 1개의 가격: ☐ 원

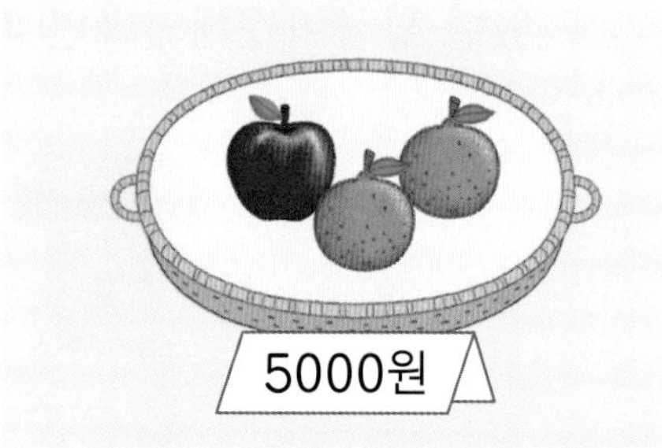

➡ 🍊 1개의 가격: 2000원

➡ 🍎 1개의 가격: ☐ 원

➡ 🍊 1개의 가격: 1000원

➡ 🍎 1개의 가격: ☐ 원

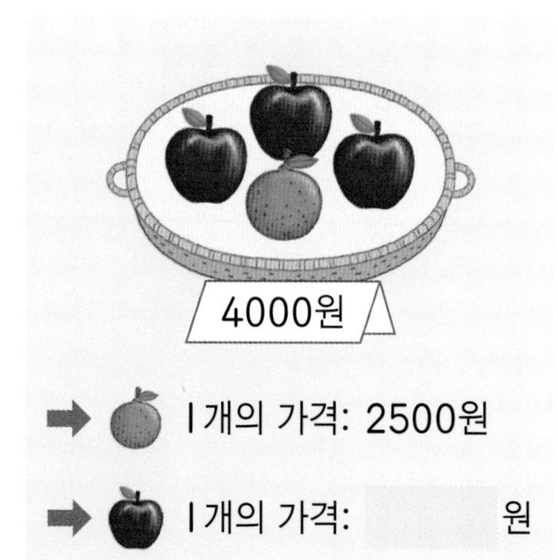

➡ 🍊 1개의 가격: 2500원

➡ 🍎 1개의 가격: ☐ 원

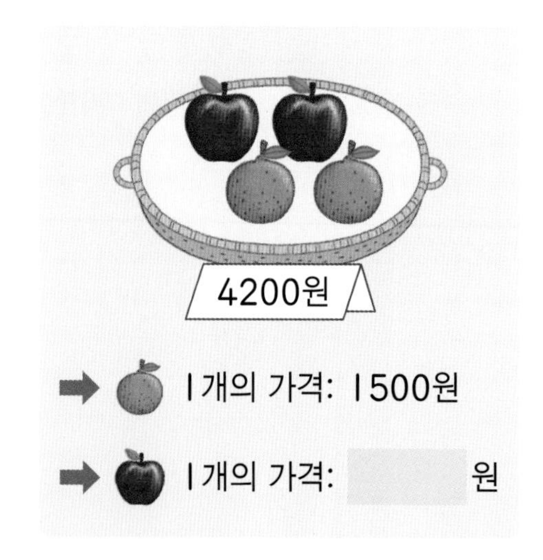

➡ 🍊 1개의 가격: 1500원

➡ 🍎 1개의 가격: ☐ 원

정답과 풀이 41쪽

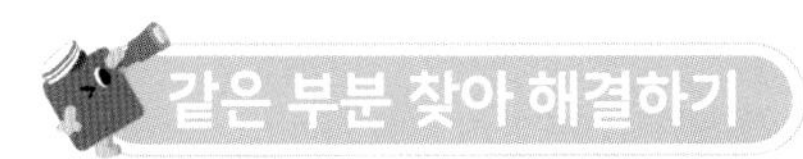

알뜰 시장에서 채소를 팔고 있습니다. 다음 채소의 가격을 구해 보시오.

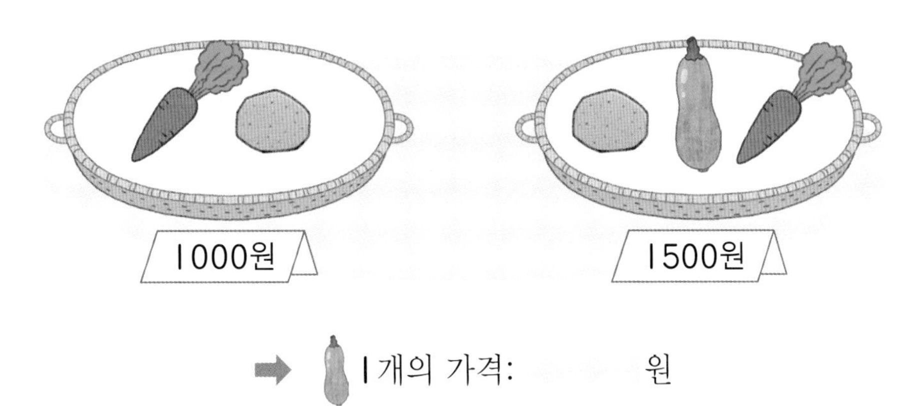

➡ 1개의 가격: 원

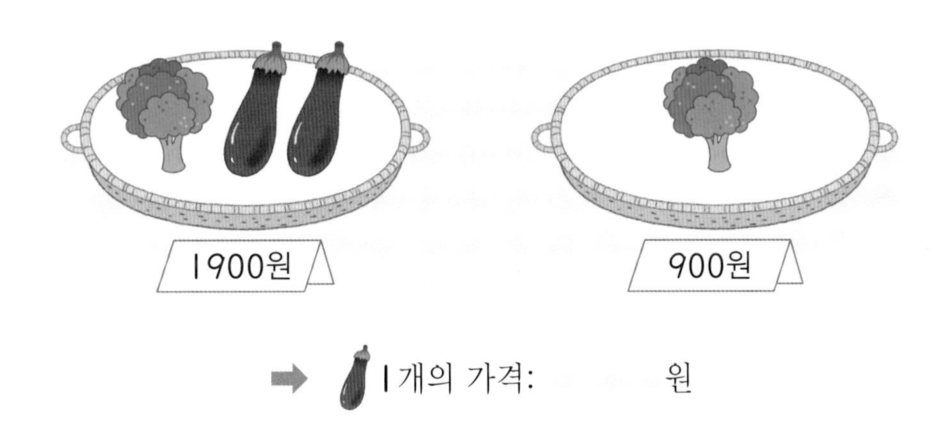

➡ 1개의 가격: 원

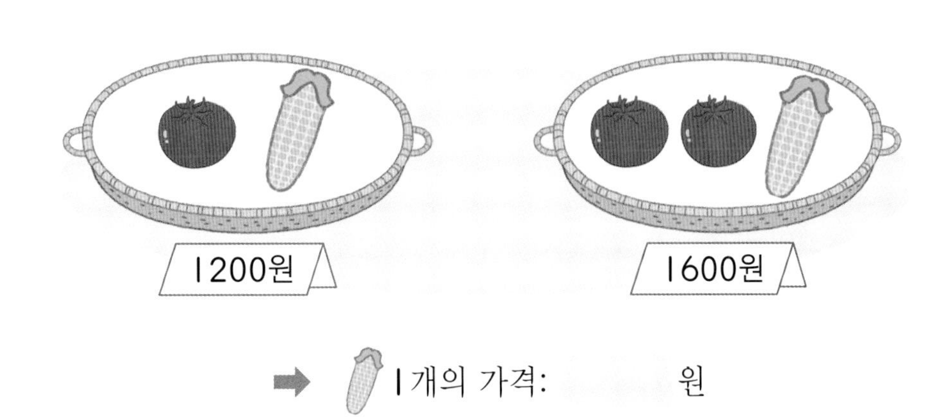

➡ 1개의 가격: 원

같은 부분을 찾아 문제 해결하기

대표문제

사과 3개와 귤 5개의 값은 5000원이고, 같은 사과 3개와 귤 10개의 값은 7000원입니다. 사과 1개와 귤 1개의 값을 각각 구해 보시오.

STEP 1 사과는 ○, 귤은 △로 나타내어 보시오.

5000원 ➡ 사과 3개, 귤 5개

7000원 ➡ 사과 3개, 귤 10개

STEP 2 STEP 1에서 나타낸 그림의 같은 부분을 찾아 ／으로 표시해 보시오.

STEP 3 STEP 1에서 남은 것은 무엇이며, 그 금액은 얼마입니까?

STEP 4 사과 1개와 귤 1개의 값은 각각 얼마입니까?

01 혜주와 지후가 다음과 같이 과녁에 화살 쏘기를 하였습니다. 혜주는 6번을 쏘아 28점을 얻었고, 지후는 3번을 쏘아 16점을 얻었습니다. 초록색 과녁과 노란색 과녁은 각각 몇 점인지 구해 보시오.

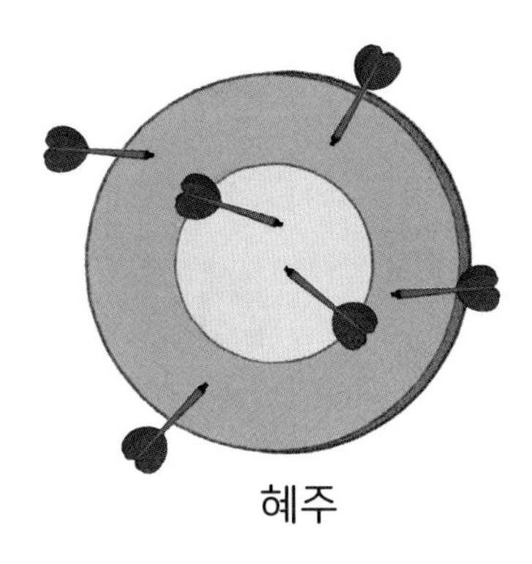
혜주

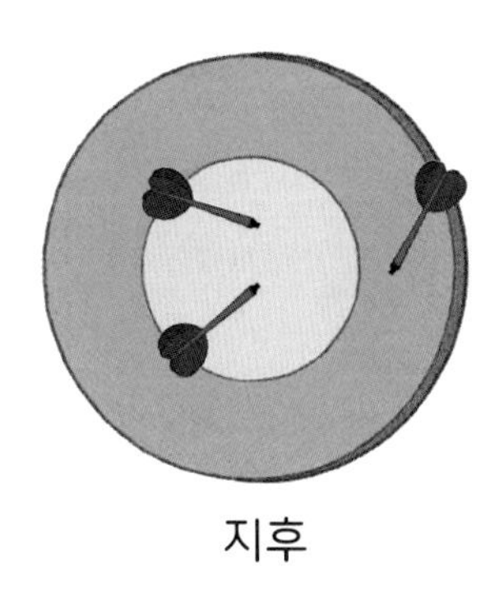
지후

02 초콜릿 4개를 상자에 담아 2500원에 팔고, 9개를 상자에 담아 5000원에 팔고 있습니다. 이때 상자만의 가격은 얼마인지 구해 보시오. (단, 초콜릿을 담은 상자는 같습니다.)

5 벤 다이어그램

벤 다이어그램 알기

벤 다이어그램을 보고 ☐ 안에 알맞은 기호를 써넣으시오.

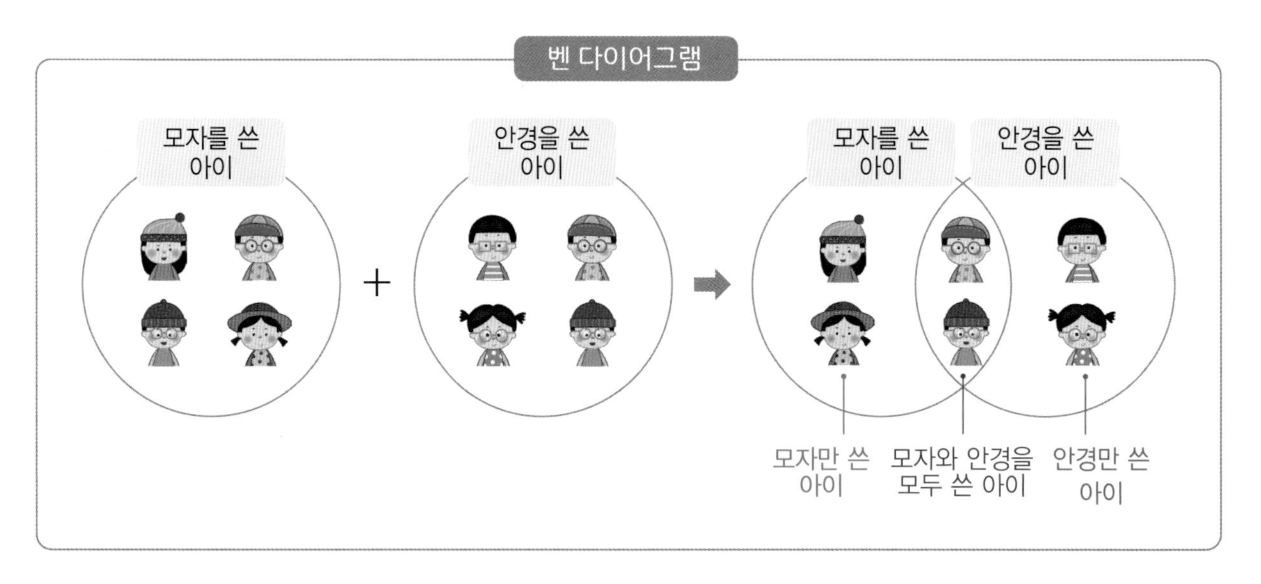

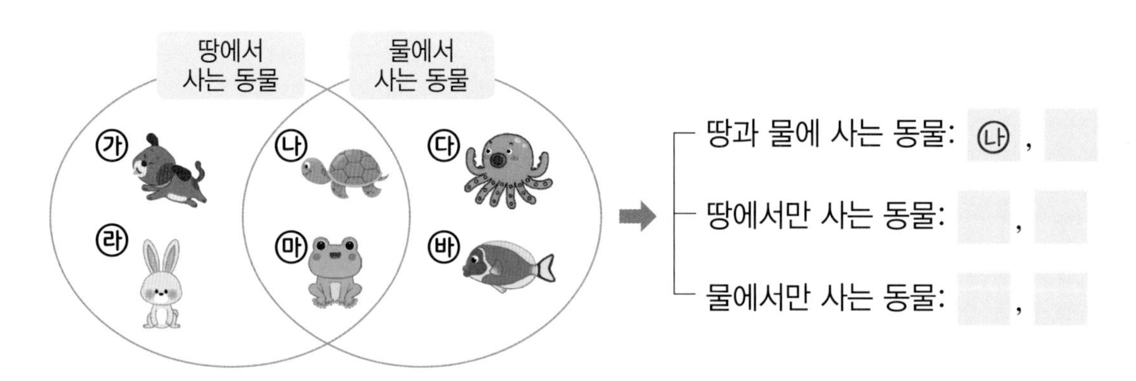

땅과 물에 사는 동물: ㉯, ☐

땅에서만 사는 동물: ☐, ☐

물에서만 사는 동물: ☐, ☐

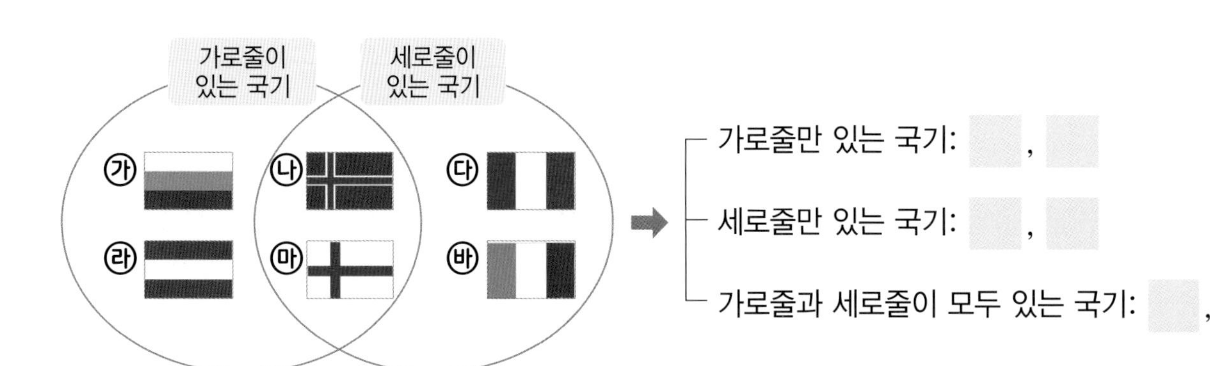

가로줄만 있는 국기: ☐, ☐

세로줄만 있는 국기: ☐, ☐

가로줄과 세로줄이 모두 있는 국기: ☐, ☐

정답과 풀이 43쪽

주어진 기준에 따라 알맞게 분류하여 벤 다이어그램에 기호를 써 보시오.

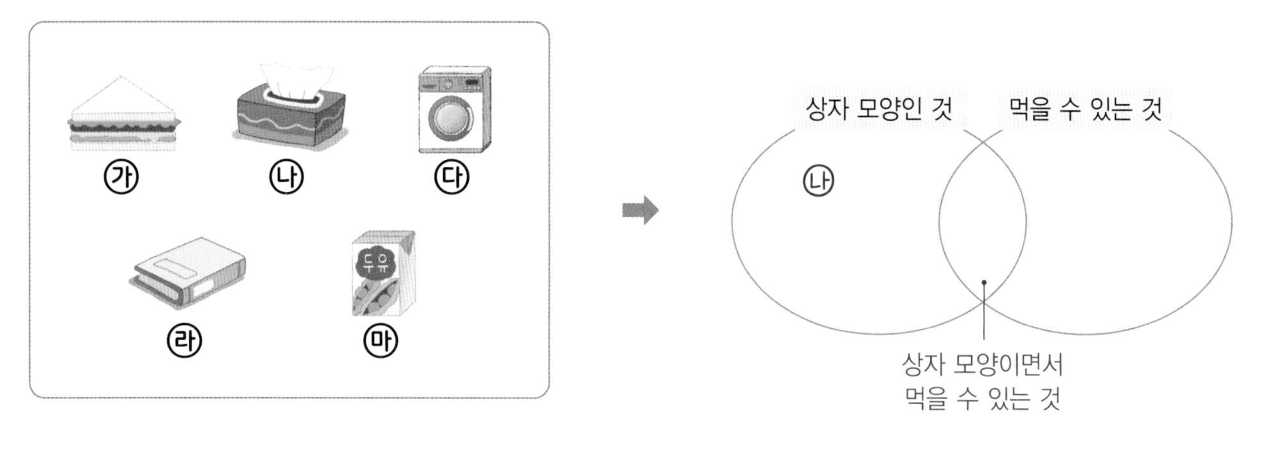

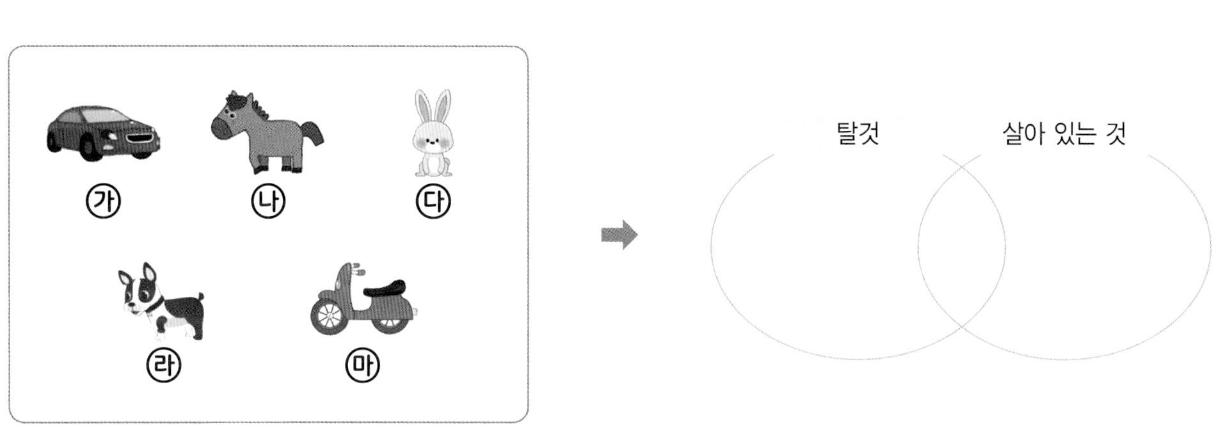

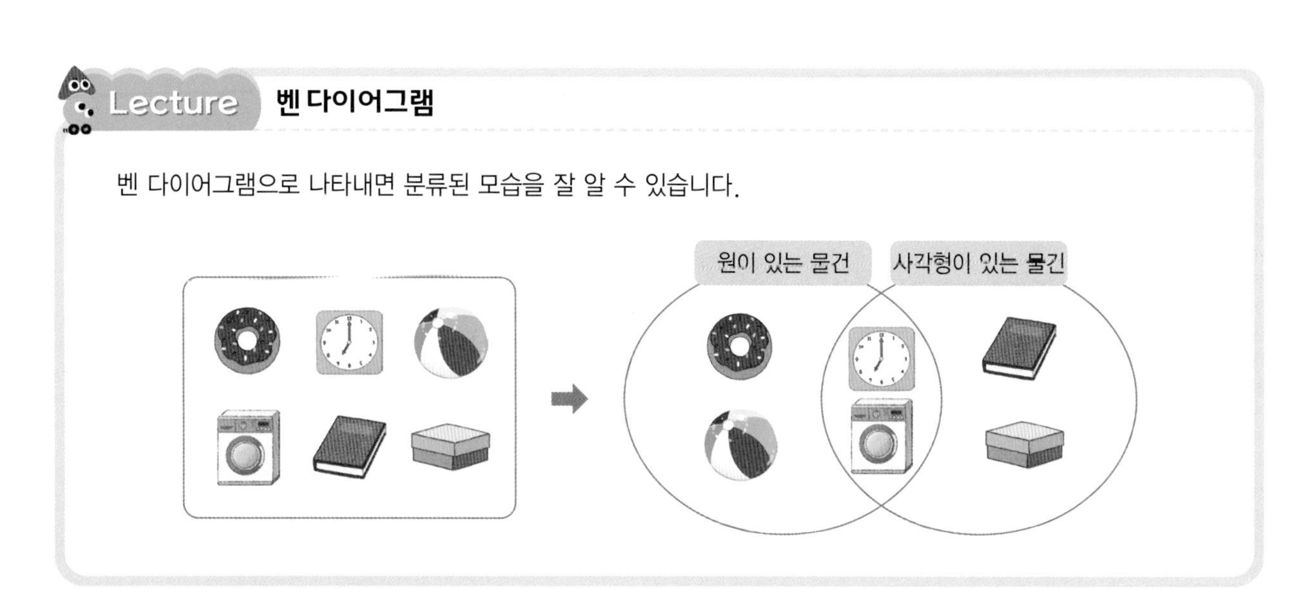

Lecture
벤 다이어그램
벤 다이어그램으로 나타내면 분류된 모습을 잘 알 수 있습니다.
원이 있는 물건
사각형이 있는 물건

대표문제

벤 다이어그램을 보고 ▭ 안에 단추의 공통점을 찾아 써넣고, 가운데 색칠한 부분에 들어갈 수 있는 단추를 찾아 기호를 써 보시오.

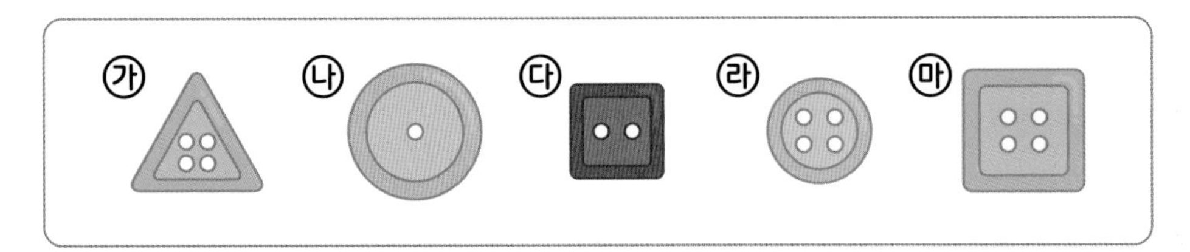

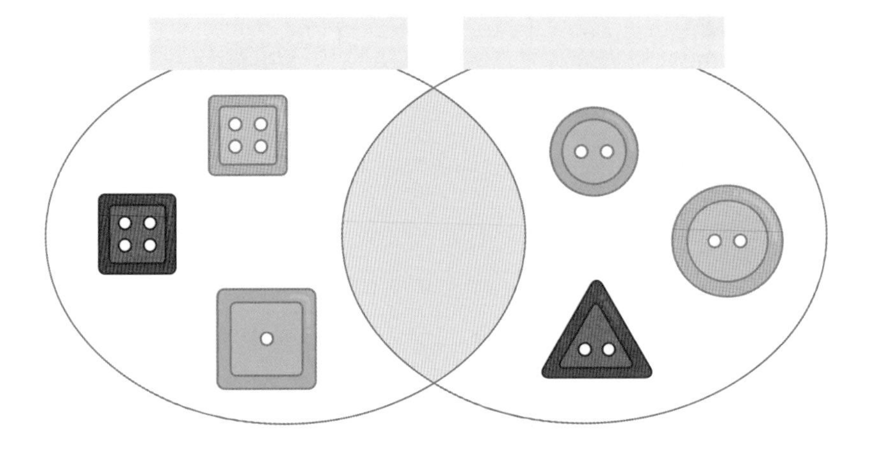

STEP 1 단추의 공통점을 찾아 ▭ 안에 알맞은 말을 써 보시오.

STEP 2 가운데 색칠한 부분에 알맞은 단추의 특징을 써 보시오.

STEP 3 가운데 색칠한 부분에 들어갈 수 있는 단추를 찾아 기호를 써 보시오.

01 벤 다이어그램을 보고 물음에 답해 보시오.

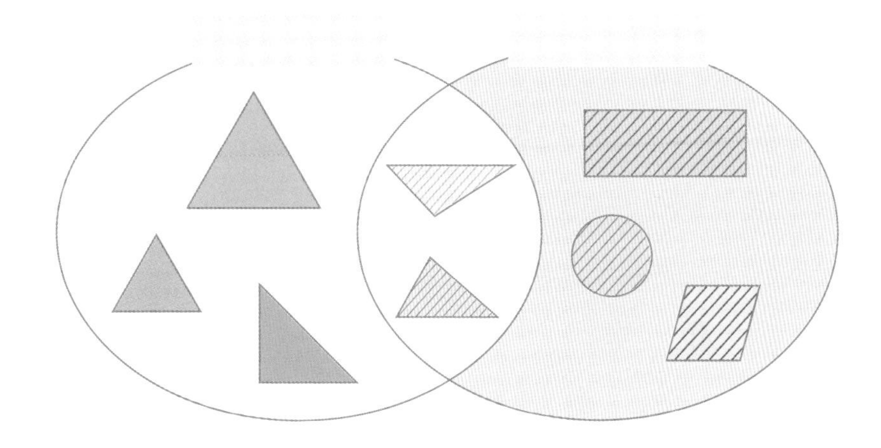

(1) 도형의 공통점을 찾아 안에 알맞은 말을 써 보시오.

(2) 오른쪽 색칠한 부분에 넣을 수 있는 도형을 모두 찾아 기호를 써 보시오.

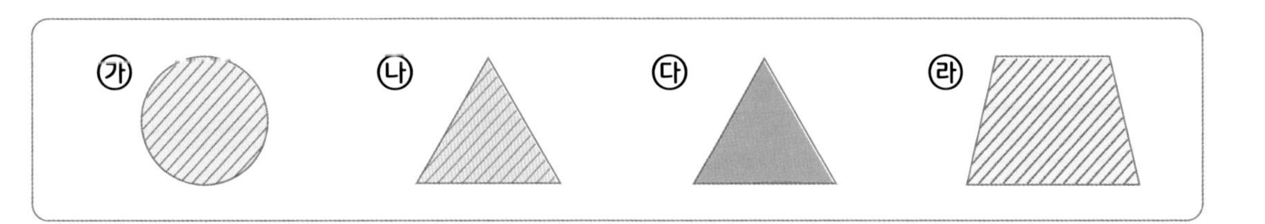

6 똑같이 묶어 계산하기

정삼각형, 정사각형으로 놓인 바둑돌을 똑같이 묶고, 한 묶음의 바둑돌의 수를 구해 보시오.

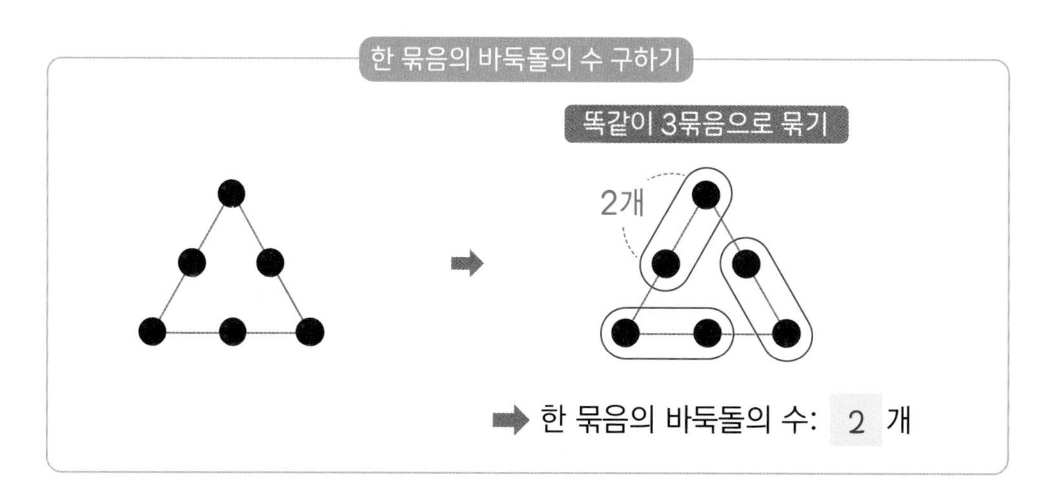

한 묶음의 바둑돌의 수 구하기
똑같이 3묶음으로 묶기
2개
➡ 한 묶음의 바둑돌의 수: 2 개

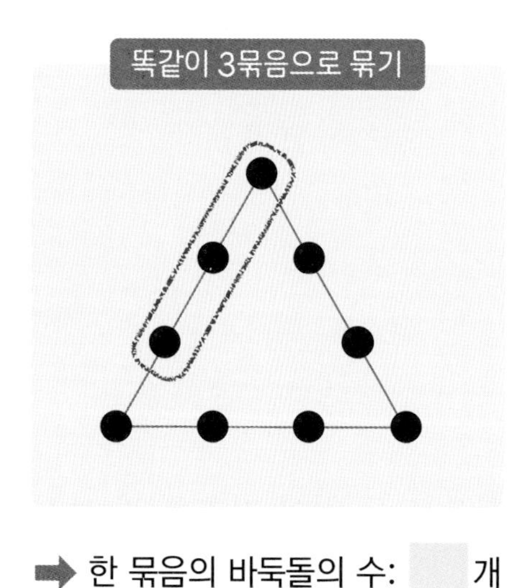

➡ 한 묶음의 바둑돌의 수: 개

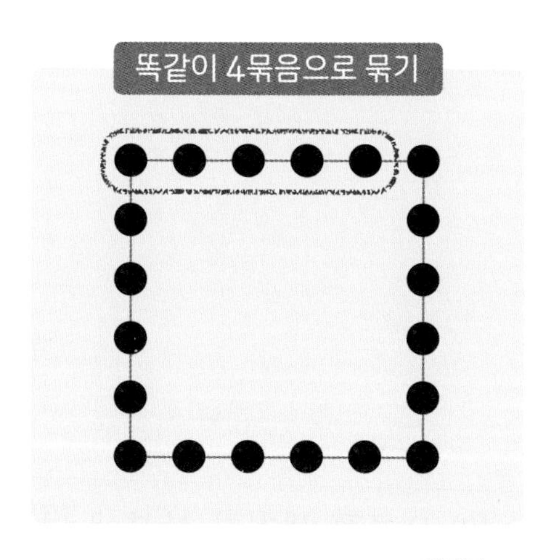

➡ 한 묶음의 바둑돌의 수: 개

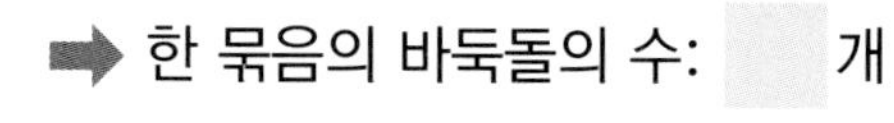

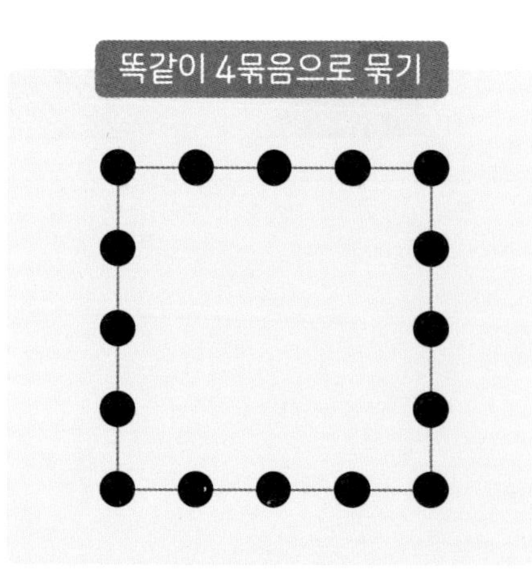

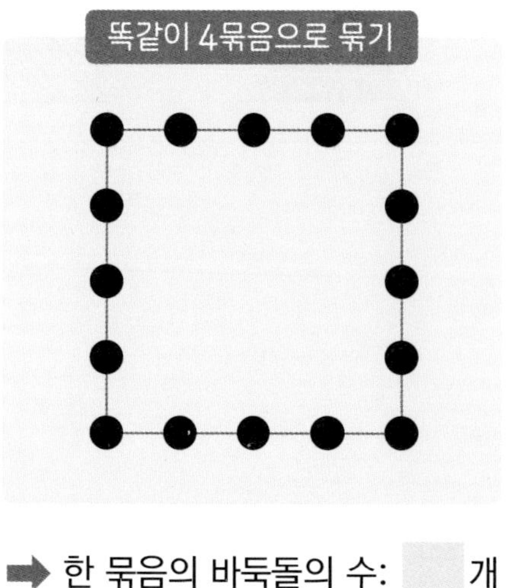

➡ 한 묶음의 바둑돌의 수: 개

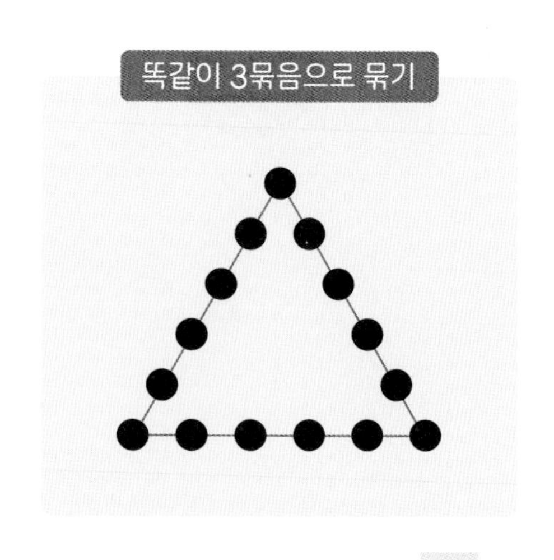

➡ 한 묶음의 바둑돌의 수: 개

정삼각형, 정사각형으로 놓인 바둑돌의 전체 개수를 구해 보시오.

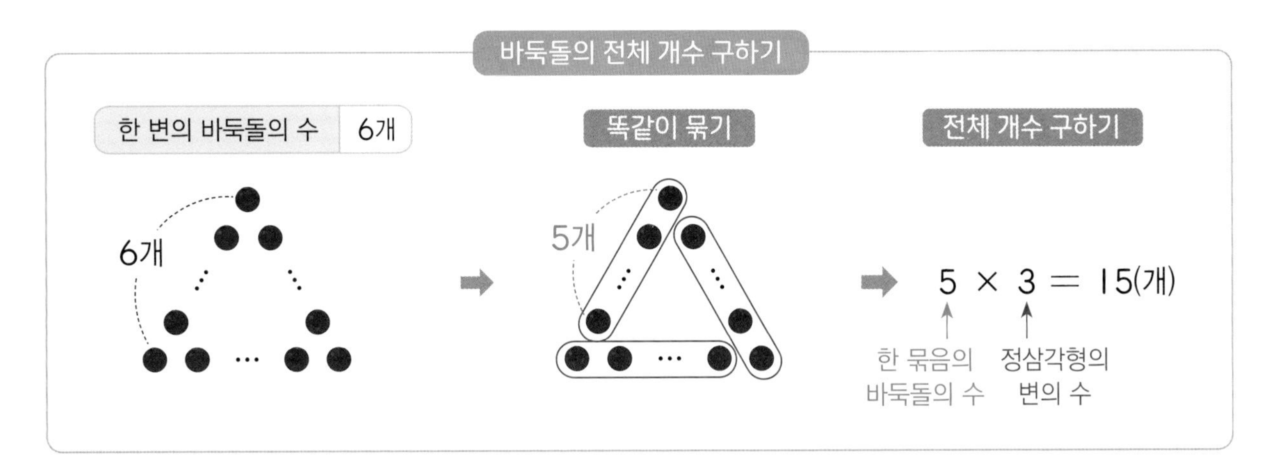

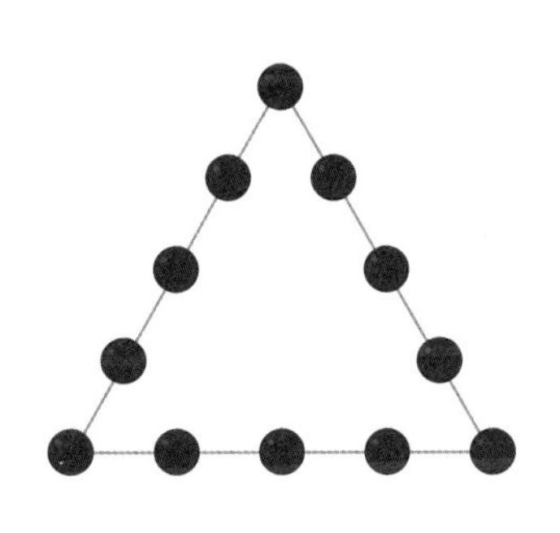

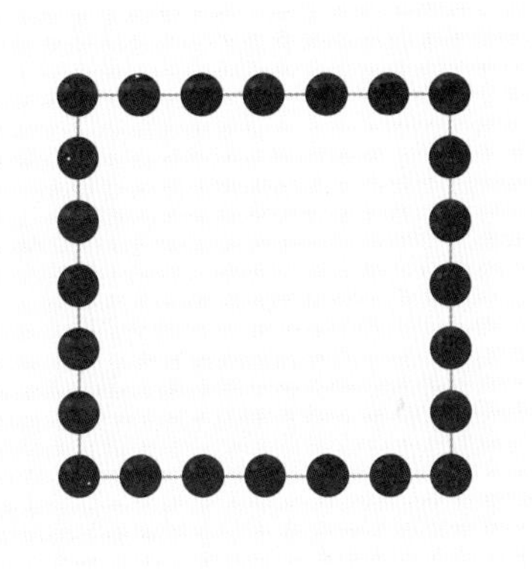

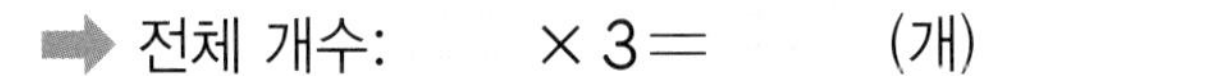

➡ 전체 개수: × 3 = (개)

➡ 전체 개수: × 4 = (개)

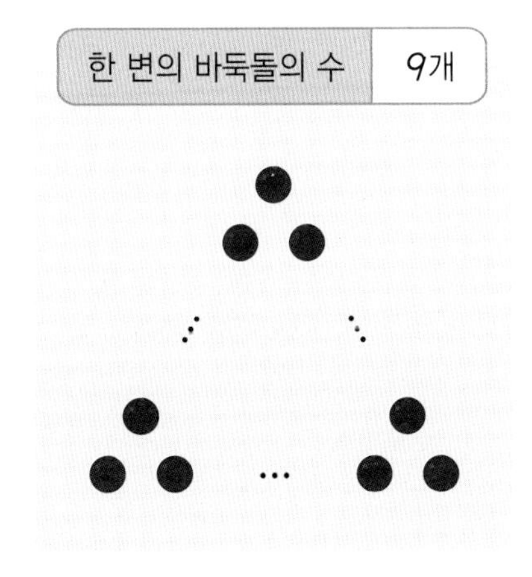

➡ 전체 개수: × 3 = (개)

➡ 전체 개수: × 4 = (개)

대표문제

바둑돌을 한 변에 11개씩 놓아 정사각형을 만들려고 합니다. 필요한 바둑돌은 몇 개인지 구해 보시오.

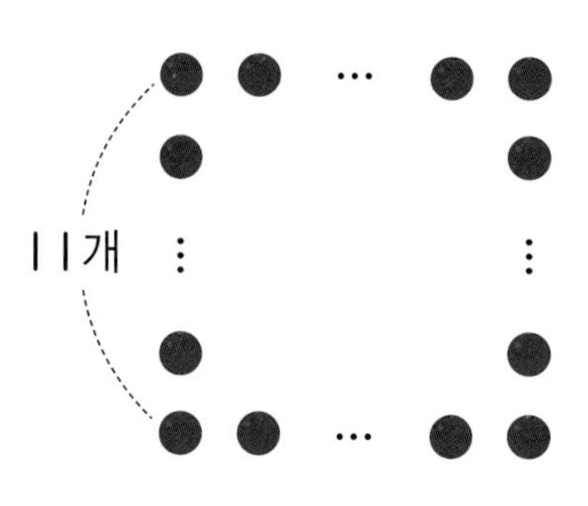

STEP 1 정사각형을 만들어야 하므로 바둑돌을 똑같이 4묶음으로 묶고, 한 묶음에 몇 개씩인지 구해 보시오.

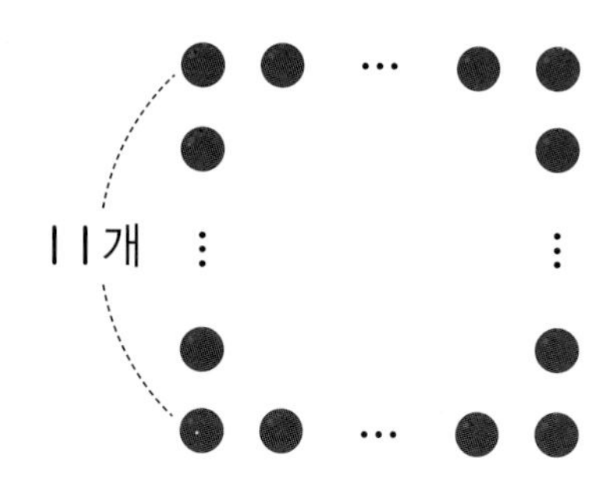

STEP 2 정사각형을 만들 때 필요한 바둑돌의 개수를 구해 보시오.

정답과 풀이 46쪽

01 바둑돌을 한 변에 15개씩 놓아 정삼각형을 만들려고 합니다. 필요한 바둑돌은 몇 개인지 구해 보시오.

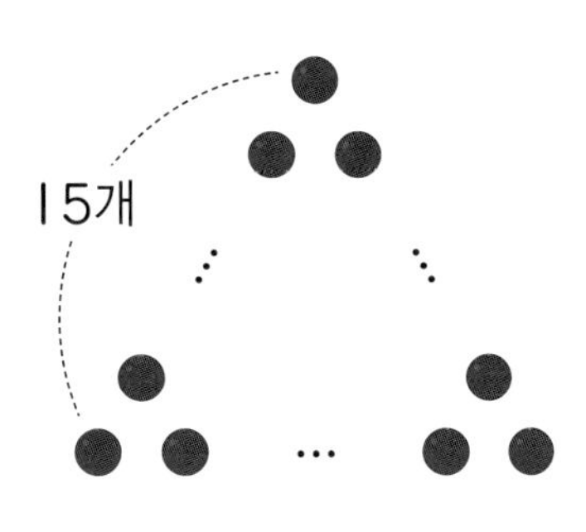

02 바둑돌 80개로 정사각형을 만들었습니다. 한 변에 놓인 바둑돌은 몇 개인지 구해 보시오.

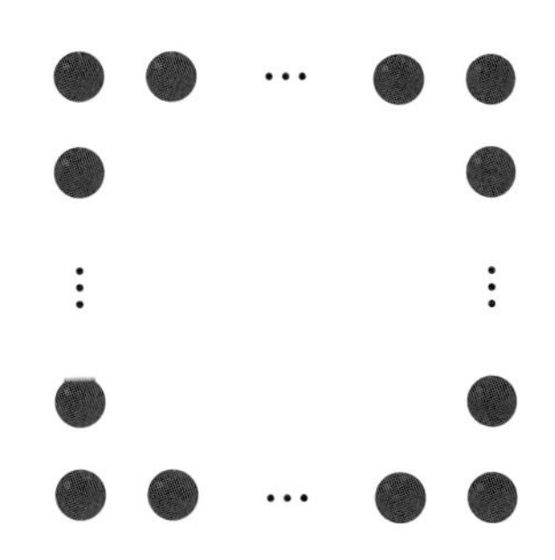

01 어느 문구점에서 연필 3자루, 풀 2개, 필통 1개를 사면 3100원이고, 연필 2자루와 풀 2개를 사면 1400원입니다. 연필 1자루와 필통 1개를 사면 얼마인지 구해 보시오.

02 그림과 같이 바둑돌을 한 변에 13개씩 놓아 정삼각형을 만들었습니다. 이 바둑돌을 같은 방법으로 남김없이 늘어놓아 정사각형을 만들려고 합니다. 한 변에 놓아야 할 바둑돌은 몇 개인지 구해 보시오.

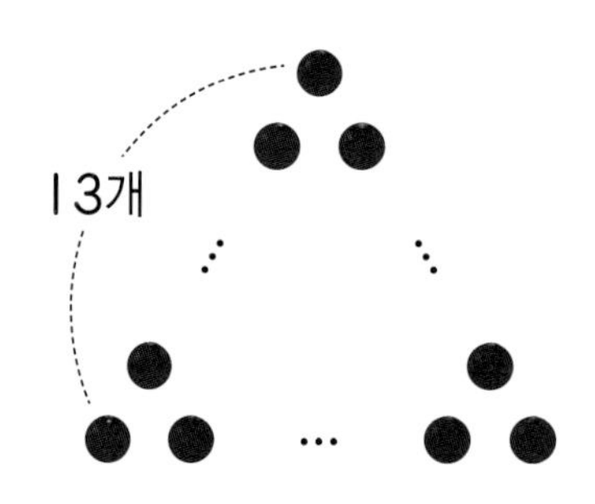

03 주어진 수 카드를 알맞은 곳에 넣어 벤 다이어그램을 완성해 보시오.

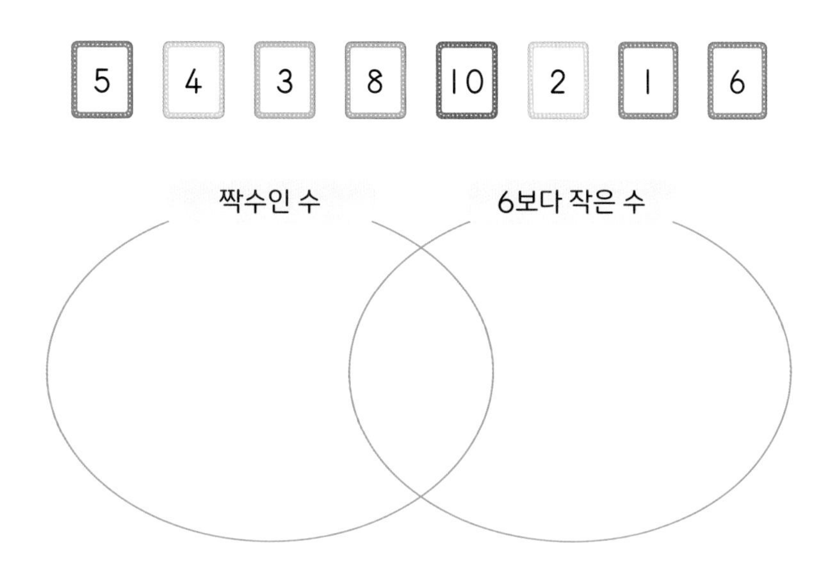

04 그림과 같이 10원짜리 동전 몇 개를 가지고 한 변에 9개씩 놓아 정사각형을 만들었습니다. 정사각형을 만드는 데 사용한 금액은 얼마인지 구해 보시오.

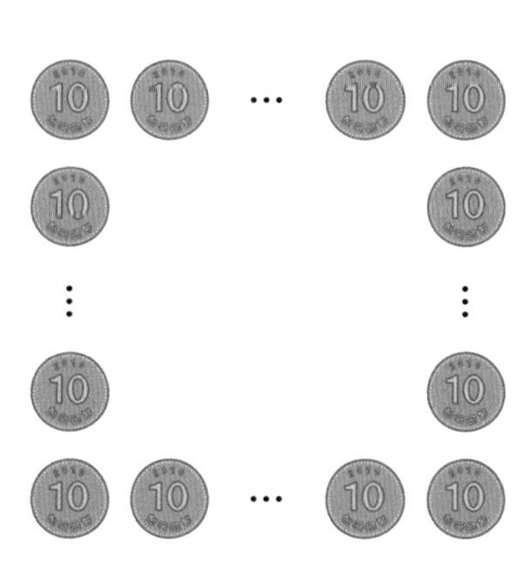

Perfect 경시대회

01 5년 후 아버지와 어머니의 나이의 합은 90살이 되고 아버지가 어머니보다 6살이 더 많습니다. 올해 아버지와 어머니의 나이는 각각 몇 살인지 구해 보시오.

02 생쥐와 고양이가 나란히 떨어져 있었습니다. 왼쪽에 있던 생쥐가 고양이를 보고 놀라 왼쪽으로 40m를 도망가자 오른쪽에 있던 고양이도 동시에 왼쪽으로 50m를 쫓아갔습니다. 생쥐를 잡기 위해 고양이가 10m 더 가야 한다면, 생쥐와 고양이가 처음에 떨어져 있던 거리는 몇 m인지 구해 보시오.

03 다음과 같이 과일을 팔고 있다고 할 때, 사과 1개와 오렌지 1개의 가격의 합은 얼마인지 구해 보시오.

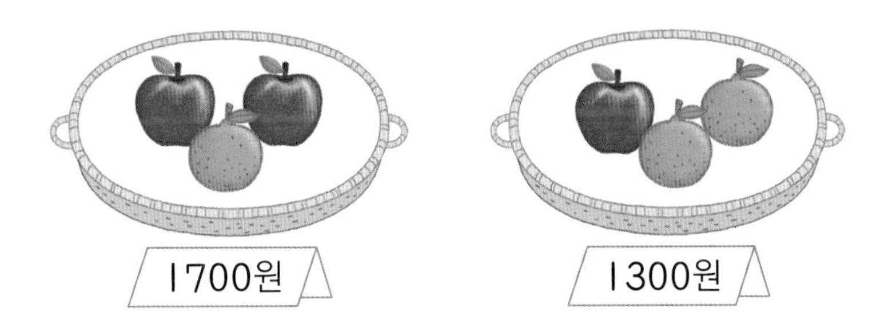

04 옛날 달걀을 팔러 다니던 상인이 새로운 도시에 도착하여 성문을 통과하는 데 이 도시에서는 가지고 있는 달걀의 절반과 한 개를 주어야 성문을 통과할 수 있었습니다. 이 상인이 4개의 성문을 통과하고 나니 달걀이 1개 남았습니다. 성문을 통과하기 전 처음 상인이 가지고 있던 달걀은 몇 개인지 구해 보시오.

01 | 조건 | 에 맞게 다음 국기를 분류하여 벤 다이어그램을 완성해 보시오.

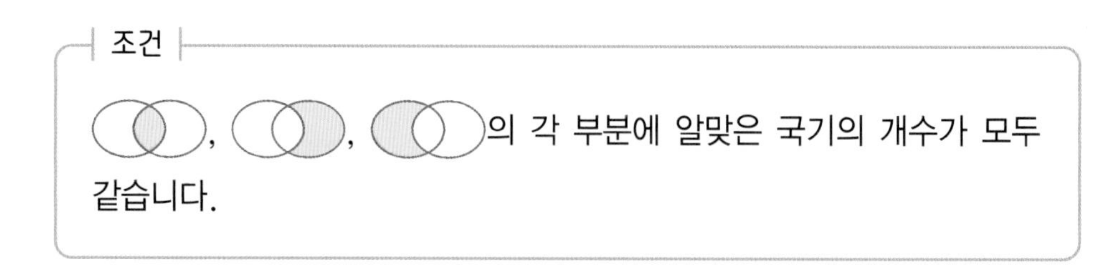

조건
의 각 부분에 알맞은 국기의 개수가 모두
같습니다.

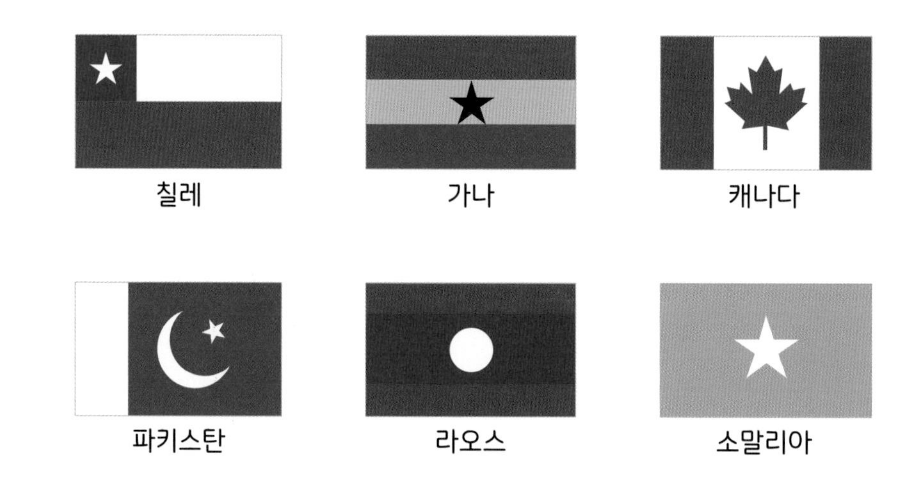

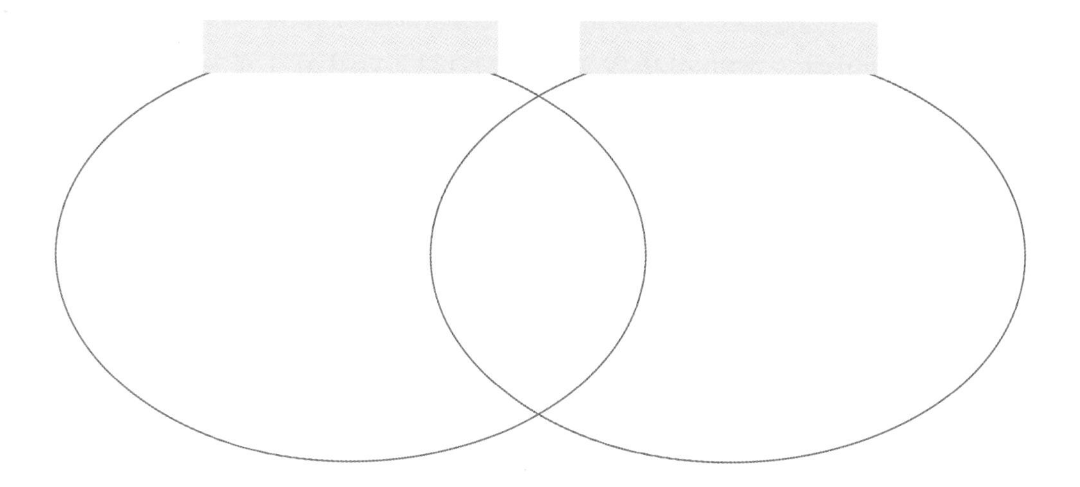

02 10명의 어린이가 다음과 같은 과정을 반복하며 음악에 맞춰 춤을 춥니다. 물음에 답해 보시오. (단, 1분은 60초입니다.)

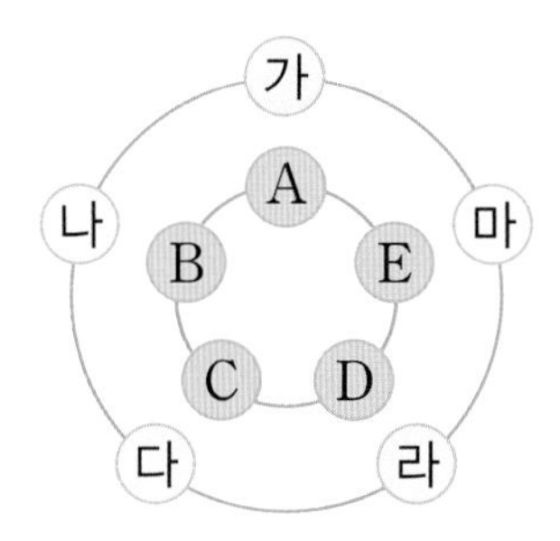

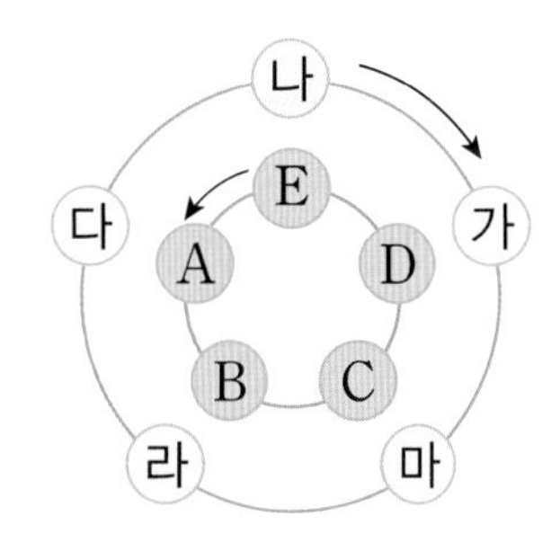

50초 동안 가－A, 나－B, 다－C, 라－D, 마－E가 마주 보고 춤을 춥니다.

10초 동안 바깥쪽 어린이들은 시계 방향으로, 안쪽 어린이들은 시계 반대 방향으로 한 칸씩 움직입니다.

(1) 음악이 시작될 때, 어린이들이 다음과 같이 서 있습니다. 3분 후에 어린이들이 서 있는 순서에 따라 빈 곳을 알맞게 채워 보시오.

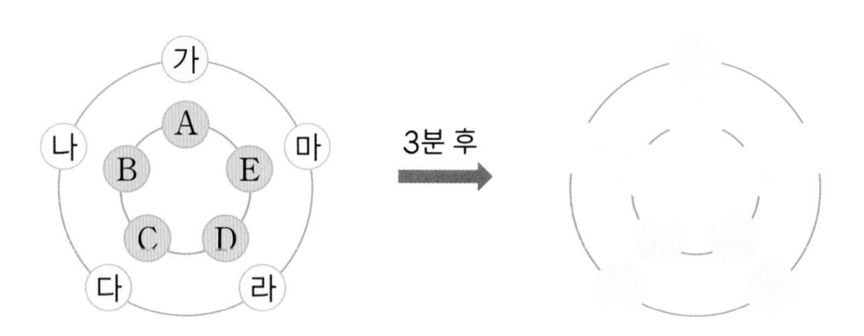

(2) 음악이 시작되고 4분 후에 어린이들의 위치는 다음과 같습니다. 음악이 시작될 때 가가 마주 보고 있던 어린이는 누구였습니까?

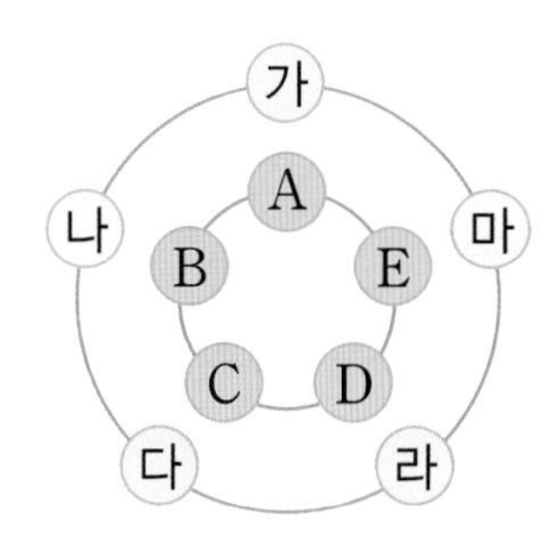

MEMO

영재학급, 영재교육원,
경시대회 준비를 위한

창의사고력 초등수학 팩토

형성 평가

총괄 평가

형성평가

규칙 영역

시험일시	년 월 일
이 름	

권장 시험 시간	30분

✓ 총 문항 수(10문항)를 확인해 주세요.
✓ 권장 시험 시간(30분) 안에 문제를 풀어 주세요.
✓ 문제를 정확히 읽고 답을 바르게 쓰세요.
✓ 잘 풀리지 않는 문제가 있으면 쉬운 문제부터 해결한 후 다시 도전해 보세요.

채점 결과를 매스티안 홈페이지(https://www.mathtian.com)에 방문하여 양식에 맞게 입력해 보세요.
「형성평가 결과지」를 직접 받아보실 수 있습니다.

01 규칙에 따라 블록을 쌓았습니다. 9째 번에서 필요한 블록의 색깔과 개수를 구해 보시오.

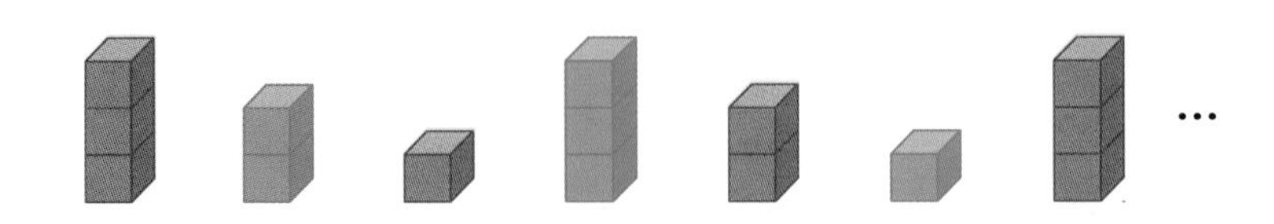

02 수 카드가 일정한 규칙으로 나열되어 있습니다. 빈 곳에 알맞은 수를 써넣으시오.

1	2	5	6	9	10	13	

3 규칙을 찾아 마지막 그림을 완성해 보시오.

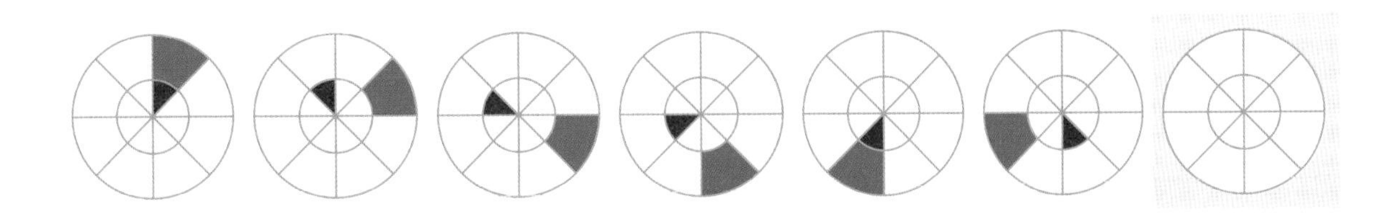

4 오른쪽 그림은 왼쪽 수 배열표의 일부분입니다. 수 배열표의 규칙을 찾아 ★에 알맞은 수를 구해 보시오.

1	2	3	4	5
6	7	8	9	10
11	12	13	14	15
⋮	⋮	⋮	⋮	⋮

22	23	24	
	28		
			★

05 |규칙|에 따라 왼쪽부터 알맞은 그림을 그려 보시오.

| 규칙 |

① 모양은 '◇, ○' 순서로 반복됩니다.
② 크기는 '크다, 크다, 작다' 순서로 반복됩니다.

06 규칙을 찾아 ▒ 안에 알맞은 수를 써넣으시오.

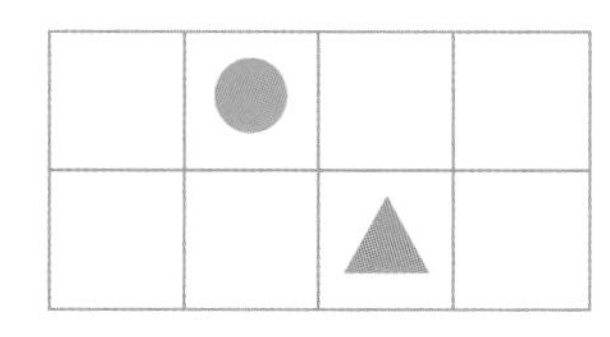

72

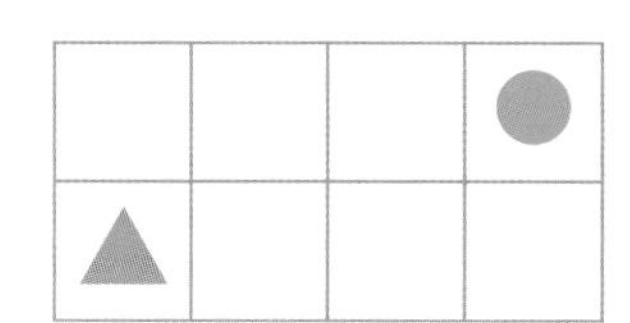

54

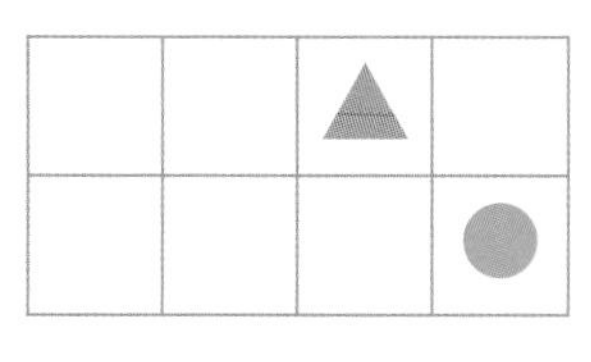

38

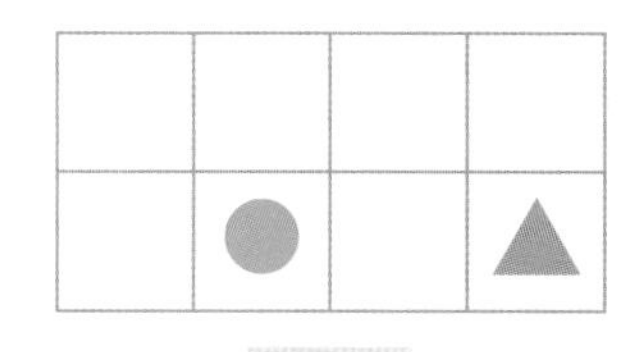

▒

07 다음 표는 규칙에 따라 알파벳 A부터 E까지의 줄에 수를 쓴 것입니다. 50은 어느 알파벳 줄에 있는지 써 보시오.

A	B	C	D	E
2	4	6	8	10
20	18	16	14	12
22	24	26	28	30
40	38	36	34	32
⋮	⋮	⋮	⋮	⋮

08 | 약속 |을 보고 규칙을 찾아 주어진 식을 계산해 보시오.

| 약속 |

1 ♥ 5 = 5　　8 ♥ 2 = 7

4 ♥ 2 = 3　　5 ♥ 6 = 2

2 ♥ 7 =

09 암호의 규칙을 찾아 암호를 해독해 보시오.

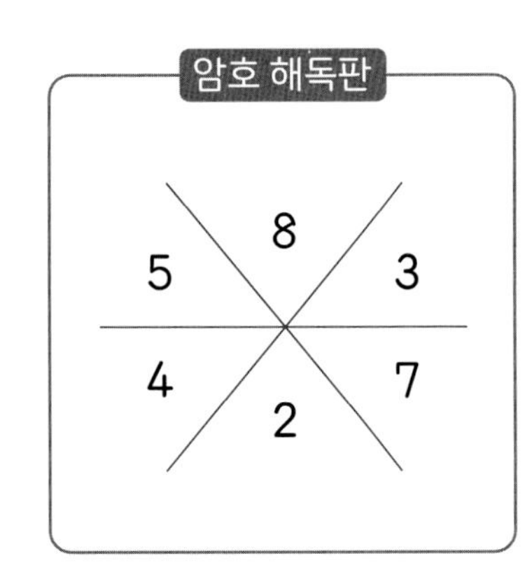

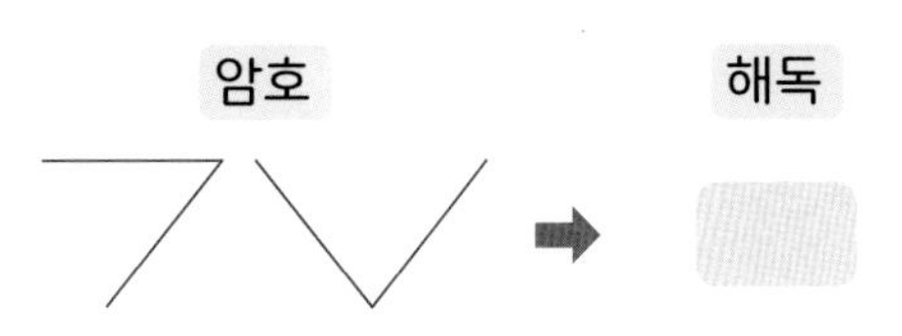

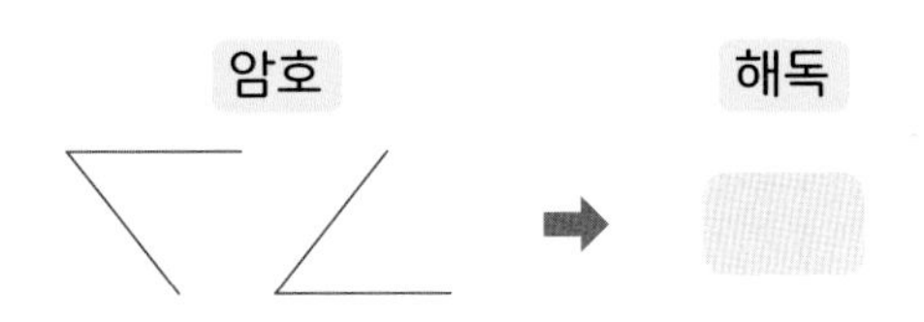

10 규칙을 찾아 마지막 그림을 완성해 보시오.

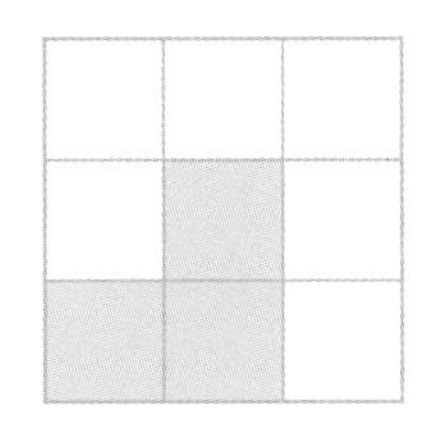
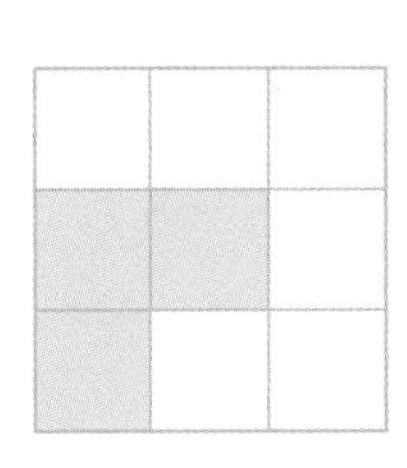
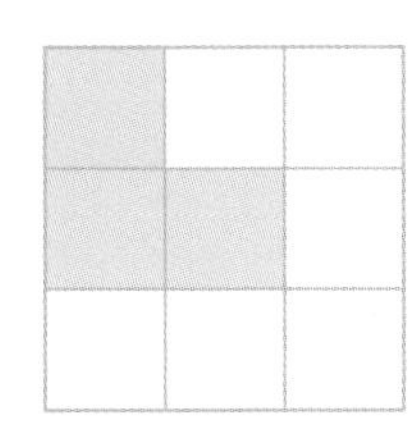
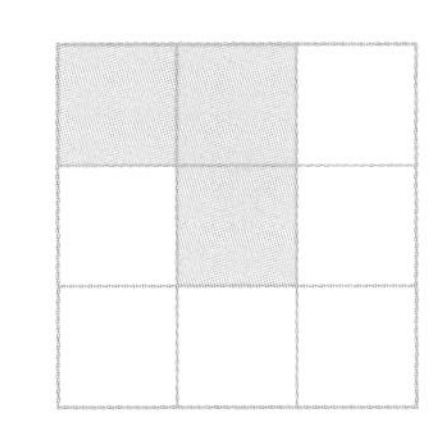
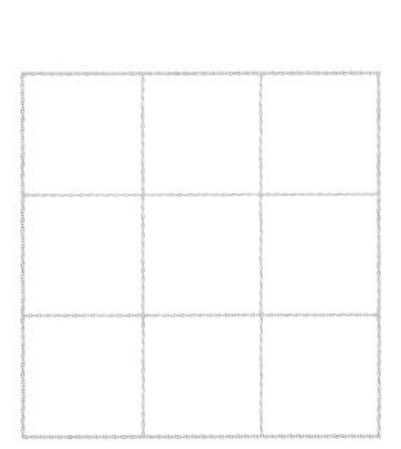

수고하셨습니다!

정답과 풀이 50쪽

형성평가

기하 영역

시험일시 | 년 월 일

이 름 |

권장 시험 시간 30분

- 총 문항 수(10문항)를 확인해 주세요.
- 권장 시험 시간(30분) 안에 문제를 풀어 주세요.
- 문제를 정확히 읽고 답을 바르게 쓰세요.
- 잘 풀리지 않는 문제가 있으면 쉬운 문제부터 해결한 후 다시 도전해 보세요.

채점 결과를 매스티안 홈페이지(https://www.mathtian.com)에 방문하여 양식에 맞게 입력해 보세요.
「형성평가 결과지」를 직접 받아보실 수 있습니다.

01 그림 카드를 9조각으로 자르고 자른 조각을 다음과 같이 움직였습니다. 다음 중 밀기를 한 조각은 모두 몇 개입니까?

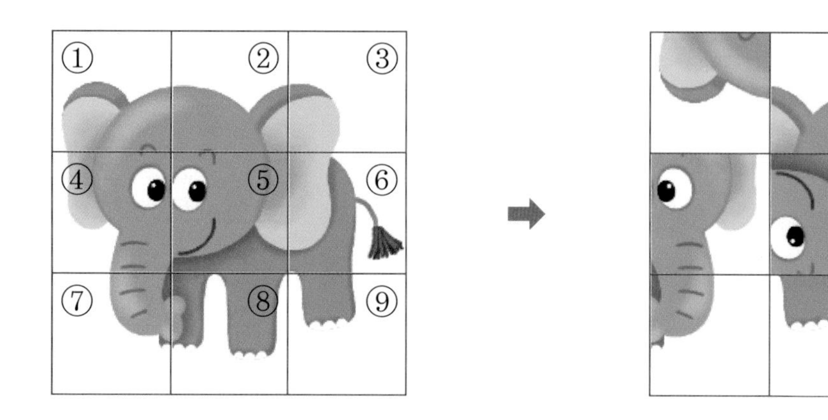

02 다음은 디지털 숫자로 만든 덧셈식과 뺄셈식 카드를 거울에 비춘 모양입니다. 원래 식의 계산 결과가 더 큰 것을 찾아 기호를 써 보시오.

㉮ ㉯

03 다음 도형에 선을 2개 긋고 그 선을 따라 잘랐을 때, 삼각형 3개와 사각형 1개가 되도록 만들어 보시오.

04 다음 그림에서 찾을 수 있는 크고 작은 사각형은 모두 몇 개인지 구해 보시오.

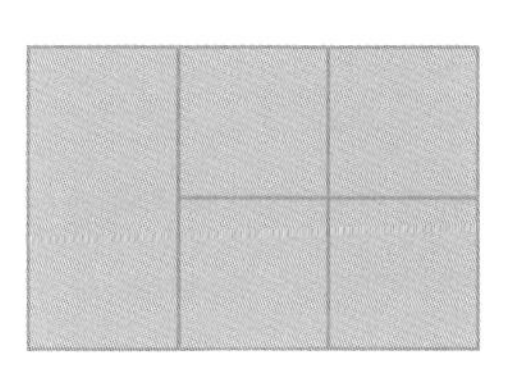

05 어떤 도형을 시계 방향으로 반 바퀴 돌린 모양이 다음과 같습니다. 돌리기 전의 도형을 그려 보시오.

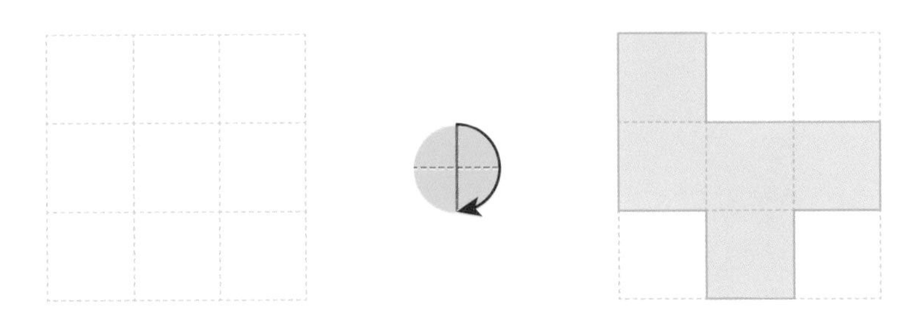

06 글자가 쓰여 있는 5장의 투명 카드가 있습니다. 이 투명 카드를 아래로 뒤집었을 때, 처음 글자와 뒤집은 글자가 같은 투명 카드는 모두 몇 장인지 구해 보시오.

나 러 미 파 처

7 다음 수 카드의 수와 시계 방향으로 반 바퀴 돌려서 나온 수의 차를 구해 보시오.

8 다음과 같이 원 위에 같은 간격으로 7개의 점이 찍혀 있습니다. 점을 이어 만들 수 있는 서로 다른 모양의 삼각형은 모두 몇 가지인지 구해 보시오. (단, 돌리거나 뒤집어서 겹쳐지는 것은 한 가지로 봅니다.)

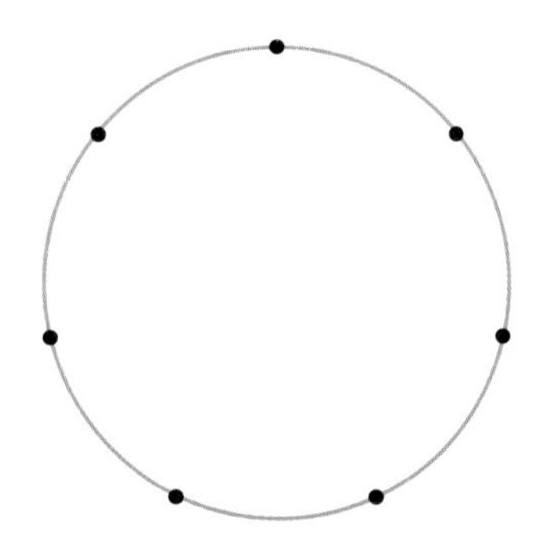

09 다음 그림에서 찾을 수 있는 크고 작은 삼각형은 모두 몇 개인지 구해 보시오.

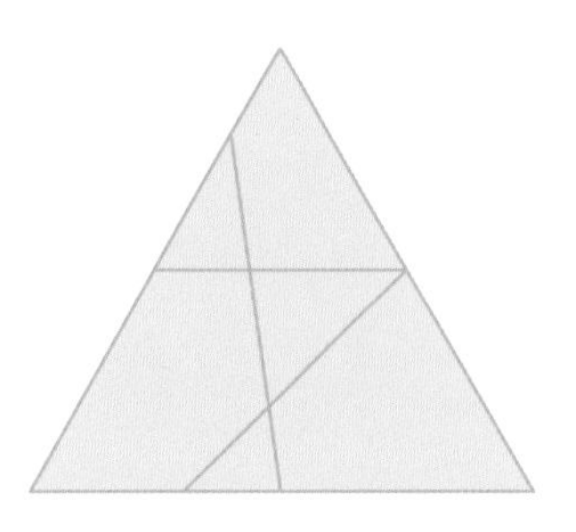

10 민수가 50분 동안 수영을 하고 거울에 비친 시계를 보았더니 다음과 같았습니다. 민수가 수영을 시작한 시각은 몇 시 몇 분입니까? (단, 거울은 시계의 오른쪽에 세워 놓고 비춘 것입니다.)

정답과 풀이 53쪽

형성평가

문제해결력 영역

시험일시	년 월 일
이 름	

권장 시험 시간 **30분**

- ✔ 총 문항 수(**10**문항)를 확인해 주세요.
- ✔ 권장 시험 시간(**30**분) 안에 문제를 풀어 주세요.
- ✔ 문제를 정확히 읽고 답을 바르게 쓰세요.
- ✔ 잘 풀리지 않는 문제가 있으면 쉬운 문제부터 해결한 후 다시 도전해 보세요.

채점 결과를 매스티안 홈페이지(https://www.mathtian.com)에 방문하여 양식에 맞게 입력해 보세요.
「형성평가 결과지」를 직접 받아보실 수 있습니다.

01 현수네 모둠은 모두 10명입니다. 남학생이 여학생보다 2명 더 많다면 남학생과 여학생은 각각 몇 명인지 구해 보시오.

02 올해 지윤이는 5살, 동생은 3살, 이모는 34살입니다. 표를 이용하여 이모의 나이가 지윤이와 동생의 나이의 합의 3배가 되는 것은 몇 년 후인지 구해 보시오.

	올해	1년 후	2년 후	3년 후
지윤이의 나이(살)				
동생의 나이(살)				
이모의 나이(살)				

03 소율이가 초콜릿을 몇 개 가지고 있었습니다. 주원이에게 5개를 주고, 예린이에게 3개를 주었습니다. 그리고 민서에게 4개를 받았더니 초콜릿이 11개가 되었습니다. 처음 소율이가 가지고 있던 초콜릿은 몇 개인지 구해 보시오.

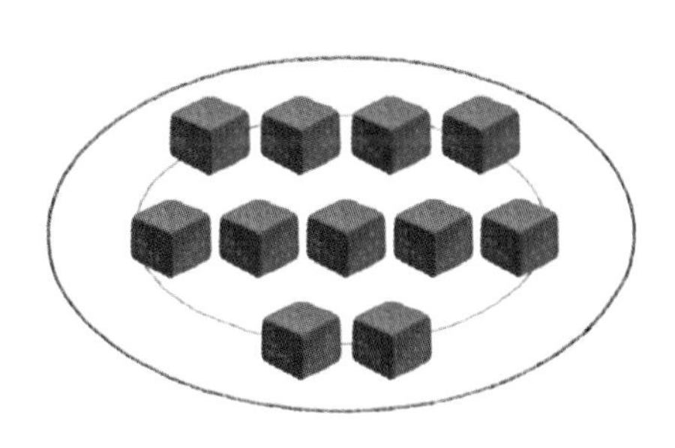

04 연필 3자루와 지우개 2개를 사면 1300원이고, 연필 2자루와 지우개 2개를 사면 1000원입니다. 지우개 1개의 가격은 얼마인지 구해 보시오.

05 주어진 수 카드를 알맞은 곳에 넣어 벤 다이어그램을 완성해 보시오.

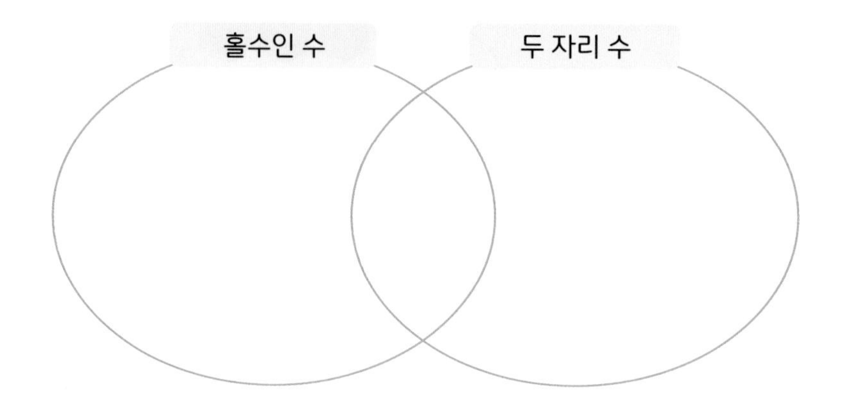

06 그림과 같이 바둑돌을 한 변에 20개씩 놓아 정삼각형을 만들려고 합니다. 필요한 바둑돌은 몇 개인지 구해 보시오.

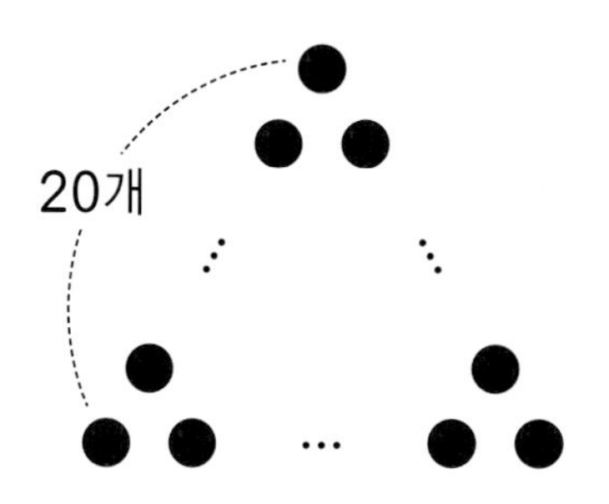

07 윤서는 딸기 맛 사탕과 포도 맛 사탕을 합하여 21개 가지고 있습니다. 딸기 맛 사탕의 수가 포도 맛 사탕의 수보다 7개 더 적을 때 딸기 맛 사탕과 포도 맛 사탕은 각각 몇 개인지 구해 보시오.

08 수아는 3일 동안 수학 문제를 풀었습니다. 둘째 날에는 첫째 날 푼 문제 수의 절반만큼 풀었고, 셋째 날에는 둘째 날보다 5문제 더 많이 풀어 9문제를 풀었습니다. 수아가 3일 동안 푼 수학 문제는 모두 몇 문제인지 구해 보시오.

09 예림이와 시윤이가 다음과 같이 과녁에 화살 쏘기를 하였습니다. 예림이는 5번을 쏘아 29점을 얻었고, 시윤이는 3번을 쏘아 15점을 얻었습니다. 초록색 과녁과 노란색 과녁은 각각 몇 점인지 구해 보시오.

예림

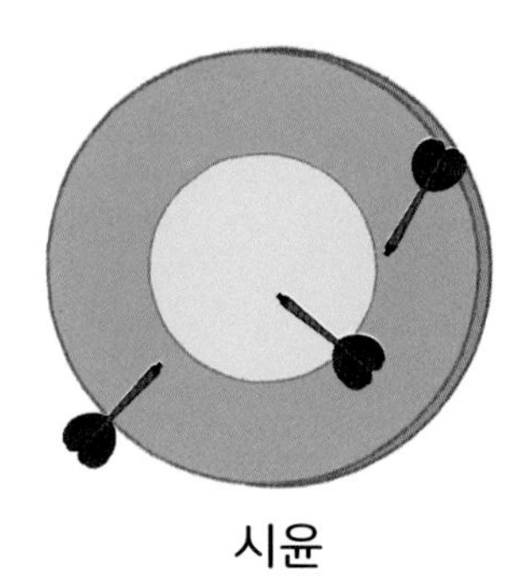
시윤

10 그림과 같이 10원짜리 동전 몇 개를 가지고 한 변에 6개씩 놓아 정삼각형을 만들었습니다. 정삼각형을 만드는 데 사용한 금액은 얼마입니까?

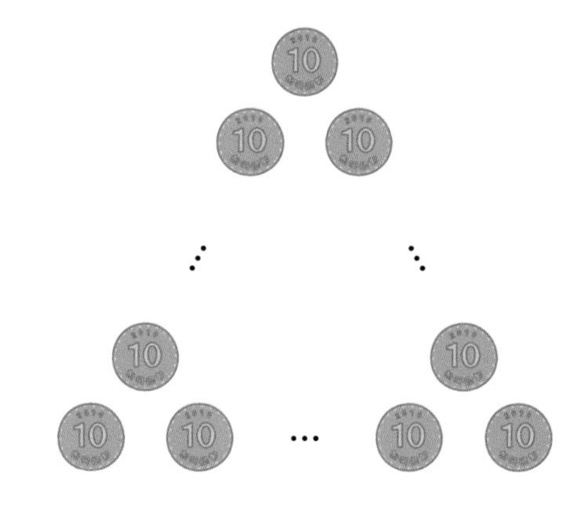

정답과 풀이 56쪽

총괄평가

권장 시험 시간	30분

시험일시	년 월 일
이 름	

- 총 문항 수(10문항)를 확인해 주세요.
- 권장 시험 시간(30분) 안에 문제를 풀어 주세요.
- 문제를 정확히 읽고 답을 바르게 쓰세요.
- 잘 풀리지 않는 문제가 있으면 쉬운 문제부터 해결한 후 다시 도전해 보세요.

채점 결과를 매스티안 홈페이지(https://www.mathtian.com)에 방문하여 양식에 맞게 입력해 보세요.
「총괄평가 결과지」를 직접 받아보실 수 있습니다.

01 다음은 일정한 규칙에 따라 움직이는 모양입니다. 마지막 그림을 완성해 보시오.

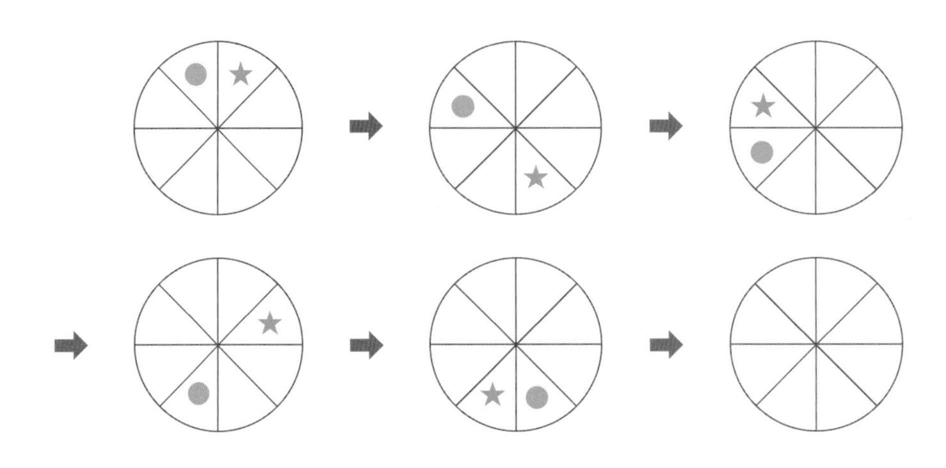

02 오른쪽 그림은 왼쪽 수 배열표의 일부분입니다. 수 배열표의 규칙을 찾아 빈칸에 알맞은 수를 써넣으시오.

1	2	3	4	5	6	7	8
9	10	11	12	13	14	15	16
17	18	19	20	21	22	23	24
⋮	⋮	⋮	⋮	⋮	⋮	⋮	⋮

26	27	28	
	43		

03 약속 을 보고 규칙을 찾아 주어진 식을 계산해 보시오.

약속

$3 ★ 1 = 2$　　$2 ★ 4 = 7$

$6 ★ 3 = 17$　　$5 ★ 7 = 34$

$8 ★ 6 =$ ☐

04 규칙을 찾아 빈 곳에 알맞은 수를 써넣으시오.

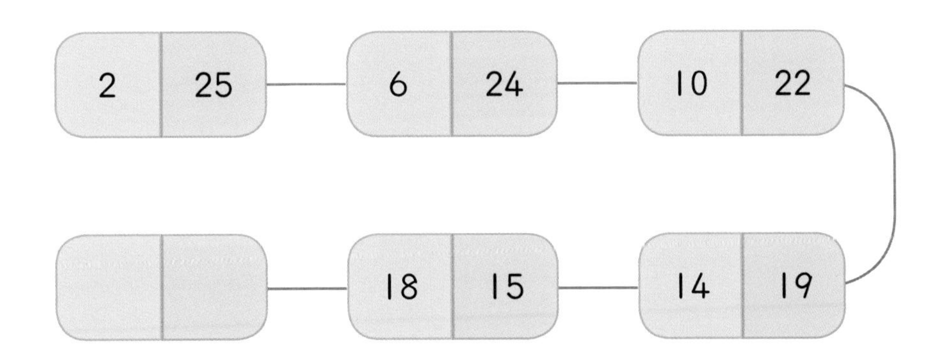

05 다음과 같이 시계 방향으로 반 바퀴 돌리고, 오른쪽으로 뒤집었을 때의 도형을 차례대로 그려 보시오.

06 다음 그림에서 찾을 수 있는 크고 작은 사각형은 모두 몇 개인지 구해 보시오.

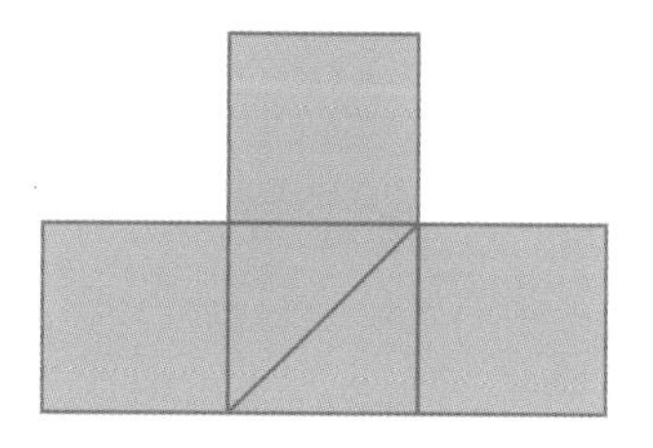

07 주머니에 빨간색 구슬과 파란색 구슬이 합하여 23개 있습니다. 빨간색 구슬이 파란색 구슬보다 5개 더 적을 때 빨간색 구슬과 파란색 구슬은 각각 몇 개인지 구해 보시오.

08 다음 | 조건 |을 보고 준우는 올해 몇 살인지 구해 보시오.

조건

- 올해 준우의 나이와 형의 나이의 합은 9살입니다.
- 3년 후에 준우와 형의 나이의 곱은 54살입니다.

09 은채는 4일 동안 매일 턱걸이를 하였습니다. 둘째 날에는 첫째 날에 한 횟수의 3배만큼 했고, 셋째 날에는 둘째 날보다 3회 적게 했습니다. 넷째 날에는 셋째 날보다 5회 많이 하여 11회를 하였습니다. 은채가 첫째 날 턱걸이를 한 횟수를 구해 보시오.

10 벤 다이어그램을 보고 ▒ 안에 알맞은 말이나 수를 써넣으시오.

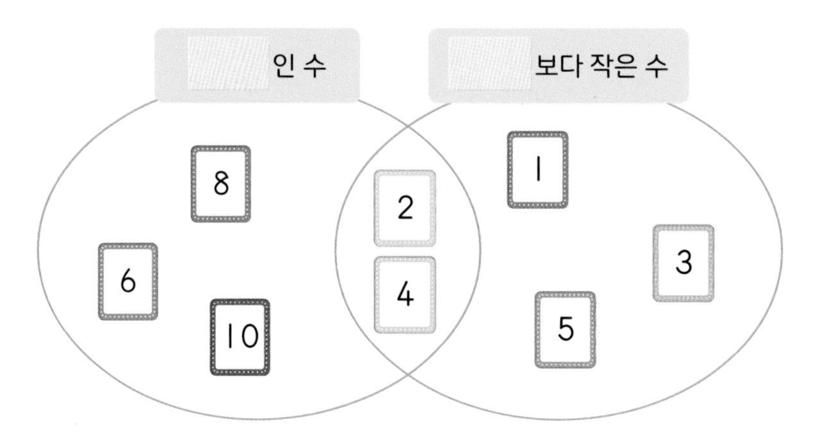

정답과 풀이 59쪽

팩토는 자유롭게 자신감있게 창의적으로
생각하는 주·니·어·수·학·자입니다.

Free Active Creative Thinking O. Junior mathtian

영재학급, 영재교육원,
경시대회 준비를 위한

창의사고력 초등수학 팩토

명확한 답
친절한 풀이

영재학급, 영재교육원,
경시대회 준비를 위한

창의사고력
초등수학

팩토

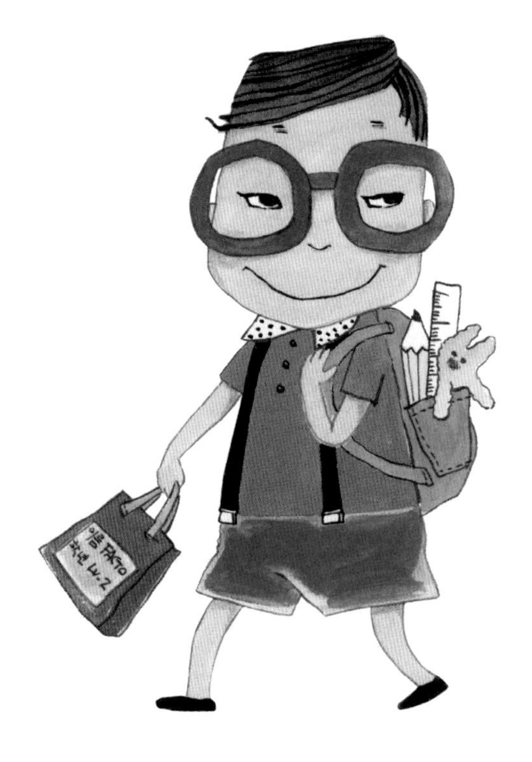

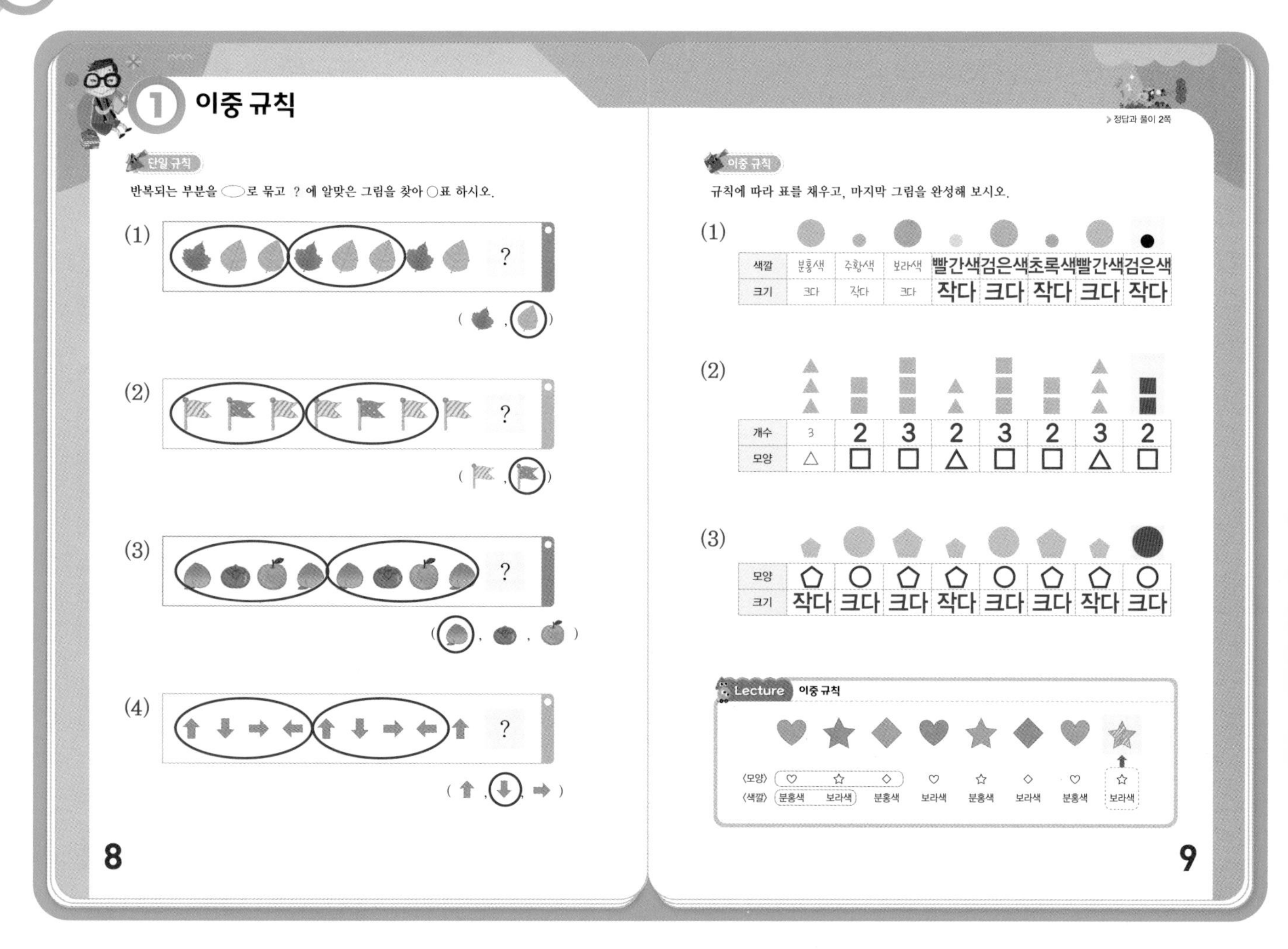

1 이중 규칙
단일 규칙
반복되는 부분을 ◯로 묶고 ? 에 알맞은 그림을 찾아 ○표 하시오.
이중 규칙
규칙에 따라 표를 채우고, 마지막 그림을 완성해 보시오.
Lecture 이중 규칙
8
9

단일 규칙

그림에서 모양, 색깔, 방향의 반복되는 부분을 찾아봅니다. 이때, 간단한 기호를 사용하여 표시하면 반복되는 부분과 빈칸에 들어갈 그림을 쉽게 찾을 수 있습니다.

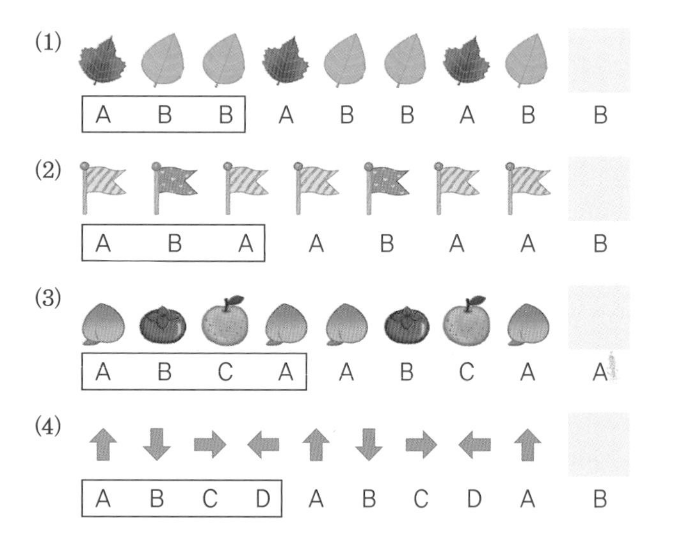

이중 규칙

(1) 색깔은 '분홍색, 주황색, 보라색'이 반복되고, 크기는 '크다, 작다'가 반복되는 규칙입니다.

(2) 개수는 '3개, 2개'가 반복되고, 모양은 '△, □, □'가 반복되는 규칙입니다.

(3) 모양은 '⬠, ○, ⬠'가 반복되고, 크기는 '작다, 크다, 크다'가 반복되는 규칙입니다.

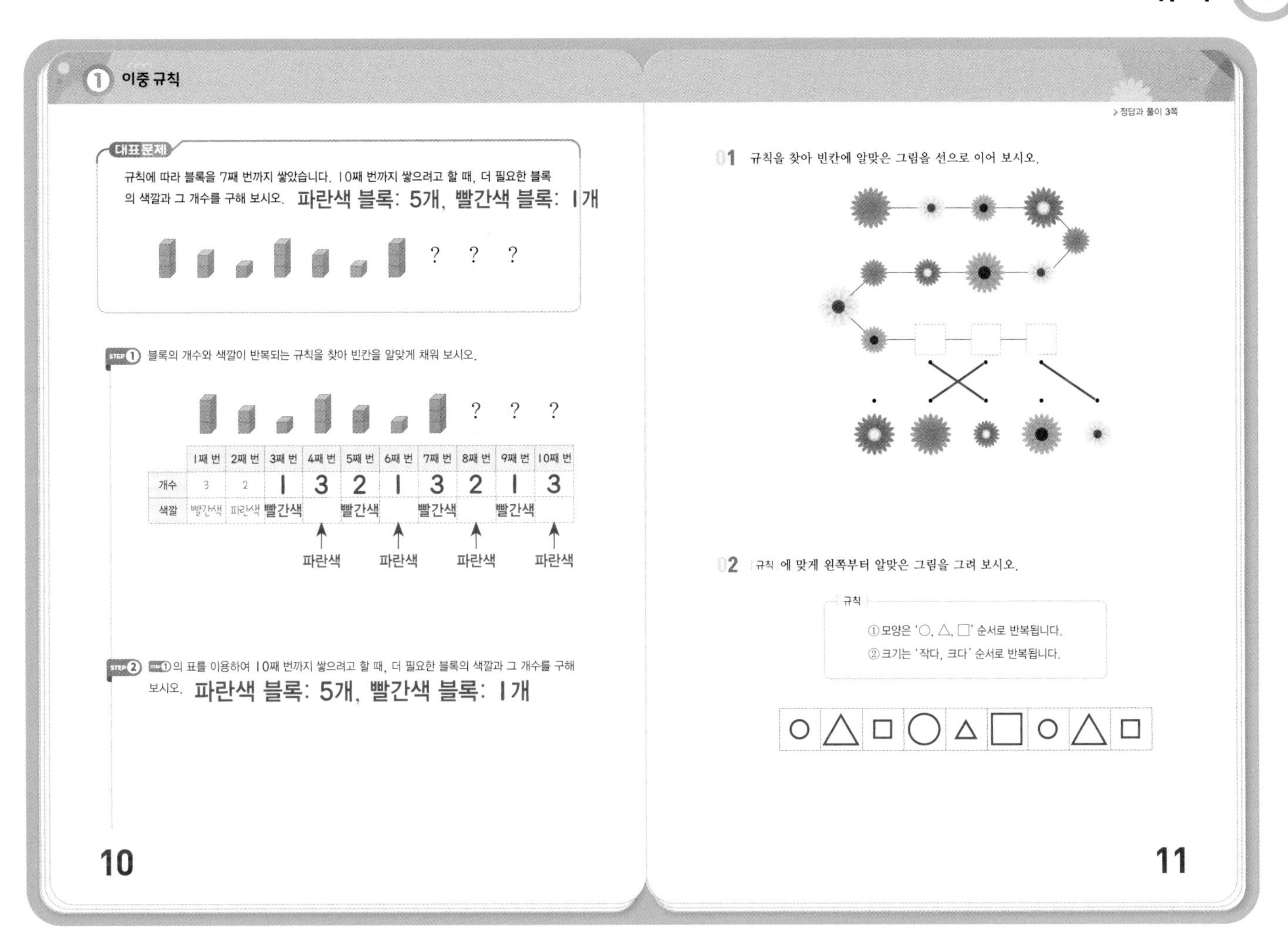

① 이중 규칙

대표문제

규칙에 따라 블록을 7째 번까지 쌓았습니다. 10째 번까지 쌓으려고 할 때, 더 필요한 블록의 색깔과 그 개수를 구해 보시오. 파란색 블록: 5개, 빨간색 블록: 1개

STEP 1 블록의 개수와 색깔이 반복되는 규칙을 찾아 빈칸을 알맞게 채워 보시오.

	1째 번	2째 번	3째 번	4째 번	5째 번	6째 번	7째 번	8째 번	9째 번	10째 번
개수	3	2	1	3	2	1	3	2	1	3
색깔	빨간색	파란색	빨간색	파란색	빨간색	파란색	빨간색	파란색	빨간색	파란색

STEP 2 STEP 1의 표를 이용하여 10째 번까지 쌓으려고 할 때, 더 필요한 블록의 색깔과 그 개수를 구해 보시오. 파란색 블록: 5개, 빨간색 블록: 1개

10

정답과 풀이 3쪽

01 규칙을 찾아 빈칸에 알맞은 그림을 선으로 이어 보시오.

02 규칙에 맞게 왼쪽부터 알맞은 그림을 그려 보시오.

규칙
① 모양은 '○, △, □' 순서로 반복됩니다.
② 크기는 '작다, 크다' 순서로 반복됩니다.

11

대표문제

STEP 1 개수는 '3개, 2개, 1개'가 반복되고, 색깔은 '빨간색, 파란색'이 반복됩니다.

STEP 2 STEP 1의 표를 이용하여 8째 번, 9째 번, 10째 번에서 필요한 블록의 색깔과 그 개수를 구합니다.

8째 번	9째 번	10째 번
2	1	3
파란색	빨간색	파란색

따라서 파란색 블록은 $2+3=5$(개), 빨간색 블록은 1개 필요합니다.

01 색깔은 '빨간색, 노란색, 초록색, 보라색'이 반복되고, 크기는 '크다, 작다, 작다'가 반복됩니다.

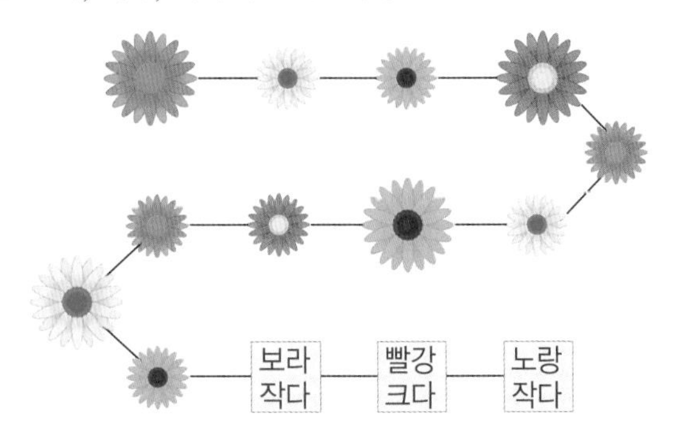

02 규칙에 맞게 패턴을 그릴 때, 두 가지 속성을 잘 이해하여 모두 적용되도록 합니다.

TIP 먼저 모양을 그리면서 다른 속성을 적용하도록 지도합니다.

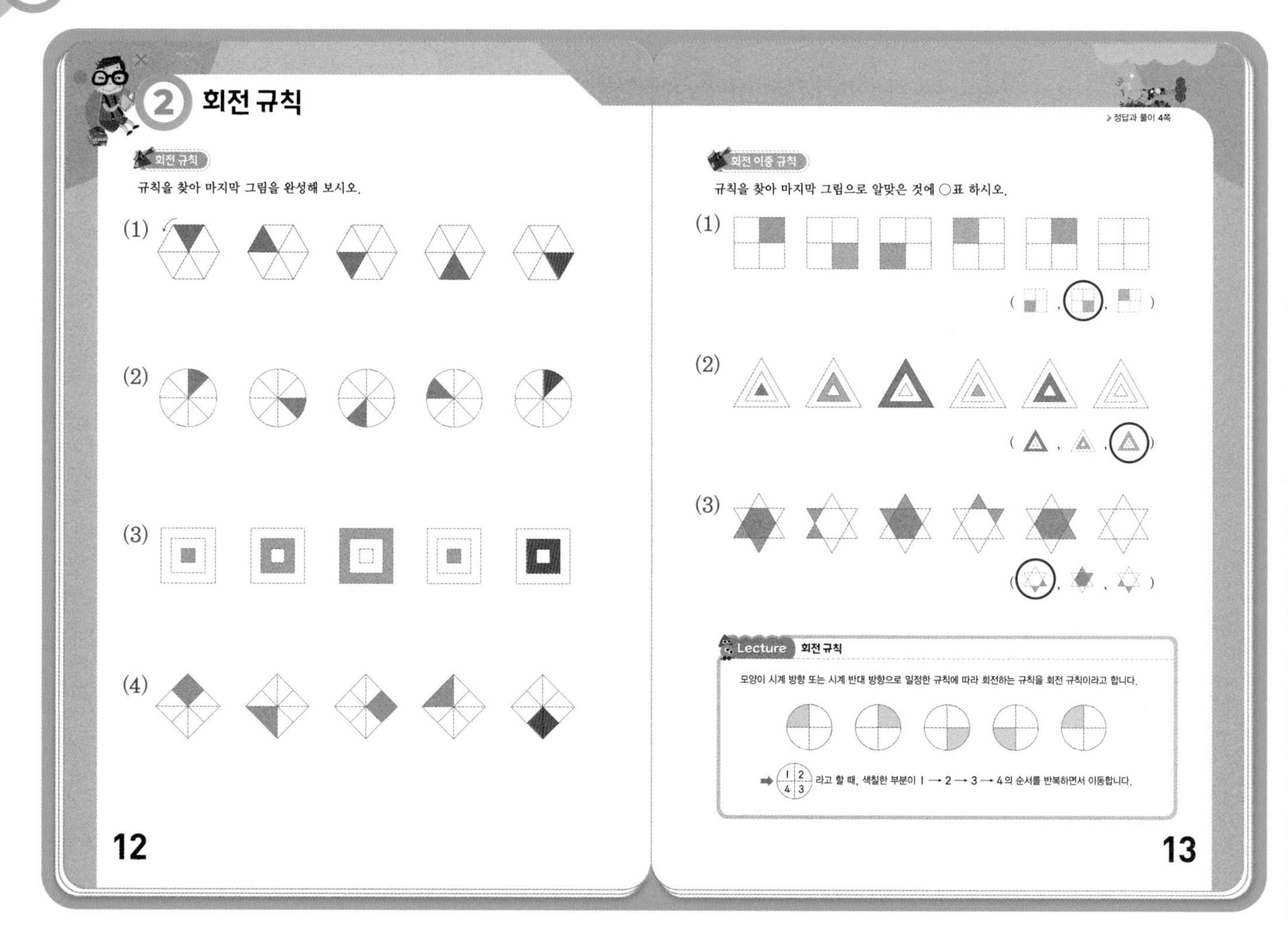

회전 규칙

(1) 색칠된 칸이 시계 반대 방향으로 1칸씩 이동합니다.

(2) 색칠된 칸이 시계 방향으로 2칸씩 이동합니다.

(3) 색칠된 칸이 안에서 밖으로 1칸씩 이동합니다.

(4) 색칠된 부분은 2칸이고, 색칠된 칸이 각각 시계 반대 방향으로 3칸씩 이동합니다.

회전 이중 규칙

(1) 색깔은 '파란색, 연두색'이 반복되고, 색칠된 칸이 시계 방향으로 1칸씩 이동합니다.

(2) 색깔은 '보라색, 연두색'이 반복되고, 색칠된 칸이 안에서 밖으로 1칸씩 이동합니다.

(3) 분홍색이 '있다, 없다'가 반복되고, 파란색 부분은 시계 방향으로 1칸씩 이동합니다.

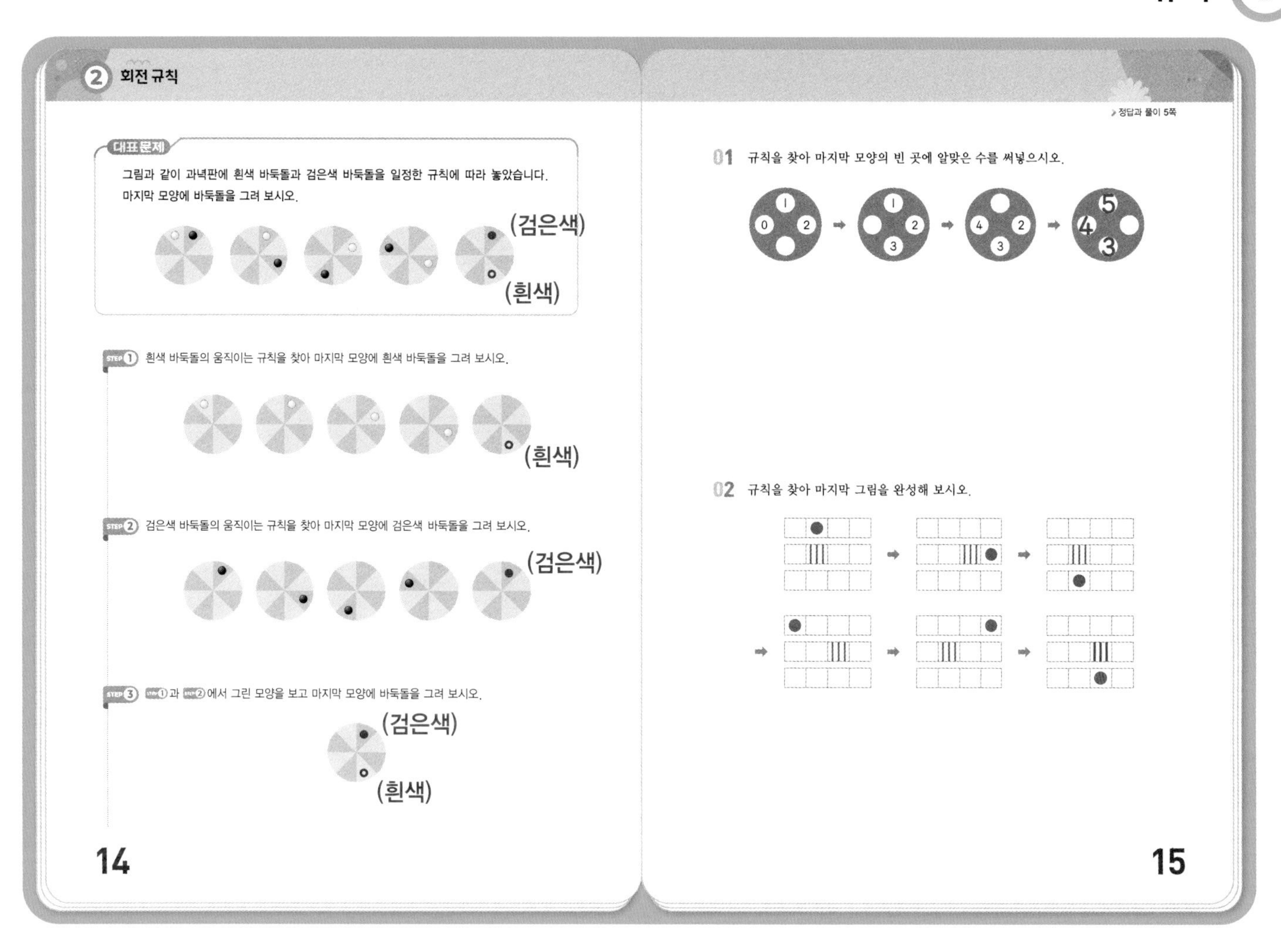

② 회전 규칙
대표문제
그림과 같이 과녁판에 흰색 바둑돌과 검은색 바둑돌을 일정한 규칙에 따라 놓았습니다. 마지막 모양에 바둑돌을 그려 보시오.
(검은색)
(흰색)
STEP ① 흰색 바둑돌의 움직이는 규칙을 찾아 마지막 모양에 흰색 바둑돌을 그려 보시오.
(흰색)
STEP ② 검은색 바둑돌의 움직이는 규칙을 찾아 마지막 모양에 검은색 바둑돌을 그려 보시오.
(검은색)
STEP ③ STEP ①과 STEP ②에서 그린 모양을 보고 마지막 모양에 바둑돌을 그려 보시오.
(검은색)
(흰색)
14
정답과 풀이 5쪽
01 규칙을 찾아 마지막 모양의 빈 곳에 알맞은 수를 써넣으시오.
0 1 2
1 2 3
4 2 3
5 4 3
02 규칙을 찾아 마지막 그림을 완성해 보시오.
15

대표문제

STEP ① 흰색 바둑돌은 시계 방향으로 1칸씩 이동합니다.

STEP ② 검은색 바둑돌은 시계 방향으로 2칸씩 이동합니다.

01 원 안에 있는 가장 작은 수의 위치는 시계 방향으로 1칸씩 이동합니다. 그리고 그 수는 1씩 커지며 그 수부터 연속하는 3개의 수를 시계 방향으로 적습니다.

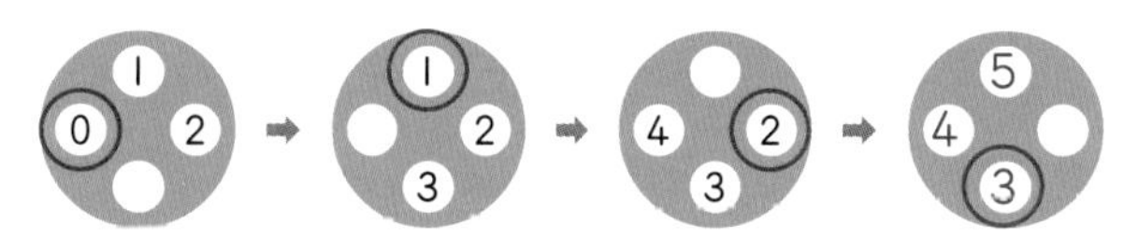

02 ●은 가장자리를 따라 시계 방향으로 3칸씩 이동합니다.

|||은 가운데 두 칸을 번갈아 가며 이동합니다.

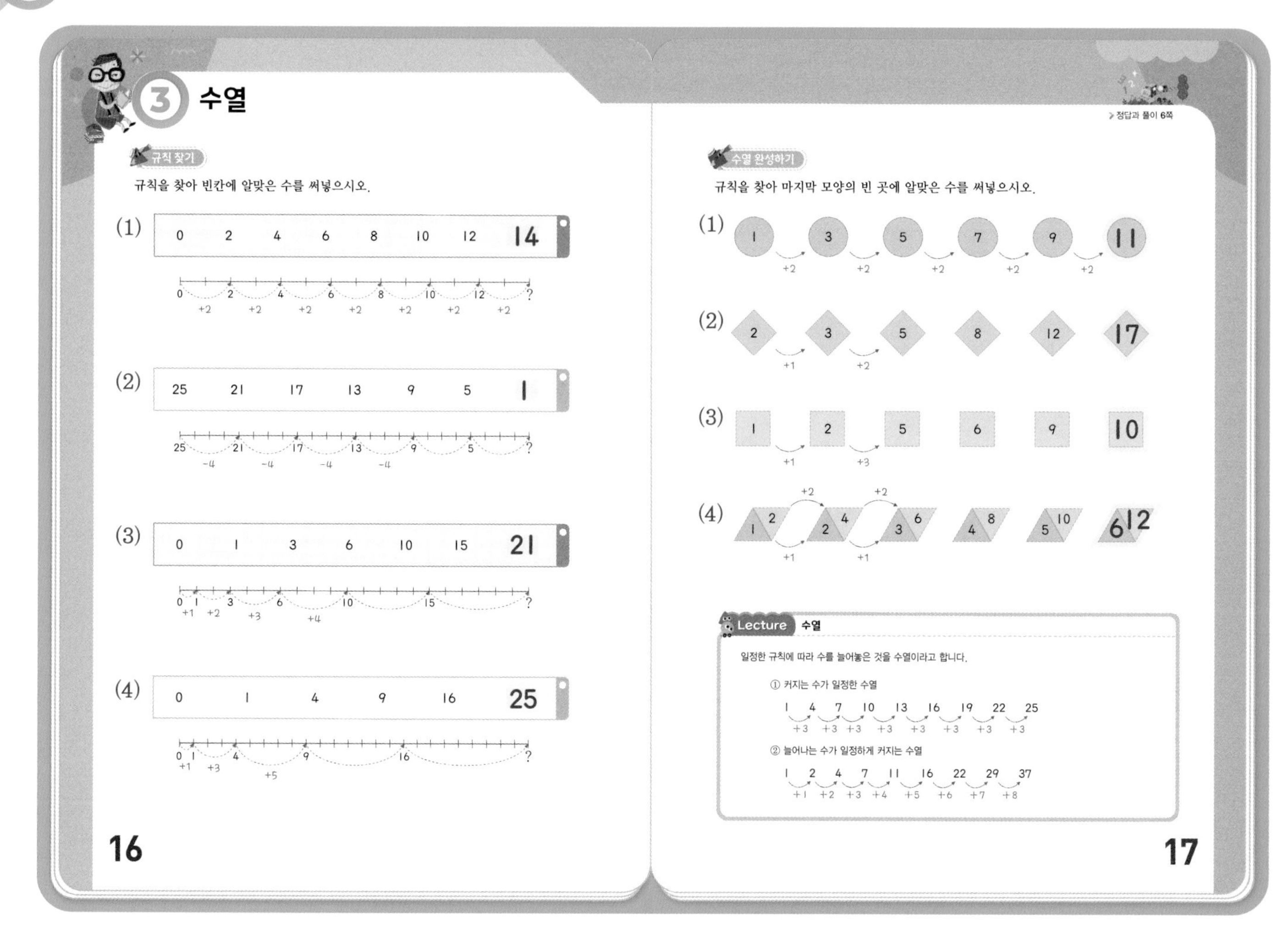

규칙 찾기

(1) 0부터 시작하여 2씩 커지는 규칙입니다.

(2) 25부터 시작하여 4씩 작아지는 규칙입니다.

(3) 0부터 시작하여 1, 2, 3, 4…로 늘어나는 수가 1씩 커집니다.

(4) 0부터 시작하여 1, 3, 5, 7…로 늘어나는 수가 2씩 커집니다.

수열 완성하기

(1) 1부터 시작하여 2씩 커지는 규칙이므로 9 다음에 올 수는 11입니다.

(2) 2부터 시작하여 1, 2, 3, 4…로 늘어나는 수가 1씩 커지는 규칙입니다. 12 다음에 올 수는 5 큰 수인 17입니다.

(3) 1부터 시작하여 1, 3이 반복되면서 커지는 규칙입니다. 9 다음에 올 수는 1 큰 수인 10입니다.

(4) • 파란색 칸의 수들은 2부터 시작하여 2씩 커지는 규칙입니다. 10 다음에 올 수는 2 큰 수인 12입니다.

• 주황색 칸의 수들은 1부터 시작하여 1씩 커지는 규칙입니다. 5 다음에 올 수는 6입니다.

TIP 주황색 칸의 수들은 1부터 시작하여 1씩 커지고, 파란색 칸의 수들은 왼쪽 주황색 칸의 수를 2배 한 수입니다. 따라서 빈 곳의 주황색 칸의 수는 6, 파란색 칸의 수는 $6 \times 2 = 12$입니다.

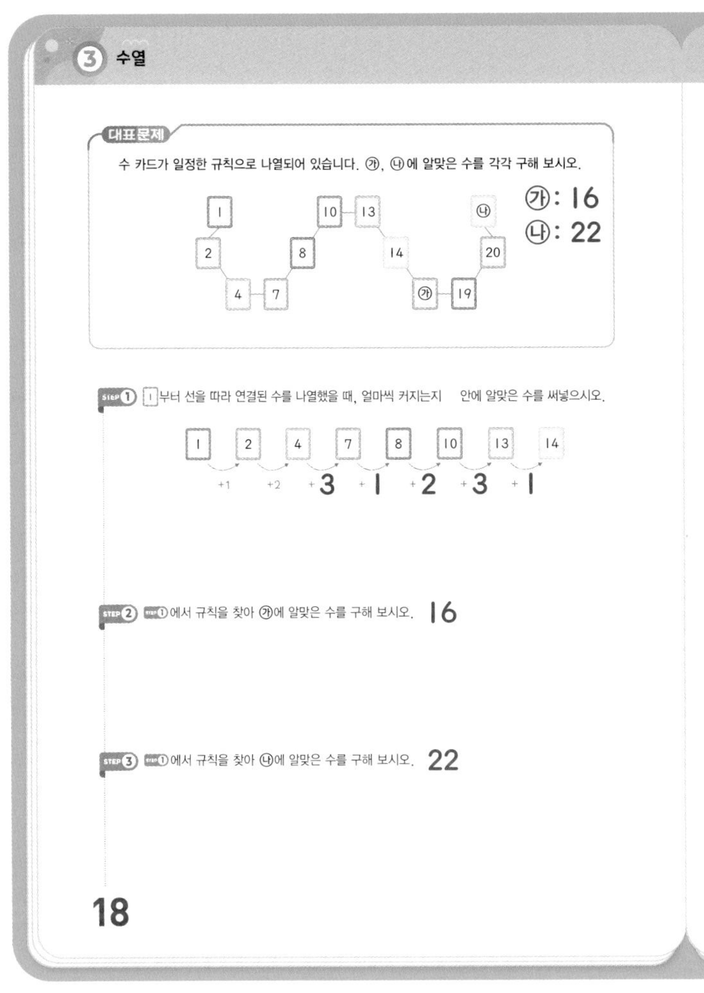

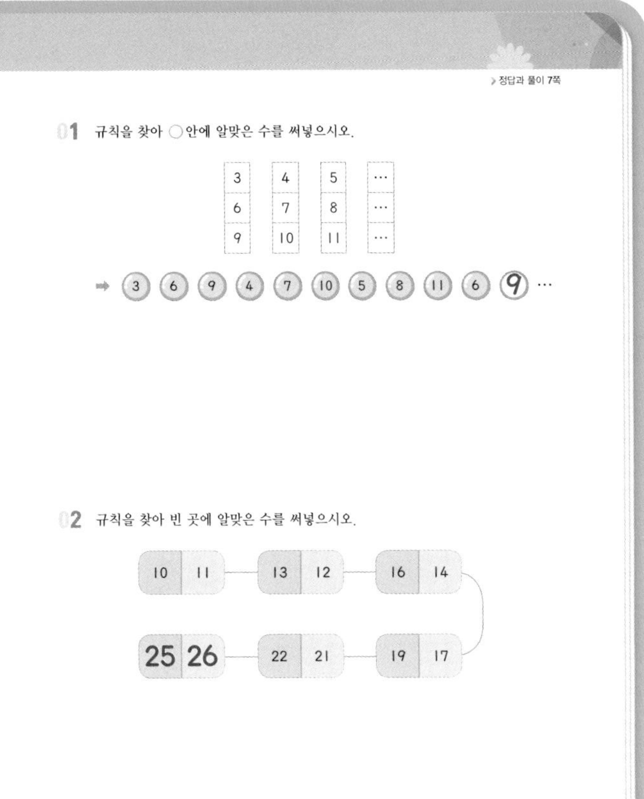

대표문제

STEP 1 앞의 수와 뒤의 수의 차를 구하여 규칙을 찾아보면, 오른쪽으로 갈수록 1, 2, 3씩 커지는 것이 반복되는 규칙입니다.

STEP 2 ㉮는 14 다음에 오는 수로 2 큰 수인 16입니다.

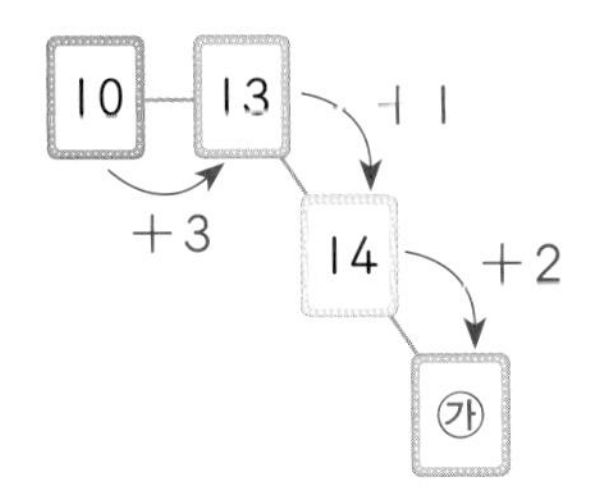

STEP 3 ㉯는 20 다음에 오는 수로 2 큰 수인 22입니다.

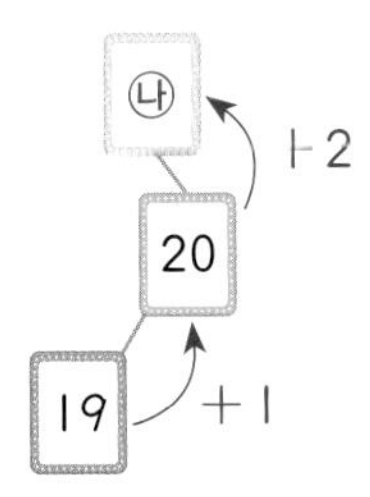

01 주어진 수열은 다음과 같은 규칙이 있습니다.

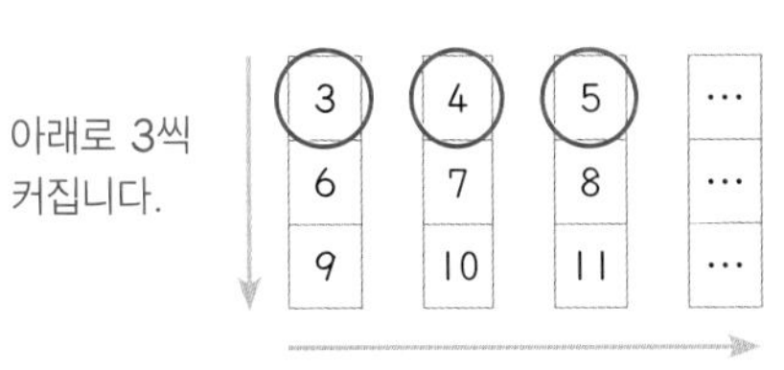

아래로 3씩 커집니다.
오른쪽으로 1씩 커집니다.

6 다음에 올 수는 3 큰 수인 9입니다.

02 보라색 칸과 파란색 칸에 있는 수로 나누어 생각합니다.

- 보라색 칸에 있는 수는 10부터 시작하여 3씩 커지는 규칙이므로 22 다음에 올 수는 25입니다.
- 파란색 칸에 있는 수는 11부터 시작하여 1, 2, 3, 4…로 늘어나는 수가 1씩 커지는 규칙이므로 21 다음에 올 수는 26입니다.

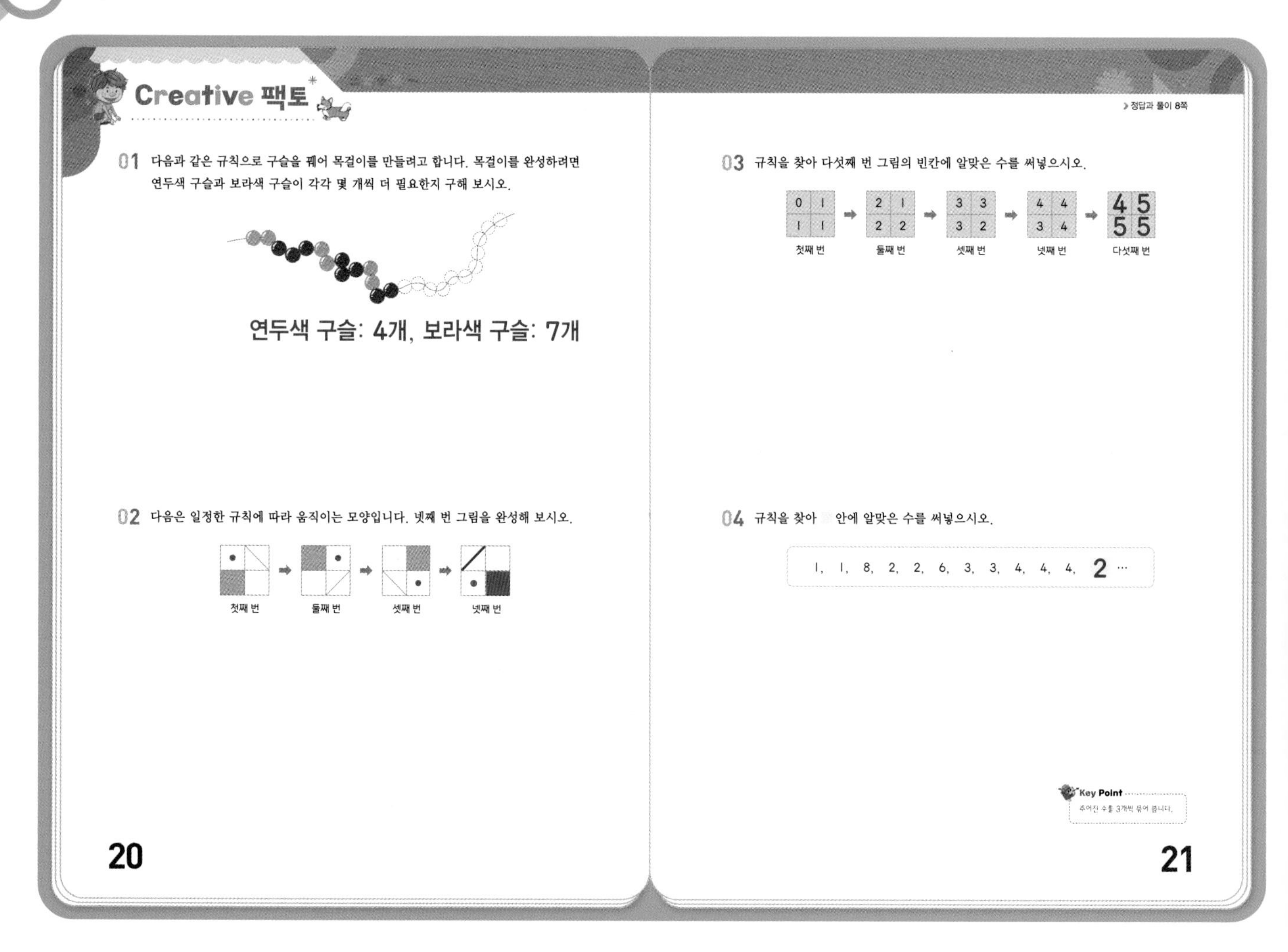

Creative 팩토

▸ 정답과 풀이 8쪽

01 다음과 같은 규칙으로 구슬을 꿰어 목걸이를 만들려고 합니다. 목걸이를 완성하려면 연두색 구슬과 보라색 구슬이 각각 몇 개씩 더 필요한지 구해 보시오.

연두색 구슬: 4개, 보라색 구슬: 7개

02 다음은 일정한 규칙에 따라 움직이는 모양입니다. 넷째 번 그림을 완성해 보시오.

첫째 번 → 둘째 번 → 셋째 번 → 넷째 번

03 규칙을 찾아 다섯째 번 그림의 빈칸에 알맞은 수를 써넣으시오.

첫째 번	둘째 번	셋째 번	넷째 번	다섯째 번
0 1 / 1 1	2 1 / 2 2	3 3 / 3 2	4 4 / 3 4	4 5 / 5 5

04 규칙을 찾아 ☐ 안에 알맞은 수를 써넣으시오.

1, 1, 8, 2, 2, 6, 3, 3, 4, 4, 4, 2 …

Key Point 주어진 수를 3개씩 묶어 봅니다.

20　21

01 연두색 구슬 2개, 보라색 구슬 3개가 반복되면서 꿰어집니다.

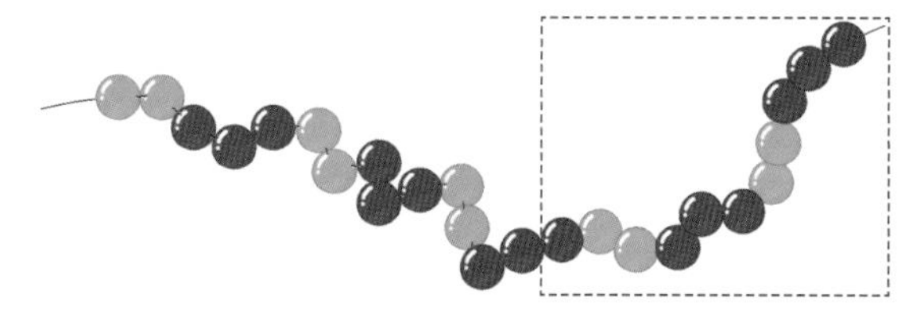

따라서 연두색 구슬 4개, 보라색 구슬 7개가 더 필요합니다.

02 전체 모양은 시계 방향으로 반의 반 바퀴씩 회전합니다.

TIP 이때, 대각선 방향에 주의하여 넷째 번 그림을 그립니다.

03 시계 방향으로 한 칸씩 움직이며 수가 모두 1씩 커집니다.

04 주어진 수를 3개씩 묶어 보면 (1, 1, 8), (2, 2, 6), (3, 3, 4), (4, 4, ☐)입니다.

괄호 안에 있는 세 수의 합은 10이므로 $4+4+☐=10$, $☐=2$입니다.

TIP 아이들이 다른 규칙으로 찾을 경우에도 규칙이 맞다면 정답으로 인정합니다.

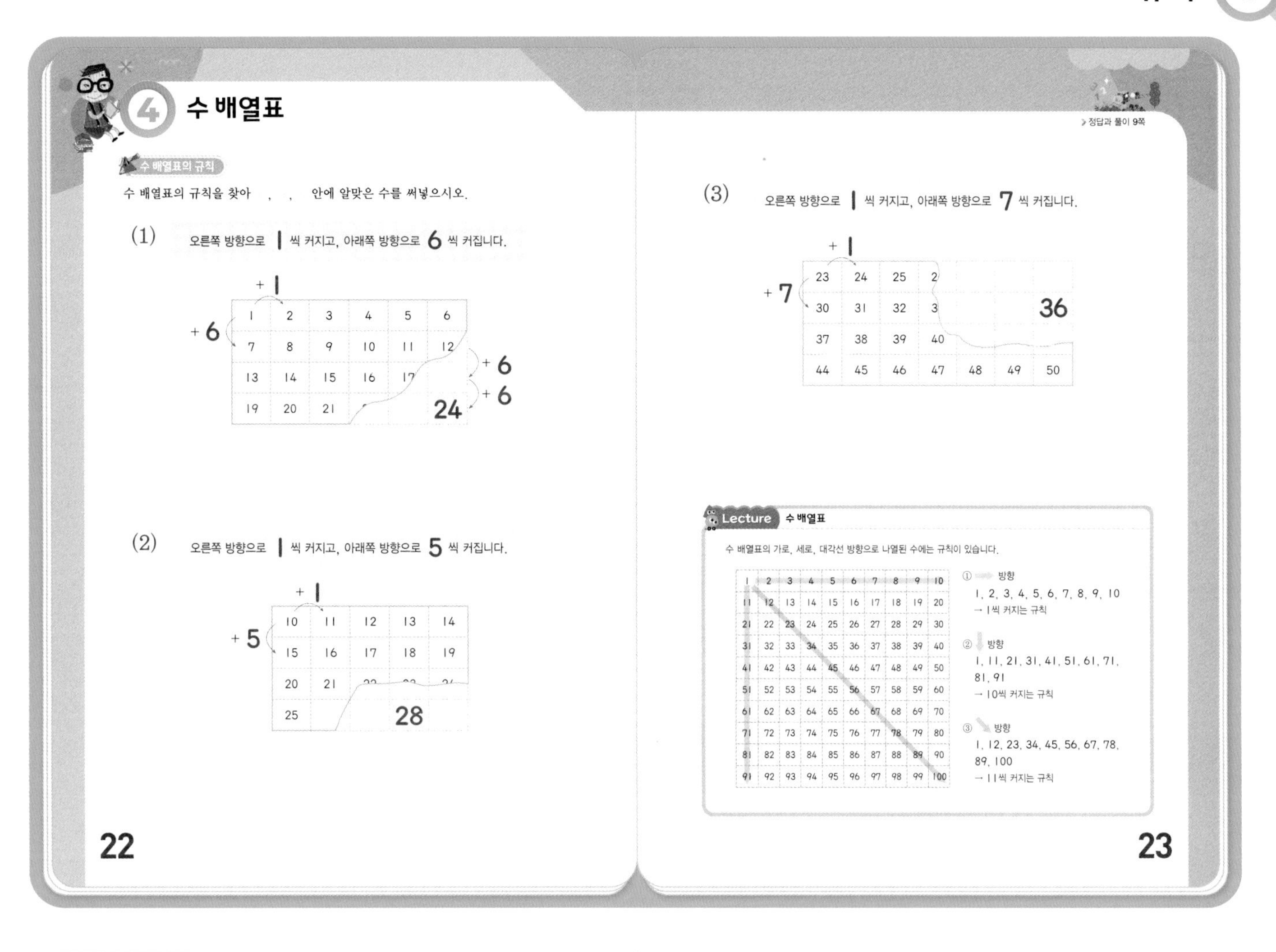

4 수 배열표

정답과 풀이 9쪽

수 배열표의 규칙

수 배열표의 규칙을 찾아 ␣, ␣ 안에 알맞은 수를 써넣으시오.

(1) 오른쪽 방향으로 1씩 커지고, 아래쪽 방향으로 6씩 커집니다.

1	2	3	4	5	6
7	8	9	10	11	12
13	14	15	16	17	
19	20	21			24

(2) 오른쪽 방향으로 1씩 커지고, 아래쪽 방향으로 5씩 커집니다.

10	11	12	13	14
15	16	17	18	19
20	21			
25		28		

(3) 오른쪽 방향으로 1씩 커지고, 아래쪽 방향으로 7씩 커집니다.

23	24	25	2			
30	31	32	3			36
37	38	39	40			
44	45	46	47	48	49	50

Lecture 수 배열표

수 배열표의 가로, 세로, 대각선 방향으로 나열된 수에는 규칙이 있습니다.

1	2	3	4	5	6	7	8	9	10
11	12	13	14	15	16	17	18	19	20
21	22	23	24	25	26	27	28	29	30
31	32	33	34	35	36	37	38	39	40
41	42	43	44	45	46	47	48	49	50
51	52	53	54	55	56	57	58	59	60
61	62	63	64	65	66	67	68	69	70
71	72	73	74	75	76	77	78	79	80
81	82	83	84	85	86	87	88	89	90
91	92	93	94	95	96	97	98	99	100

① → 방향
1, 2, 3, 4, 5, 6, 7, 8, 9, 10
→ 1씩 커지는 규칙

② ↓ 방향
1, 11, 21, 31, 41, 51, 61, 71, 81, 91
→ 10씩 커지는 규칙

③ ↘ 방향
1, 12, 23, 34, 45, 56, 67, 78, 89, 100
→ 11씩 커지는 규칙

22

23

수 배열표의 규칙

(1) 수 배열표에서 오른쪽 방향으로 한 칸씩 갈 때마다 1씩 커지고, 아래쪽 방향으로 한 칸씩 갈 때마다 6씩 커지고 있습니다. 따라서 ␣ 안에 알맞은 수는 $12+6+6=24$입니다.

(2) 수 배열표에서 오른쪽 방향으로 한 칸씩 갈 때마다 1씩 커지고, 아래쪽 방향으로 한 칸씩 갈 때마다 5씩 커지고 있습니다. 따리서 ␣ 인에 일맞은 수는 $18+5+5=28$입니다.

(3) 수 배열표에서 오른쪽 방향으로 한 칸씩 갈 때마다 1씩 커지고, 아래쪽 방향으로 한 칸씩 갈 때마다 7씩 커지고 있습니다. 따라서 ␣ 안에 알맞은 수는 $50-7-7=36$입니다.

TIP 왼쪽 방향으로 한 칸씩 갈 때마다 1씩 작아지고, 위쪽 방향으로 한 칸씩 갈 때미디 7씩 직아진나고 생각할 수도 있습니다.

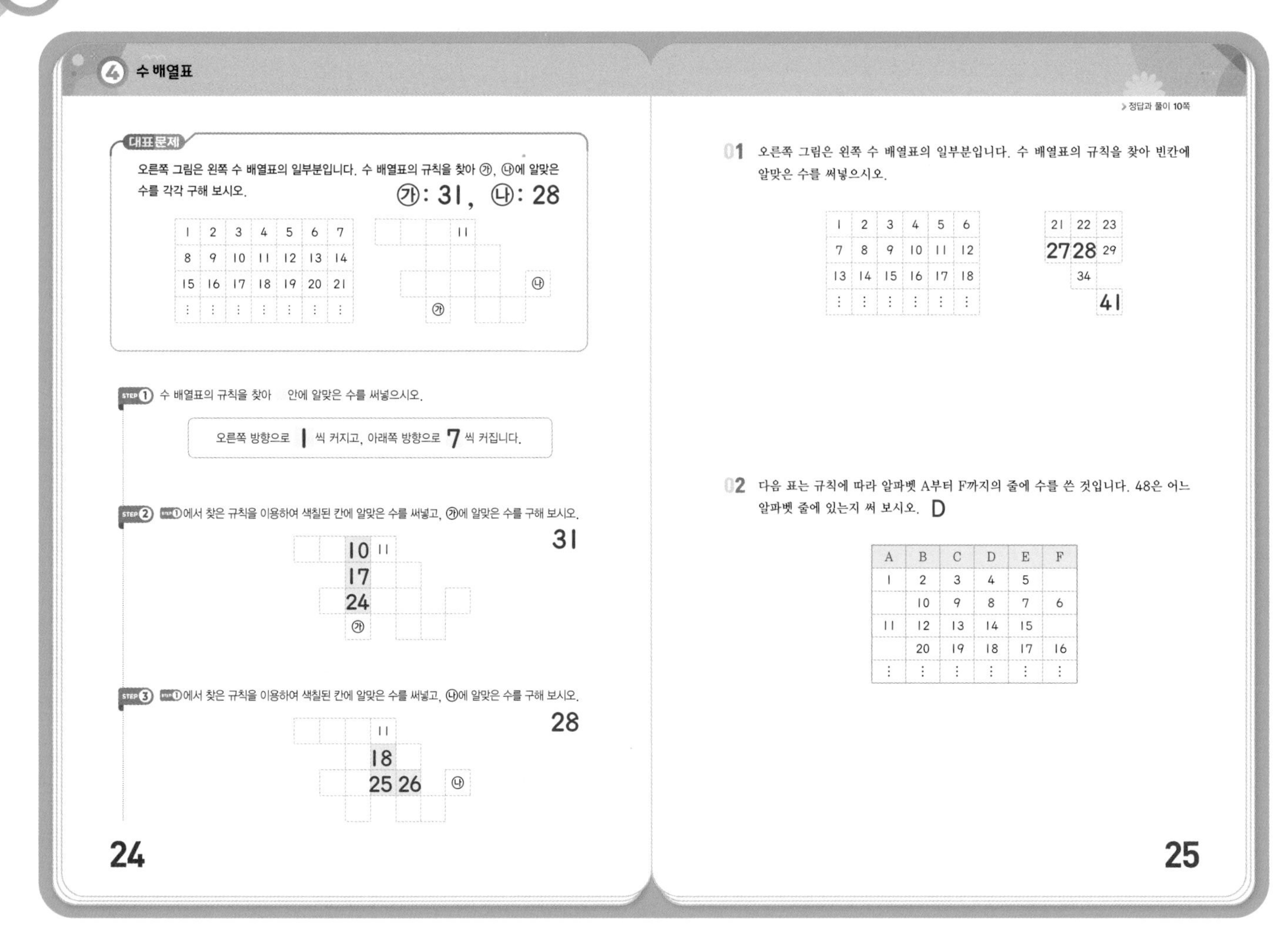

4 수 배열표

> 정답과 풀이 10쪽

대표문제

오른쪽 그림은 왼쪽 수 배열표의 일부분입니다. 수 배열표의 규칙을 찾아 ㉮, ㉯에 알맞은 수를 각각 구해 보시오.
㉮: 31, ㉯: 28

1	2	3	4	5	6	7
8	9	10	11	12	13	14
15	16	17	18	19	20	21
⋮	⋮	⋮	⋮	⋮	⋮	⋮

STEP 1 수 배열표의 규칙을 찾아 안에 알맞은 수를 써넣으시오.

오른쪽 방향으로 1 씩 커지고, 아래쪽 방향으로 7 씩 커집니다.

STEP 2 STEP 1에서 찾은 규칙을 이용하여 색칠된 칸에 알맞은 수를 써넣고, ㉮에 알맞은 수를 구해 보시오. 31

10, 11, 17, 24, ㉮

STEP 3 STEP 1에서 찾은 규칙을 이용하여 색칠된 칸에 알맞은 수를 써넣고, ㉯에 알맞은 수를 구해 보시오. 28

11, 18, 25, 26, ㉯

24

01 오른쪽 그림은 왼쪽 수 배열표의 일부분입니다. 수 배열표의 규칙을 찾아 빈칸에 알맞은 수를 써넣으시오.

1	2	3	4	5	6
7	8	9	10	11	12
13	14	15	16	17	18
⋮	⋮	⋮	⋮	⋮	⋮

21, 22, 23, 27, 28, 29, 34, 41

02 다음 표는 규칙에 따라 알파벳 A부터 F까지의 줄에 수를 쓴 것입니다. 48은 어느 알파벳 줄에 있는지 써 보시오. D

A	B	C	D	E	F
1	2	3	4	5	
	10	9	8	7	6
11	12	13	14	15	
	20	19	18	17	16
⋮	⋮	⋮	⋮	⋮	⋮

25

대표문제

STEP 1 수 배열표에서 오른쪽으로 한 칸씩 갈 때마다 1씩 커지고, 아래쪽으로 한 칸씩 갈 때마다 7씩 커지고 있습니다.

STEP 2 11이 쓰여 있는 칸에서 왼쪽으로 한 칸 옆은 $11-1=10$입니다. 10이 쓰여 있는 칸에서 아래쪽으로 7씩 커지므로 ㉮에 알맞은 수는 $10+7+7+7=31$입니다.

STEP 3 11이 쓰여 있는 칸에서 아래쪽으로 7씩 커지므로 11, 18, 25이고 25가 쓰여 있는 칸에서 오른쪽으로 1씩 커지므로 ㉯에 알맞은 수는 $26+2=28$입니다.

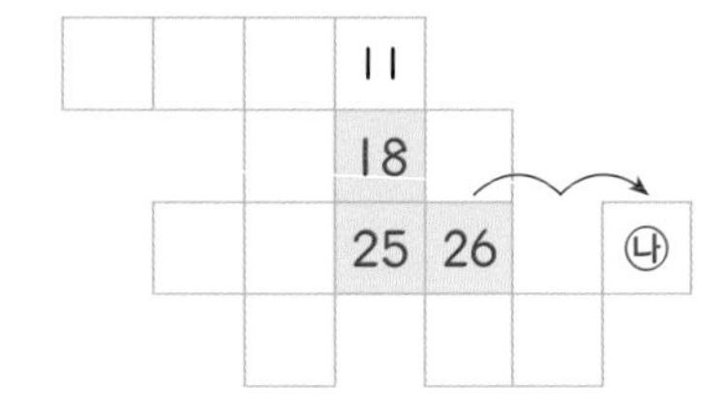

01 수 배열표에서 오른쪽으로 한 칸씩 갈 때마다 1씩 커지고, 아래쪽으로 한 칸씩 갈 때마다 6씩 커지고 있습니다.

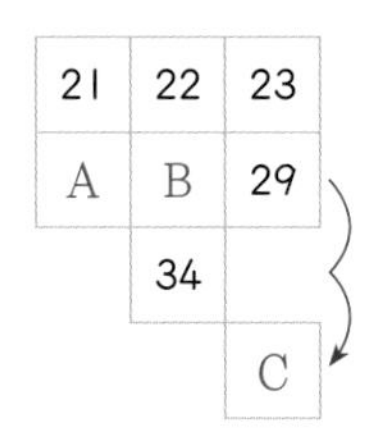

빈칸을 각각 A, B, C라고 할 때, 29에서 왼쪽으로 1씩 작아지므로 A=27, B=28입니다.
아래쪽으로 6씩 커지므로 $C=29+6+6=41$입니다.

02 수 배열표에서 1부터 10까지의 수와 11부터 20까지의 수는 배열의 규칙이 같습니다. 또, 21부터 30까지의 수, 31부터 40까지의 수도 주어진 규칙과 같은 방법으로 배열됩니다. 따라서 48은 8, 18, 28, 38과 같은 줄에 있으므로 알파벳 D가 있는 줄에 있습니다.

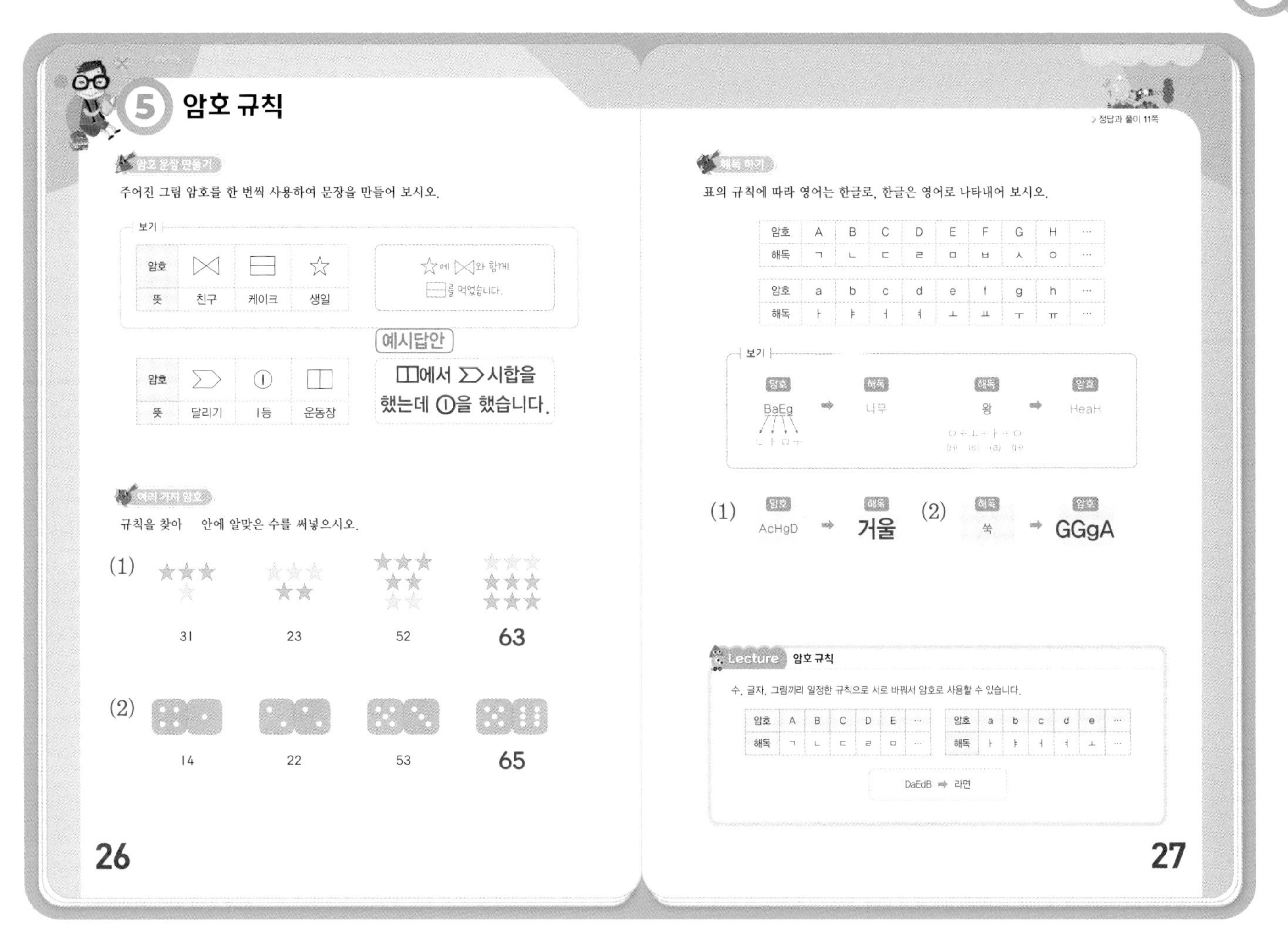

5 암호 규칙

암호 문장 만들기

주어진 그림 암호를 한 번씩 사용하여 문장을 만들어 보시오.

보기

암호	⋈	⊟	☆
뜻	친구	케이크	생일

☆에 ⋈와 함께 ⊟를 먹었습니다.

암호	▷	①	◫
뜻	달리기	1등	운동장

예시답안 ◫에서 ▷ 시합을 했는데 ①을 했습니다.

여러 가지 암호

규칙을 찾아 안에 알맞은 수를 써넣으시오.

(1) 31 23 52 63

(2) 14 22 53 65

26

> 정답과 풀이 11쪽

해독하기

표의 규칙에 따라 영어는 한글로, 한글은 영어로 나타내어 보시오.

암호	A	B	C	D	E	F	G	H	…
해독	ㄱ	ㄴ	ㄷ	ㄹ	ㅁ	ㅂ	ㅅ	ㅇ	…

암호	a	b	c	d	e	f	g	h	…
해독	ㅏ	ㅑ	ㅓ	ㅕ	ㅗ	ㅛ	ㅜ	ㅠ	…

보기

암호 BaEg ➡ 해독 나무 / 해독 왕 ➡ 암호 HeaH

(1) 암호 AcHgD ➡ 해독 거울 (2) 해독 쑥 ➡ 암호 GGgA

Lecture 암호 규칙

수, 글자, 그림끼리 일정한 규칙으로 서로 바꿔서 암호로 사용할 수 있습니다.

암호	A	B	C	D	E	…
해독	ㄱ	ㄴ	ㄷ	ㄹ	ㅁ	…

암호	a	b	c	d	e	…
해독	ㅏ	ㅑ	ㅓ	ㅕ	ㅗ	…

DaEdB ➡ 라면

27

암호 문장 만들기

주어진 그림 암호를 한 번씩 사용하여 자유롭게 문장을 만들어 봅니다.

TIP 그림 암호가 한 번씩 모두 사용되고, 문장으로 만들어졌다면 정답으로 인정합니다.

여러 가지 암호

(1) 파란색 별의 개수는 십의 자리 숫자이고, 노란색 별의 개수는 일의 자리 숫자입니다.

(2) 연두색 주사위 눈의 수는 십의 자리 숫자이고, 주황색 주사위 눈의 수는 일의 자리 숫자입니다.

해독하기

TIP 암호문은 해독하고 해독문은 암호로 나타내는 문제입니다. 표의 규칙에 따라 영어는 한글로 바꿔서 해독하고, 한글은 영어로 바꿔서 암호문을 만들어 봅니다. 이때 대문자와 소문자를 잘 구분합니다.

암호	A	B	C	D	E	F	G	H	…
해독	ㄱ	ㄴ	ㄷ	ㄹ	ㅁ	ㅂ	ㅅ	ㅇ	…

암호	a	b	c	d	e	f	g	h	…
해독	ㅏ	ㅑ	ㅓ	ㅕ	ㅗ	ㅛ	ㅜ	ㅠ	…

(1) 표를 이용하여 암호문을 해독하면 A→ㄱ, c→ㅓ, H→ㅇ, g→ㅜ, D→ㄹ이므로 AcHgD는 거울입니다.

(2) 표를 이용하여 해독문을 암호로 바꾸면 ㅅ→G, ㅅ→G, ㅜ→g, ㄱ→A이므로 쑥은 GGgA입니다.

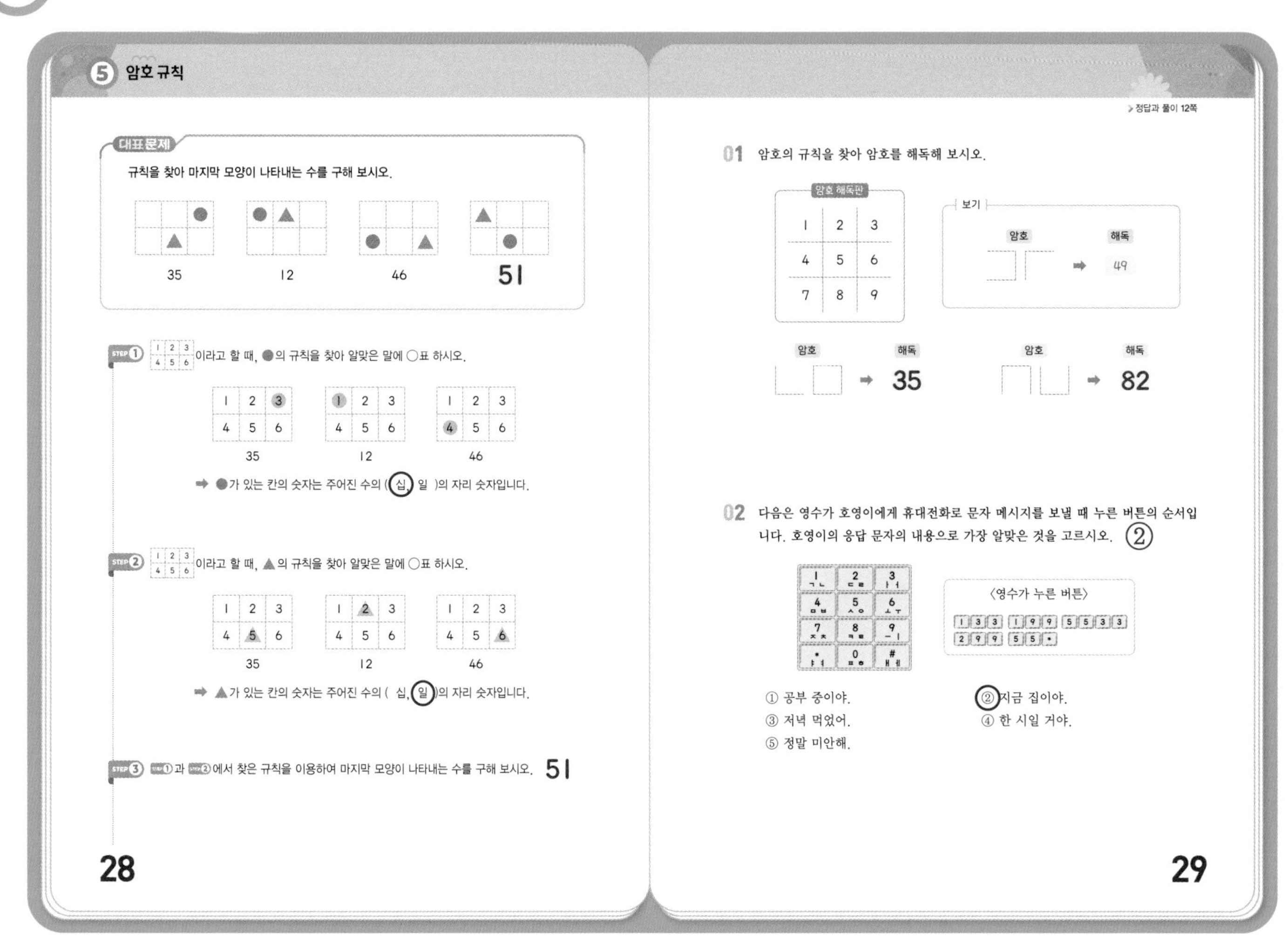
5 암호 규칙

대표문제

규칙을 찾아 마지막 모양이 나타내는 수를 구해 보시오.

35 12 46 51

STEP① 1 2 3 / 4 5 6 이라고 할 때, ●의 규칙을 찾아 알맞은 말에 ○표 하시오.

1	2	3
4	5	6

35 12 46

➡ ●가 있는 칸의 숫자는 주어진 수의 (십, 일)의 자리 숫자입니다.

STEP② 1 2 3 / 4 5 6 이라고 할 때, ▲의 규칙을 찾아 알맞은 말에 ○표 하시오.

35 12 46

➡ ▲가 있는 칸의 숫자는 주어진 수의 (십, 일)의 자리 숫자입니다.

STEP③ STEP①과 STEP②에서 찾은 규칙을 이용하여 마지막 모양이 나타내는 수를 구해 보시오. 51

28

> 정답과 풀이 12쪽

01 암호의 규칙을 찾아 암호를 해독해 보시오.

암호 해독판

1	2	3
4	5	6
7	8	9

보기 암호 해독 ➡ 49

암호 해독 ➡ 35 암호 해독 ➡ 82

02 다음은 영수가 호영이에게 휴대전화로 문자 메시지를 보낼 때 누른 버튼의 순서입니다. 호영이의 응답 문자의 내용으로 가장 알맞은 것을 고르시오. ②

〈영수가 누른 버튼〉

① 공부 중이야. ② 지금 집이야. ③ 저녁 먹었어. ④ 한 시일 거야. ⑤ 정말 미안해.

29

대표문제

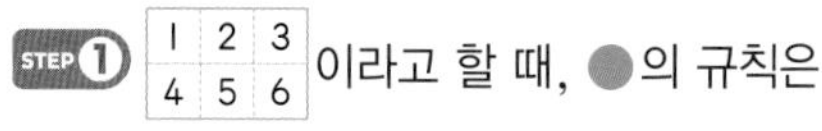
STEP① 1 2 3 / 4 5 6 이라고 할 때, ●의 규칙은

1	2	3●
4	5	6

35

1●	2	3
4	5	6

12

1	2	3
4●	5	6

46

주어진 수의 십의 자리 숫자입니다.

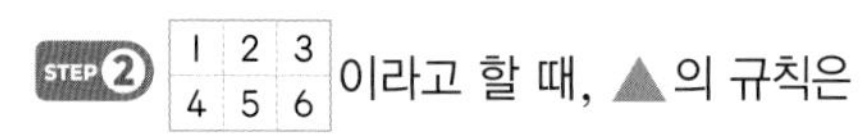
STEP② 1 2 3 / 4 5 6 이라고 할 때, ▲의 규칙은

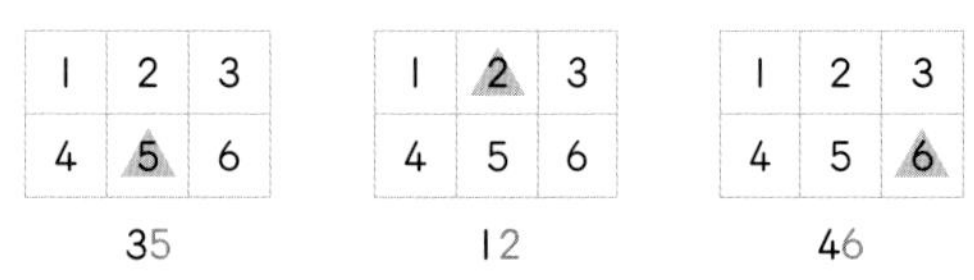
35 12 46

주어진 수의 일의 자리 숫자입니다.

STEP③
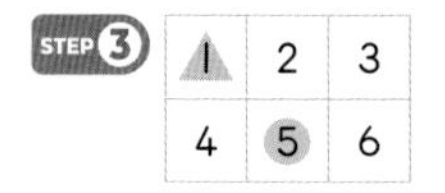

마지막 모양이 나타내는 수는 51입니다.

01 숫자를 둘러싸고 있는 선의 모양을 살펴봅니다.

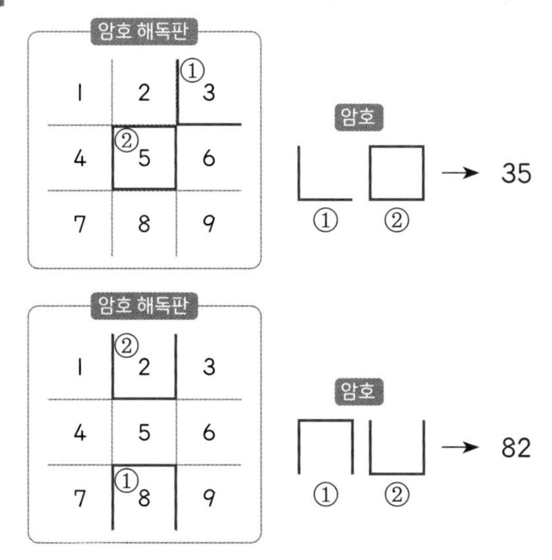

02 휴대전화의 버튼을 연속으로 2번 누르면 둘째 번 글자를 쓸 수 있습니다. 규칙에 맞게 영수가 누른 버튼을 문자 메시지로 바꾸어 보면 다음과 같습니다.

〈영수가 누른 버튼〉 〈문자 메세지〉

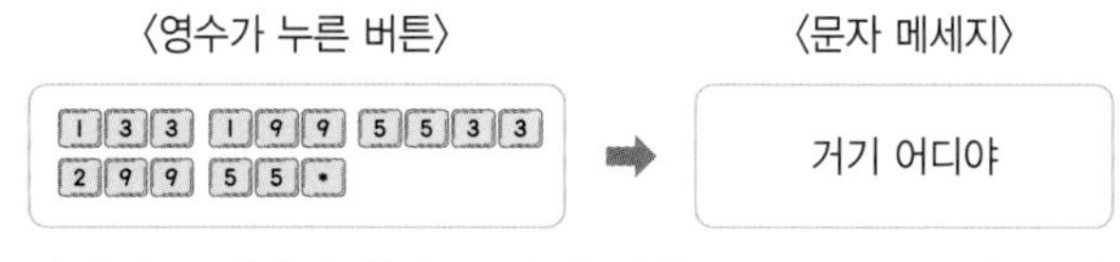

따라서 호영이의 응답 문자의 내용으로 가장 알맞은 것은 '② 지금 집이야.'입니다.

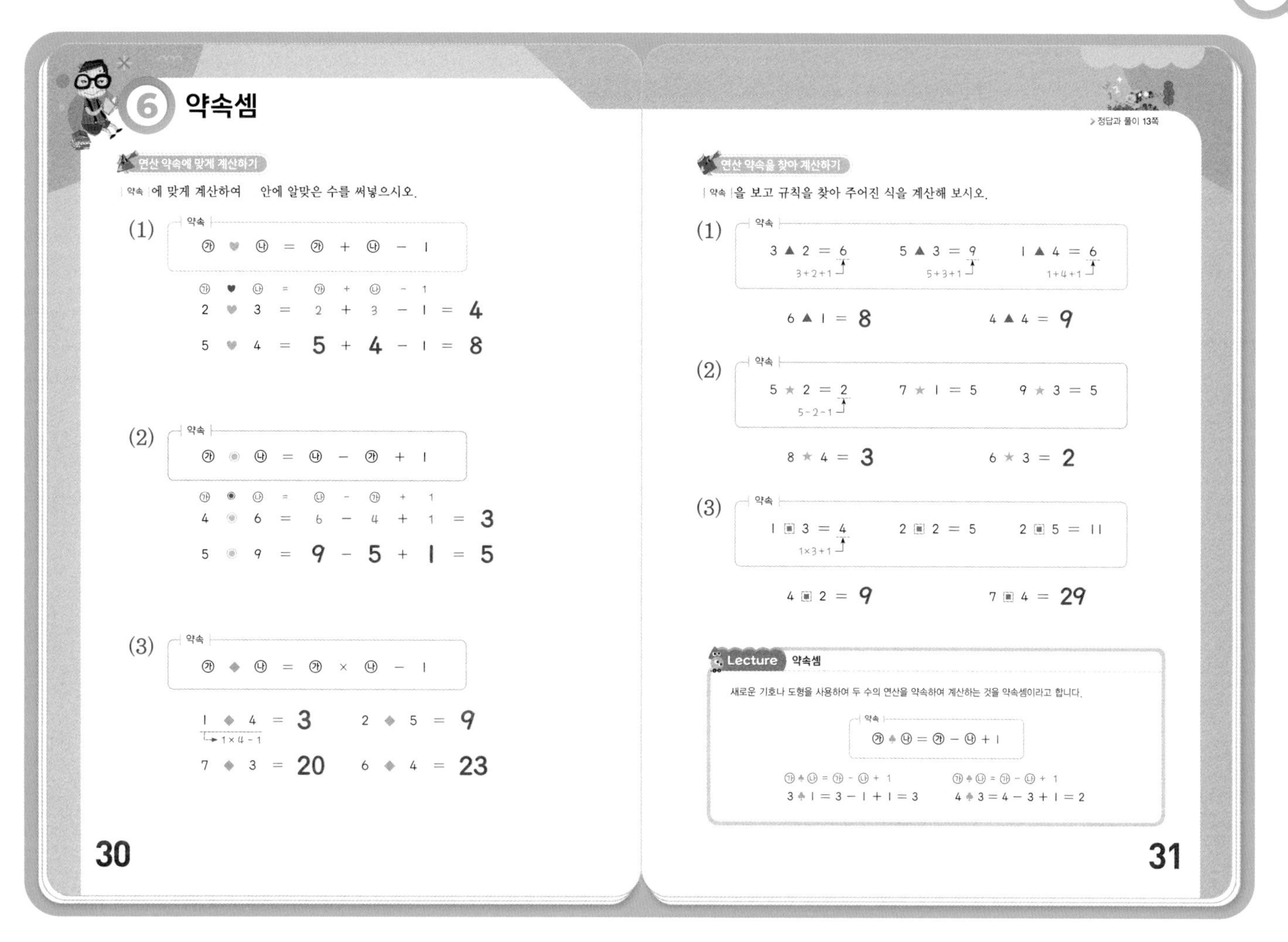

6 약속셈

연산 약속에 맞게 계산하기

약속 에 맞게 계산하여 ☐ 안에 알맞은 수를 써넣으시오.

(1) 약속: ㉮ ♥ ㉯ = ㉮ + ㉯ − 1

2 ♥ 3 = 2 + 3 − 1 = 4

5 ♥ 4 = 5 + 4 − 1 = 8

(2) 약속: ㉮ ◉ ㉯ = ㉯ − ㉮ + 1

4 ◉ 6 = 6 − 4 + 1 = 3

5 ◉ 9 = 9 − 5 + 1 = 5

(3) 약속: ㉮ ◆ ㉯ = ㉮ × ㉯ − 1

1 ◆ 4 = 3 (1 × 4 − 1)　　2 ◆ 5 = 9

7 ◆ 3 = 20　　6 ◆ 4 = 23

30

정답과 풀이 13쪽

연산 약속을 찾아 계산하기

약속 을 보고 규칙을 찾아 주어진 식을 계산해 보시오.

(1) 약속: 3 ▲ 2 = 6 (3+2+1)　　5 ▲ 3 = 9 (5+3+1)　　1 ▲ 4 = 6 (1+4+1)

6 ▲ 1 = 8　　4 ▲ 4 = 9

(2) 약속: 5 ★ 2 = 2 (5−2−1)　　7 ★ 1 = 5　　9 ★ 3 = 5

8 ★ 4 = 3　　6 ★ 3 = 2

(3) 약속: 1 ▣ 3 = 4 (1×3+1)　　2 ▣ 2 = 5　　2 ▣ 5 = 11

4 ▣ 2 = 9　　7 ▣ 4 = 29

Lecture 약속셈

새로운 기호나 도형을 사용하여 두 수의 연산을 약속하여 계산하는 것을 약속셈이라고 합니다.

약속: ㉮ ♣ ㉯ = ㉮ − ㉯ + 1

3 ♣ 1 = 3 − 1 + 1 = 3　　4 ♣ 3 = 4 − 3 + 1 = 2

31

연산 약속에 맞게 계산하기

(1) ♥은 두 수의 합에서 1을 빼는 규칙입니다.

(2) ◉은 두 수의 차에 1을 더하는 규칙입니다.

(3) ◆은 두 수의 곱에서 1을 빼는 규칙입니다.

연산 약속을 찾아 계산하기

(1) ▲은 두 수의 합에 1을 더하는 규칙입니다.

(2) ★은 두 수의 차에서 1을 빼는 규칙입니다.

(3) ▣은 두 수의 곱에 1을 더하는 규칙입니다.

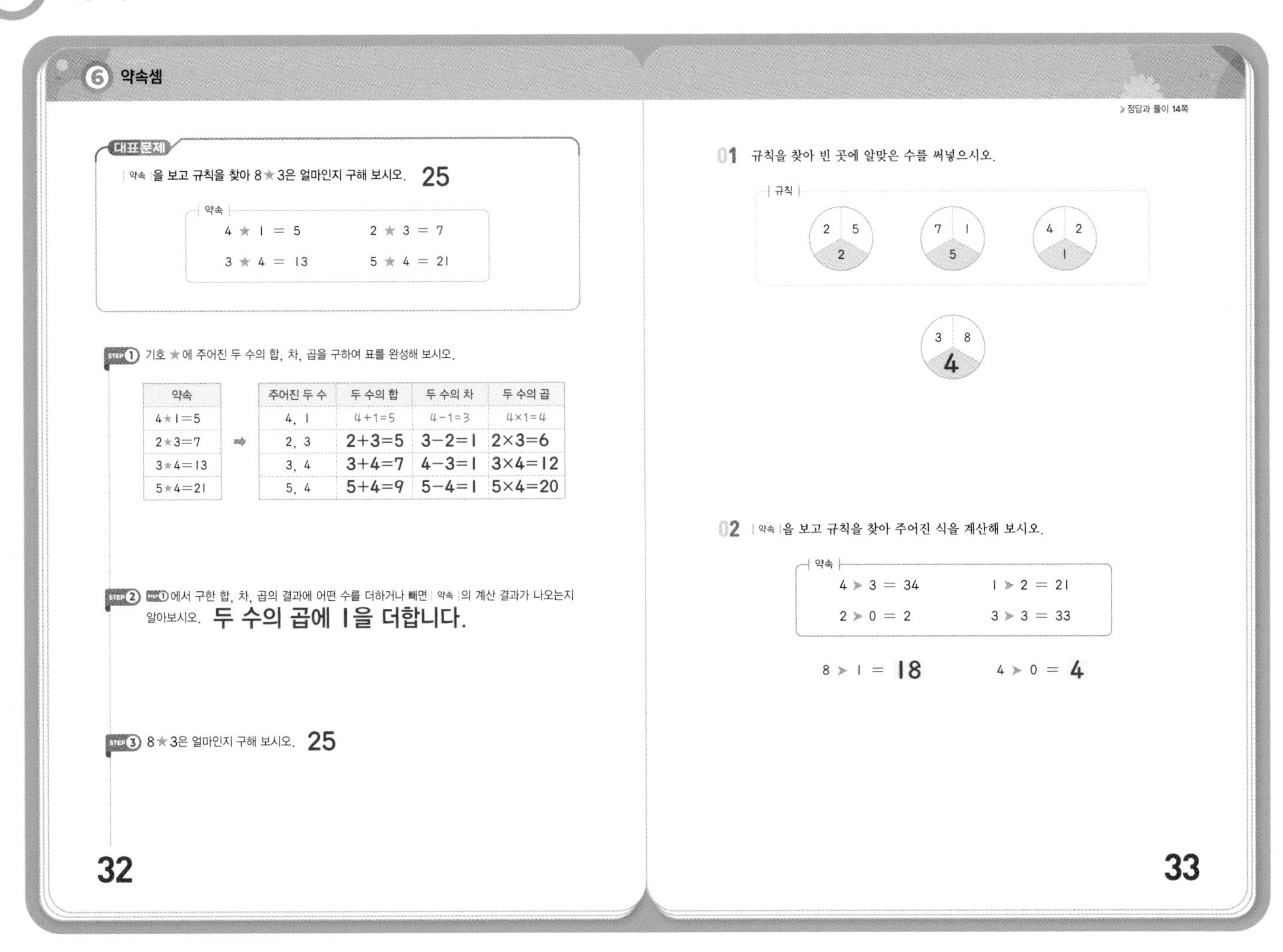

⑥ 약속셈

정답과 풀이 14쪽

대표문제

| 약속 |을 보고 규칙을 찾아 8★3은 얼마인지 구해 보시오. 25

| 약속 |

4 ★ 1 = 5　　2 ★ 3 = 7

3 ★ 4 = 13　　5 ★ 4 = 21

STEP ① 기호 ★에 주어진 두 수의 합, 차, 곱을 구하여 표를 완성해 보시오.

약속
4★1=5
2★3=7
3★4=13
5★4=21

➡

주어진 두 수	두 수의 합	두 수의 차	두 수의 곱
4, 1	4+1=5	4−1=3	4×1=4
2, 3	2+3=5	3−2=1	2×3=6
3, 4	3+4=7	4−3=1	3×4=12
5, 4	5+4=9	5−4=1	5×4=20

STEP ② STEP ①에서 구한 합, 차, 곱의 결과에 어떤 수를 더하거나 빼면 | 약속 |의 계산 결과가 나오는지 알아보시오. 두 수의 곱에 1을 더합니다.

STEP ③ 8★3은 얼마인지 구해 보시오. 25

32

01 규칙을 찾아 빈 곳에 알맞은 수를 써넣으시오.

| 규칙 |

(2, 5 / 2)　(7, 1 / 5)　(4, 2 / 1)

(3, 8 / 4)

02 | 약속 |을 보고 규칙을 찾아 주어진 식을 계산해 보시오.

| 약속 |

4 ➤ 3 = 34　　1 ➤ 2 = 21

2 ➤ 0 = 2　　3 ➤ 3 = 33

8 ➤ 1 = 18　　4 ➤ 0 = 4

33

대표문제

STEP ① ★의 규칙을 찾기 위해 표를 완성합니다.
두 수의 합, 두 수의 차, 두 수의 곱을 구하여 표 안에 써넣습니다.

STEP ② 두 수의 곱에 1을 더하면 보기의 계산 결과가 나옵니다.

4★1=4×1+1=5
2★3=2×3+1=7
3★4=3×4+1=13
5★4=5×4+1=21

STEP ③ STEP ②에서 찾은 규칙을 이용하여 8★3을 구합니다.
8★3=8×3+1=25

01 위의 두 수의 차에서 1을 빼는 규칙입니다.

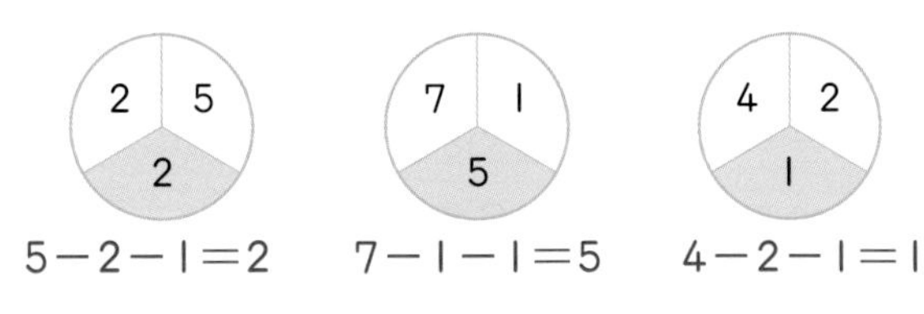

5−2−1=2　　7−1−1=5　　4−2−1=1

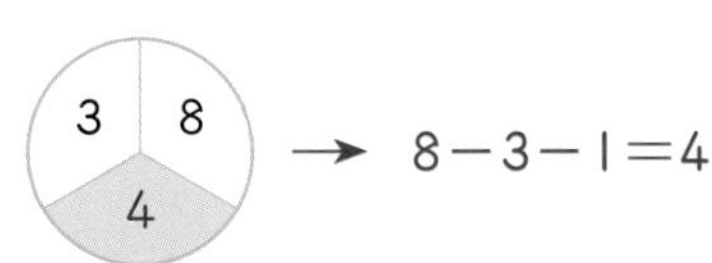

02 ➤의 오른쪽에 있는 숫자는 십의 자리 수가 되고, ➤의 왼쪽에 있는 숫자는 일의 자리 수가 되는 규칙입니다.
단, ➤의 오른쪽에 있는 숫자가 0인 경우에는 십의 자리 수에 0을 쓰지 않습니다.

Creative 팩토

정답과 풀이 15쪽

01 수 배열의 규칙을 찾아 빈칸에 알맞은 수를 써넣으시오.

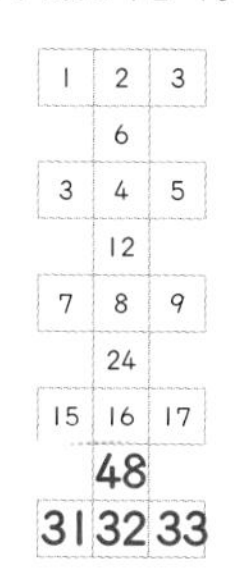

02 다음 휴대전화의 버튼에서 가게 이름과 전화번호 사이의 규칙을 찾아 빈칸에 알맞은 전화번호를 써넣으시오. (단, 전화번호의 뒷자리 수는 항상 네 자리 수입니다.)

1 ABC, 2 DE, 3 FGH, 4 IJK, 5 LM, 6 NO, 7 PQR, 8 ST, 9 UVW, * , 0 XYZ, #

가게 이름 (영어 이름)	전화번호
짱구 문방구 (JJANG GU)	441−6339
피자 핫 (PIZZA HOT)	7400−1368

멋진 미용실 (NICE HAIR) ➡ 6412-3147

모자의 모든 것 (ALL OF CAP) ➡ 1556-3117

03 일정한 규칙으로 만든 수 배열표의 일부분입니다. ★에 알맞은 수를 구해 보시오. 6

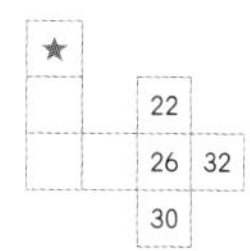

04 규칙을 찾아 빈 곳에 알맞은 수를 써넣으시오.

위	2	1	4	3	3
삼각형	4	5	10	11	17
아래	1	3	2	3	5

34 35

01 주어진 수 배열표에 써 있는 수의 규칙을 찾아보면 다음과 같습니다.

	+1	+1	
	1	2	3
+2	3배	6	+2
	3	4	5
+4	3배	12	+4
	7	8	9
+8	3배	24	+8
	15	16	17
+16	3배	48	+16
	31	32	33

02 가게 영어 이름의 알파벳이 있는 버튼을 순서대로 누르면 그 가게의 전화번호가 되는 규칙입니다. 멋진 미용실의 영어 이름은 NICE HAIR이므로 전화번호는 6412−3147이고, 모자의 모든 것의 영어 이름은 ALL OF CAP이므로 전화번호는 1556−3117입니다.

03 수 배열표의 일부분을 보고 규칙을 찾아보면 오른쪽 방향으로 6씩, 아래쪽 방향으로 4씩 커지는 규칙입니다.
이것은 왼쪽 방향으로 6씩, 위쪽 방향으로 4씩 작아지는 규칙과 같습니다.

★ ← 10−4=6			
10		22	
14	20	26	32
		30	

04 위와 아래의 원 안에 있는 두 수의 곱에 2를 더하면 삼각형 안에 있는 수입니다.
따라서 $3 \times 5 + 2 = 17$입니다.

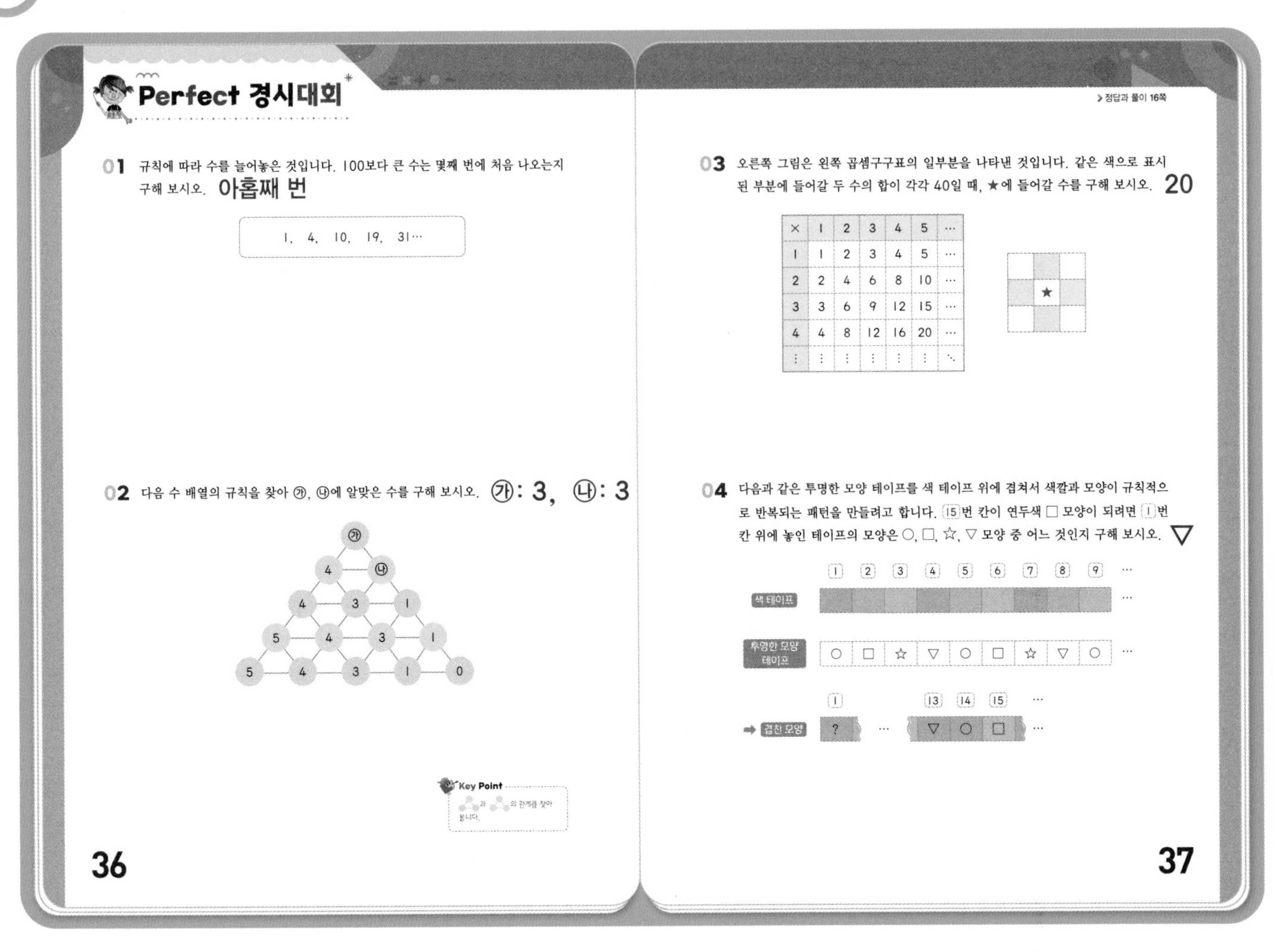

Perfect 경시대회

> 정답과 풀이 16쪽

01 규칙에 따라 수를 늘어놓은 것입니다. 100보다 큰 수는 몇째 번에 처음 나오는지 구해 보시오. 아홉째 번

1, 4, 10, 19, 31…

02 다음 수 배열의 규칙을 찾아 ㉮, ㉯에 알맞은 수를 구해 보시오. ㉮: 3, ㉯: 3

36

03 오른쪽 그림은 왼쪽 곱셈구구표의 일부분을 나타낸 것입니다. 같은 색으로 표시된 부분에 들어갈 두 수의 합이 각각 40일 때, ★에 들어갈 수를 구해 보시오. 20

×	1	2	3	4	5	…
1	1	2	3	4	5	…
2	2	4	6	8	10	…
3	3	6	9	12	15	…
4	4	8	12	16	20	…
⋮	⋮	⋮	⋮	⋮	⋮	⋱

04 다음과 같은 투명한 모양 테이프를 색 테이프 위에 겹쳐서 색깔과 모양이 규칙적으로 반복되는 패턴을 만들려고 합니다. 15번 칸이 연두색 □ 모양이 되려면 1번 칸 위에 놓인 테이프의 모양은 ○, □, ☆, ▽ 모양 중 어느 것인지 구해 보시오. ▽

37

01 이웃한 두 수의 차를 구해서 늘어나는 규칙을 알아보면 늘어나는 수가 3, 6, 9, 12…이므로 늘어나는 수가 3씩 커집니다.

1 4 10 19 31…
+3 +6 +9 +12

규칙에 따라 다음에 올 수들을 계속 구해 보면

31 46 64 85 109…입니다.
+15 +18 +21 +24

따라서 100보다 큰 수는 아홉째 번에 처음 나옵니다.

02 파란색 원이 있는 줄은 이웃하는 두 수를 비교하여 큰 수를 위에 적고, 연두색 원이 있는 줄은 이웃하는 두 수를 비교하여 작은 수를 위에 적습니다.
따라서 ㉯는 3과 1중 더 큰 수인 3이고, ㉮는 4와 3중 더 작은 수인 3입니다.

03 곱셈구구표에서 규칙을 찾아보면 같은 색인 두 수의 합을 반으로 나누면 ★입니다.
따라서 $40=20+20$을 반으로 나누면 20이므로 ★은 20입니다.

04 모양 패턴은 어느 모양에서 시작해도 '○, □, ☆, ▽' 4개의 모양이 반복됩니다.
□ 모양이 15번 칸에 들어가려면
$15-4=11$(번) 칸, $11-4=7$(번) 칸, $7-4=3$(번) 칸에도 □ 모양이 들어가야 합니다.
따라서 □ 모양이 3번 칸에 들어가야 하므로 ▽ 모양이 1번 칸에 들어가야 합니다.

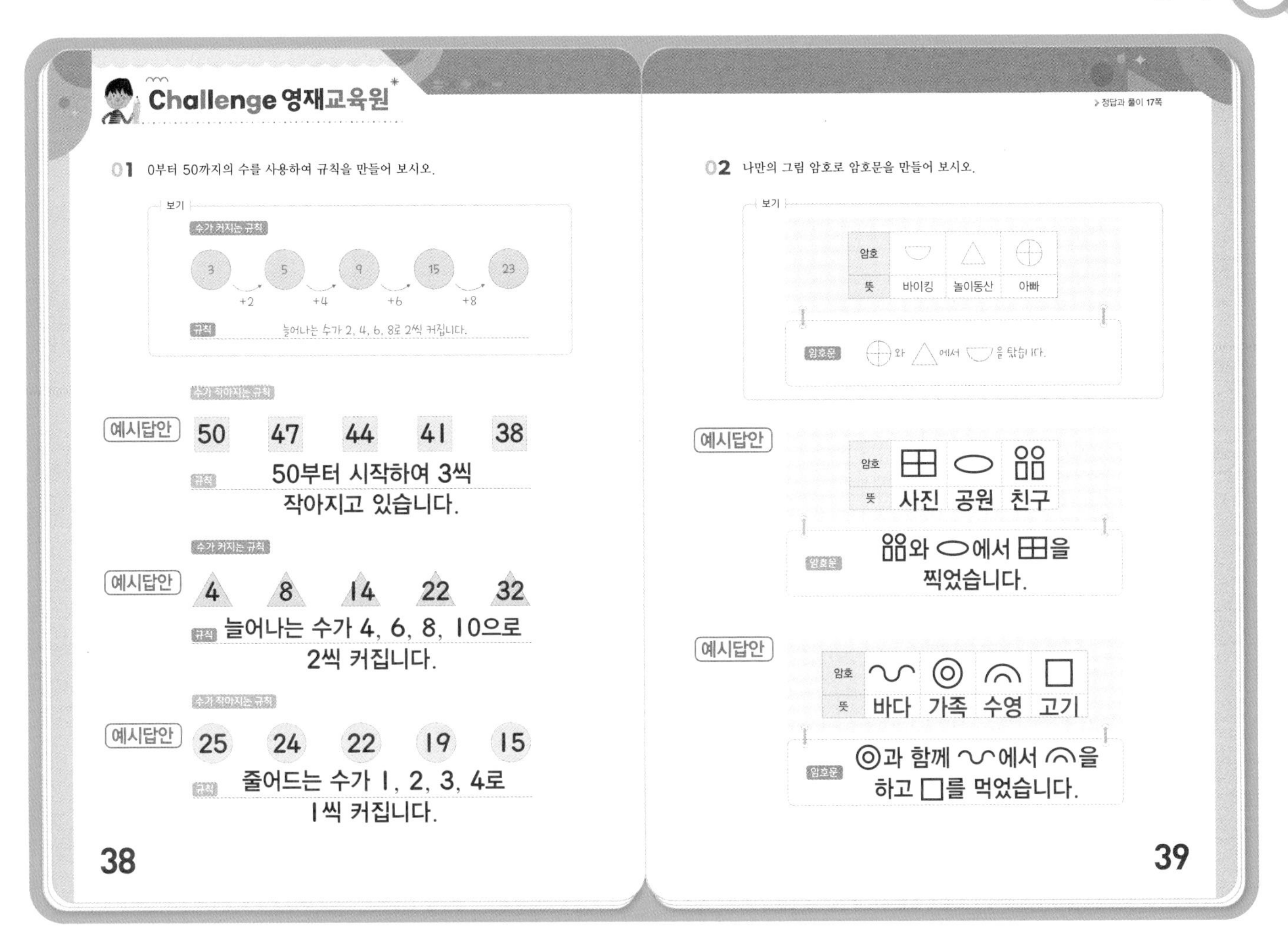

Challenge 영재교육원
01 0부터 50까지의 수를 사용하여 규칙을 만들어 보시오.
보기
수가 커지는 규칙
3 5 9 15 23
+2 +4 +6 +8
규칙 늘어나는 수가 2, 4, 6, 8로 2씩 커집니다.
수가 작아지는 규칙
예시답안 50 47 44 41 38
규칙 50부터 시작하여 3씩 작아지고 있습니다.
수가 커지는 규칙
예시답안 4 8 14 22 32
규칙 늘어나는 수가 4, 6, 8, 10으로 2씩 커집니다.
수가 작아지는 규칙
예시답안 25 24 22 19 15
규칙 줄어드는 수가 1, 2, 3, 4로 1씩 커집니다.
38
정답과 풀이 17쪽
02 나만의 그림 암호로 암호문을 만들어 보시오.
보기
암호
뜻 바이킹 놀이동산 아빠
암호문 와 에서 을 탔습니다.
예시답안
암호
뜻 사진 공원 친구
암호문 와 에서 을 찍었습니다.
예시답안
암호
뜻 바다 가족 수영 고기
암호문 과 함께 에서 을 하고 를 먹었습니다.
39

01 0부터 50까지의 수를 이용하여 수열을 만들고, 그 규칙을 적습니다.

예시답안

수가 커지는 규칙

1 2  8 16

규칙 1부터 시작하여 2배씩 커집니다.

02 뜻에 맞게 암호 그림을 그려 암호문을 만들어 봅니다. 이 외에도 여러 가지 경우로 답할 수 있습니다.

예시답안

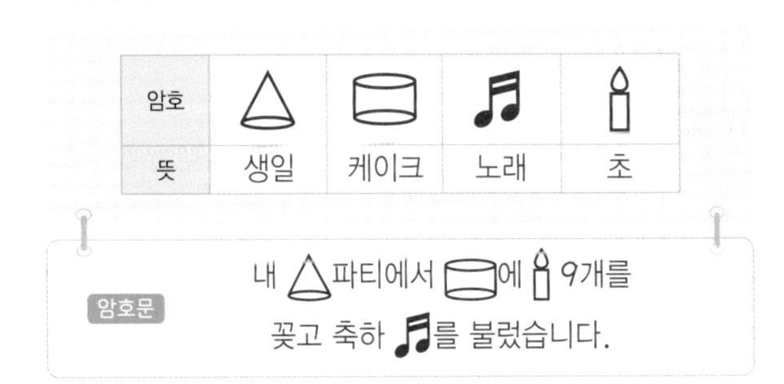

암호
뜻 생일 케이크 노래 초
암호문 내 파티에서 에 9개를 꽂고 축하 를 불렀습니다.

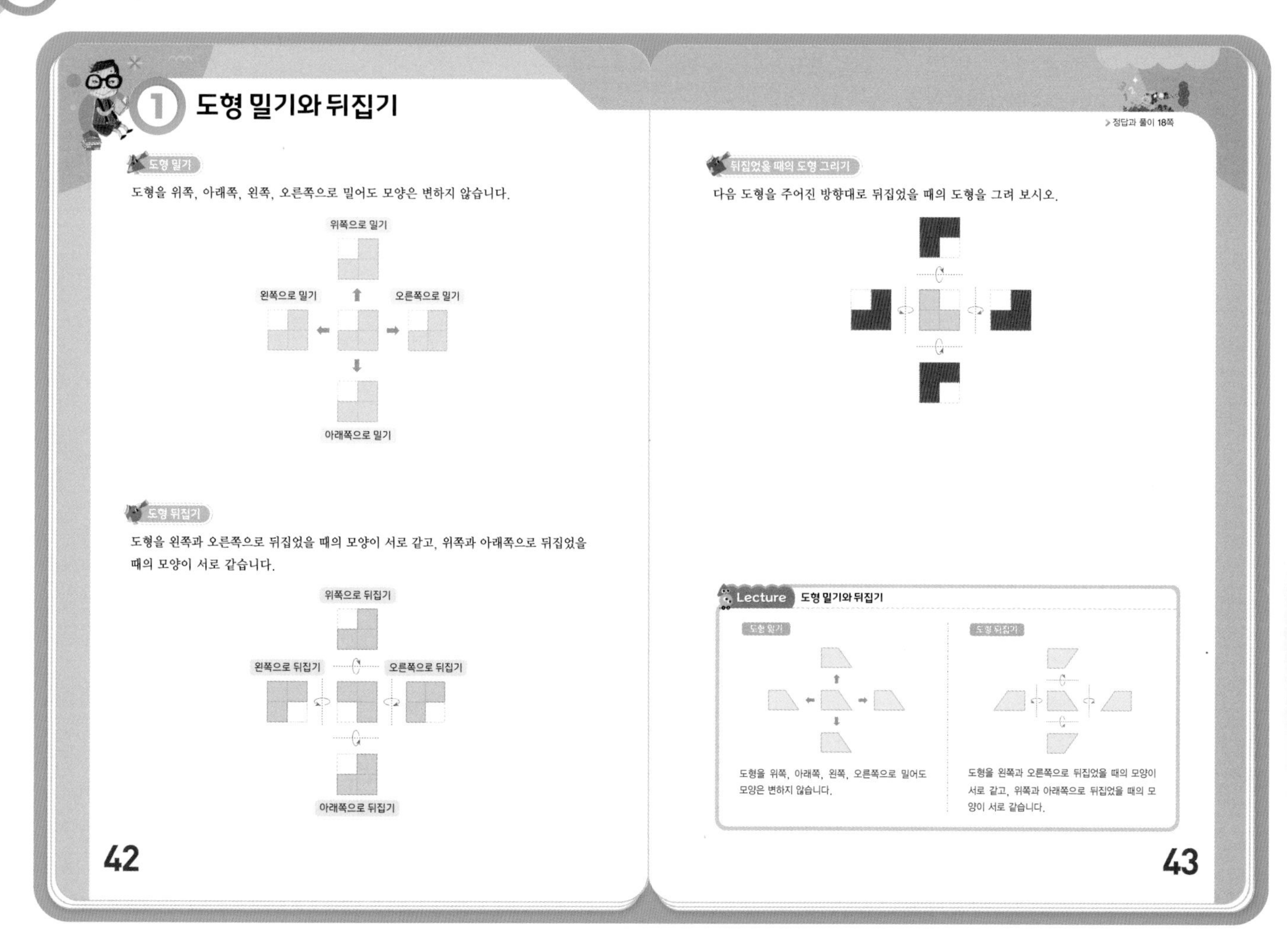

1 도형 밀기와 뒤집기

도형 밀기

도형을 위쪽, 아래쪽, 왼쪽, 오른쪽으로 밀어도 모양은 변하지 않습니다.

도형 뒤집기

도형을 왼쪽과 오른쪽으로 뒤집었을 때의 모양이 서로 같고, 위쪽과 아래쪽으로 뒤집었을 때의 모양이 서로 같습니다.

42

> 정답과 풀이 18쪽

뒤집었을 때의 도형 그리기

다음 도형을 주어진 방향대로 뒤집었을 때의 도형을 그려 보시오.

Lecture 도형 밀기와 뒤집기

도형 밀기

도형을 위쪽, 아래쪽, 왼쪽, 오른쪽으로 밀어도 모양은 변하지 않습니다.

도형 뒤집기

도형을 왼쪽과 오른쪽으로 뒤집었을 때의 모양이 서로 같고, 위쪽과 아래쪽으로 뒤집었을 때의 모양이 서로 같습니다.

43

도형 밀기

TIP 평면도형을 어느 방향으로 밀어도 위치만 달라질 뿐 모양은 같습니다.

도형 뒤집기

TIP
- 도형을 오른쪽이나 왼쪽으로 뒤집으면 도형의 오른쪽과 왼쪽이 서로 바뀝니다.
- 도형을 위쪽이나 아래쪽으로 뒤집으면 도형의 위쪽과 아래쪽이 서로 바뀝니다.

뒤집었을 때의 도형 그리기

도형을 왼쪽과 오른쪽으로 뒤집었을 때의 모양이 서로 같고, 위쪽과 아래쪽으로 뒤집었을 때의 모양이 서로 같습니다.

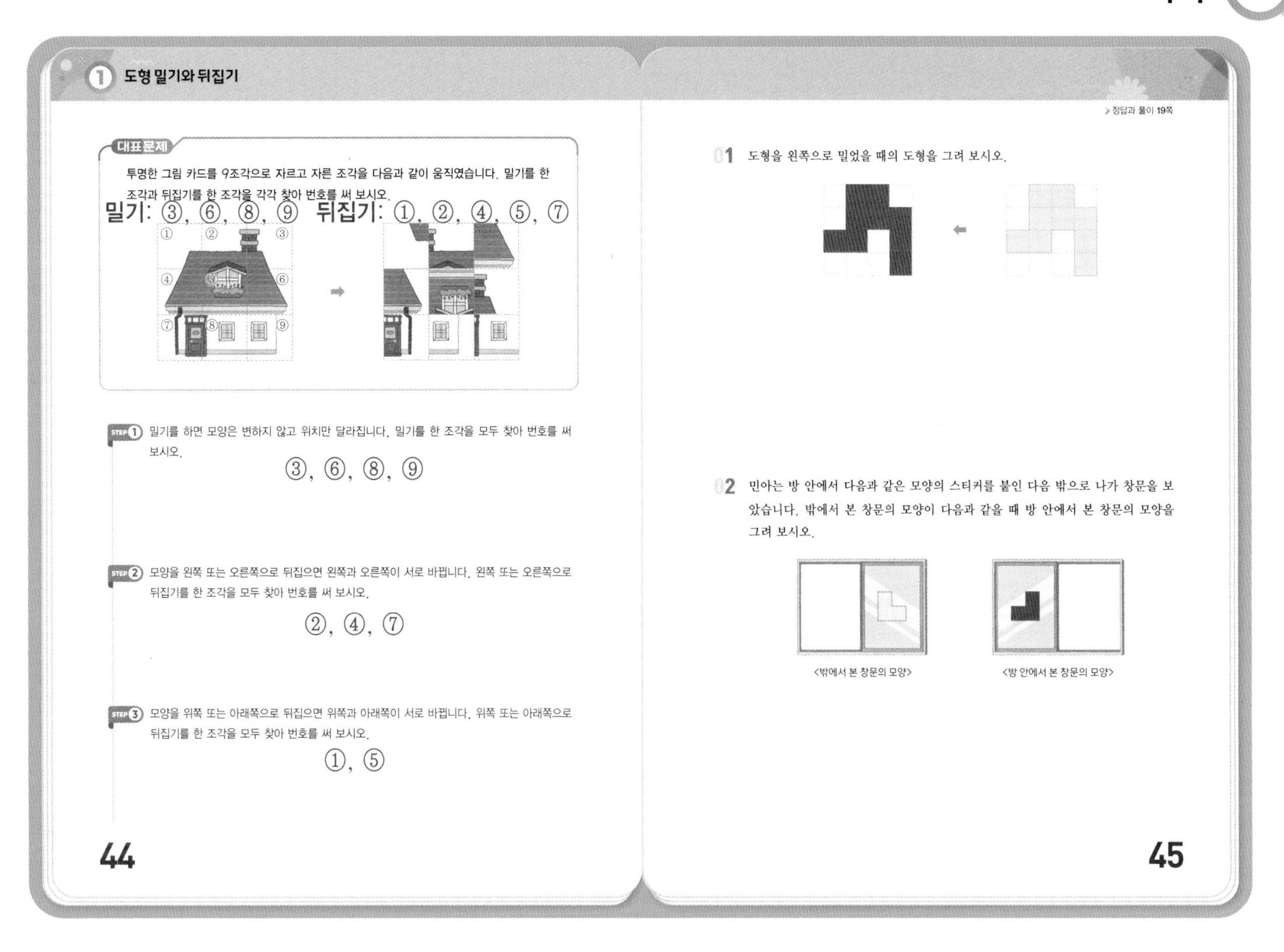

① 도형 밀기와 뒤집기
대표문제
투명한 그림 카드를 9조각으로 자르고 자른 조각을 다음과 같이 움직였습니다. 밀기를 한 조각과 뒤집기를 한 조각을 각각 찾아 번호를 써 보시오.
밀기: ③, ⑥, ⑧, ⑨ 뒤집기: ①, ②, ④, ⑤, ⑦
STEP① 밀기를 하면 모양은 변하지 않고 위치만 달라집니다. 밀기를 한 조각을 모두 찾아 번호를 써 보시오.
③, ⑥, ⑧, ⑨
STEP② 모양을 왼쪽 또는 오른쪽으로 뒤집으면 왼쪽과 오른쪽이 서로 바뀝니다. 왼쪽 또는 오른쪽으로 뒤집기를 한 조각을 모두 찾아 번호를 써 보시오.
②, ④, ⑦
STEP③ 모양을 위쪽 또는 아래쪽으로 뒤집으면 위쪽과 아래쪽이 서로 바뀝니다. 위쪽 또는 아래쪽으로 뒤집기를 한 조각을 모두 찾아 번호를 써 보시오.
①, ⑤
44
정답과 풀이 19쪽
01 도형을 왼쪽으로 밀었을 때의 도형을 그려 보시오.
02 민아는 방 안에서 다음과 같은 모양의 스티커를 붙인 다음 밖으로 나가 창문을 보았습니다. 밖에서 본 창문의 모양이 다음과 같을 때 방 안에서 본 창문의 모양을 그려 보시오.
<밖에서 본 창문의 모양>
<방 안에서 본 창문의 모양>
45

대표문제

STEP① 모양이 변하지 않고 위치만 달라진 조각을 찾아봅니다.

STEP② 왼쪽과 오른쪽이 서로 바뀐 조각을 찾아봅니다.

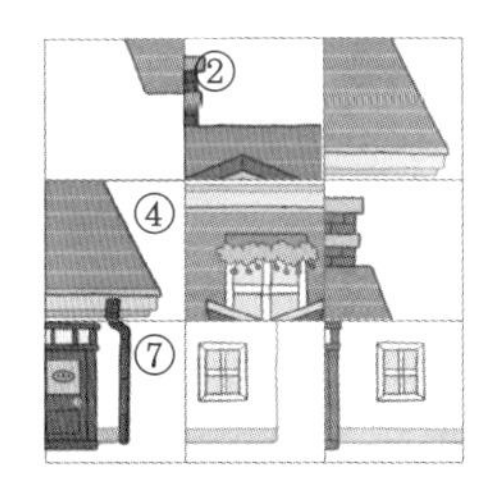

STEP③ 위쪽과 아래쪽이 서로 바뀐 조각을 찾아봅니다.

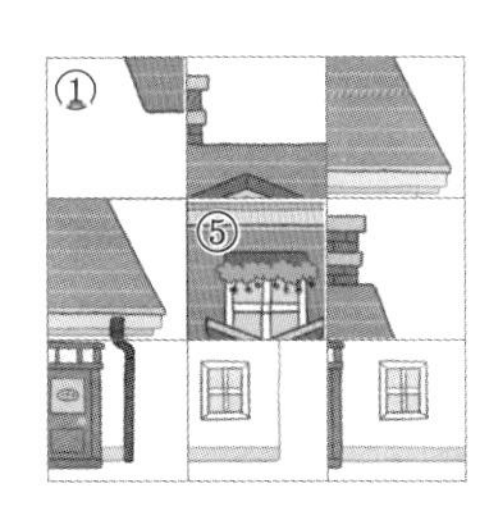

01 밀기를 하면 모양은 변하지 않고 위치만 달라집니다. 따라서 도형을 왼쪽으로 밀었을 때의 도형은 원래의 도형과 같은 모양입니다.

02 밖에서 본 창문의 모양을 방 안에서 보면 왼쪽과 오른쪽이 서로 바뀝니다. 따라서 왼쪽이나 오른쪽으로 뒤집은 모양을 그려 넣습니다.

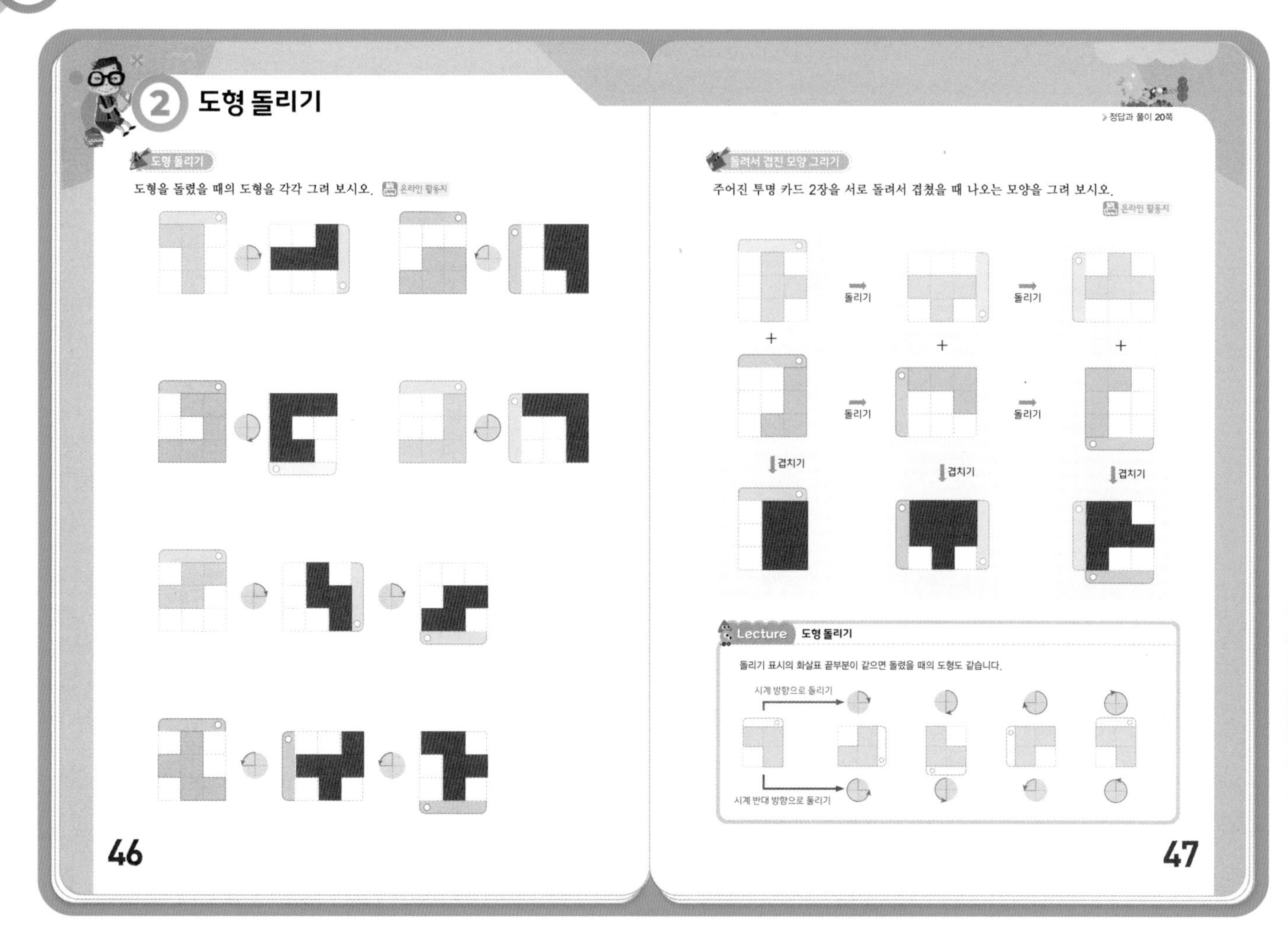

2 도형 돌리기

> 정답과 풀이 20쪽

도형 돌리기

도형을 돌렸을 때의 도형을 각각 그려 보시오. 온라인 활동지

돌려서 겹친 모양 그리기

주어진 투명 카드 2장을 서로 돌려서 겹쳤을 때 나오는 모양을 그려 보시오. 온라인 활동지

Lecture 도형 돌리기

돌리기 표시의 화살표 끝부분이 같으면 돌렸을 때의 도형도 같습니다.

46

47

도형 돌리기

TIP 돌리기 표시의 화살표 끝 부분이 같으면 돌렸을 때의 도형도 같습니다.

예

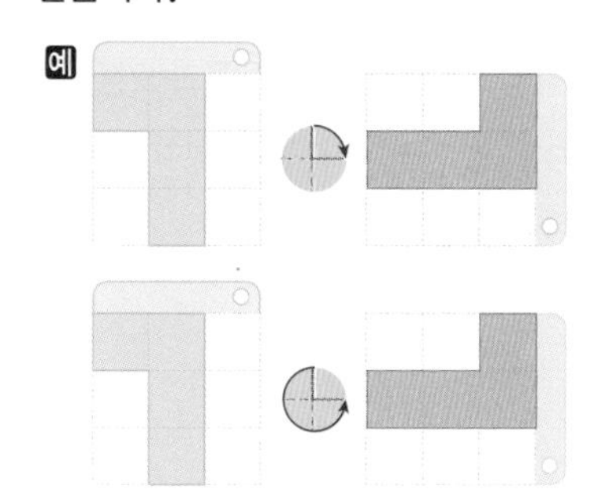

돌려서 겹친 모양 그리기

돌려진 두 모양을 모두 색칠하면 겹쳤을 때의 모양이 그려집니다.

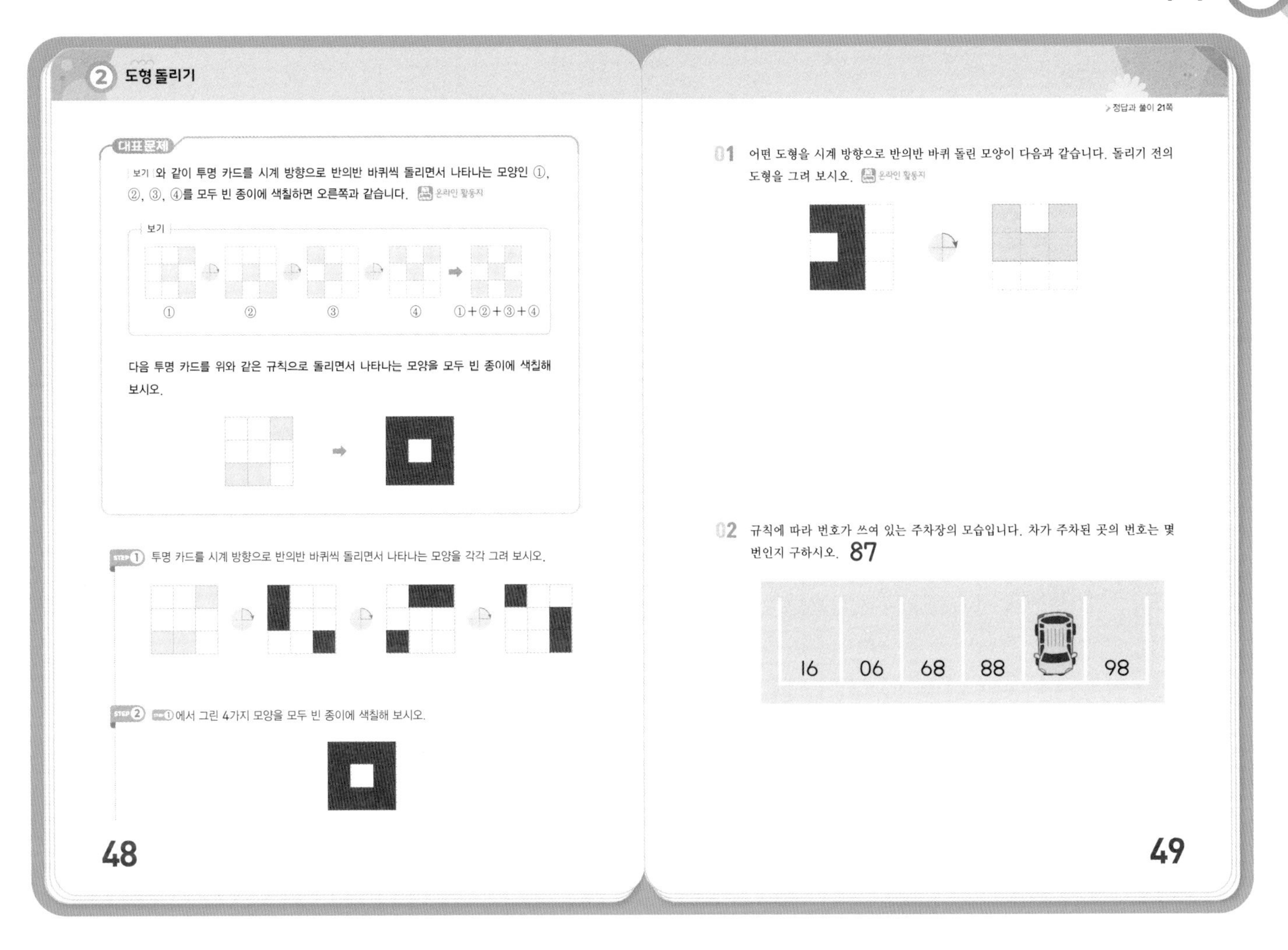

2 도형 돌리기
정답과 풀이 21쪽
대표문제
보기 와 같이 투명 카드를 시계 방향으로 반의반 바퀴씩 돌리면서 나타나는 모양인 ①, ②, ③, ④를 모두 빈 종이에 색칠하면 오른쪽과 같습니다.
①
②
③
④
①+②+③+④
다음 투명 카드를 위와 같은 규칙으로 돌리면서 나타나는 모양을 모두 빈 종이에 색칠해 보시오.
STEP ① 투명 카드를 시계 방향으로 반의반 바퀴씩 돌리면서 나타나는 모양을 각각 그려 보시오.
STEP ② STEP ①에서 그린 4가지 모양을 모두 빈 종이에 색칠해 보시오.
48
01 어떤 도형을 시계 방향으로 반의반 바퀴 돌린 모양이 다음과 같습니다. 돌리기 전의 도형을 그려 보시오.
02 규칙에 따라 번호가 쓰여 있는 주차장의 모습입니다. 차가 주차된 곳의 번호는 몇 번인지 구하시오. 87
16
06
68
88
98
49

대표문제

STEP ① 시계 방향으로 반의반 바퀴 돌리면 위쪽 부분이 오른쪽으로 바뀝니다.

STEP ② STEP ①에서 그린 모양을 빈 종이에 모두 색칠해 봅니다.

TIP 도형 돌리기가 어려운 경우 기준이 되는 선을 표시하여 생각해 봅니다.

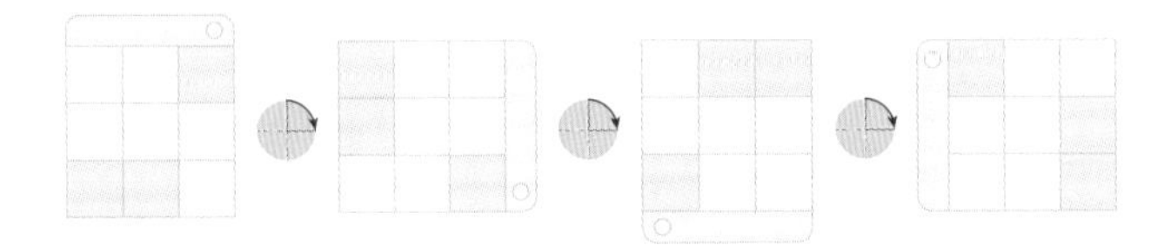

01 시계 방향으로 반의반 바퀴 돌리기 전의 도형을 구하려면 도형을 시계 반대 방향으로 반의반 바퀴 돌리면 됩니다.

02 주차장의 모습을 반 바퀴 돌리면 다음과 같습니다.

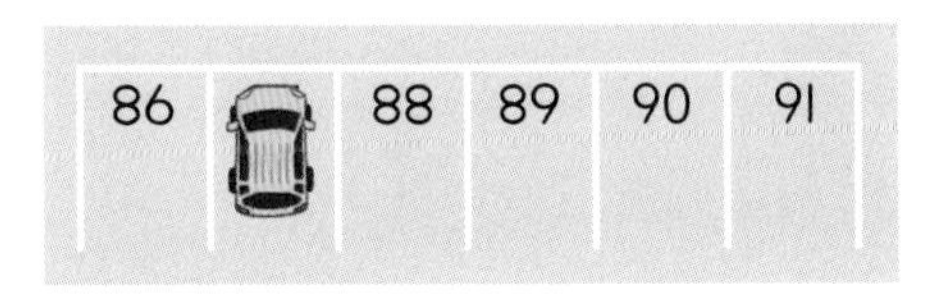

86, □, 88, 89, 90, 91이므로 차가 주차된 곳의 번호는 87입니다.

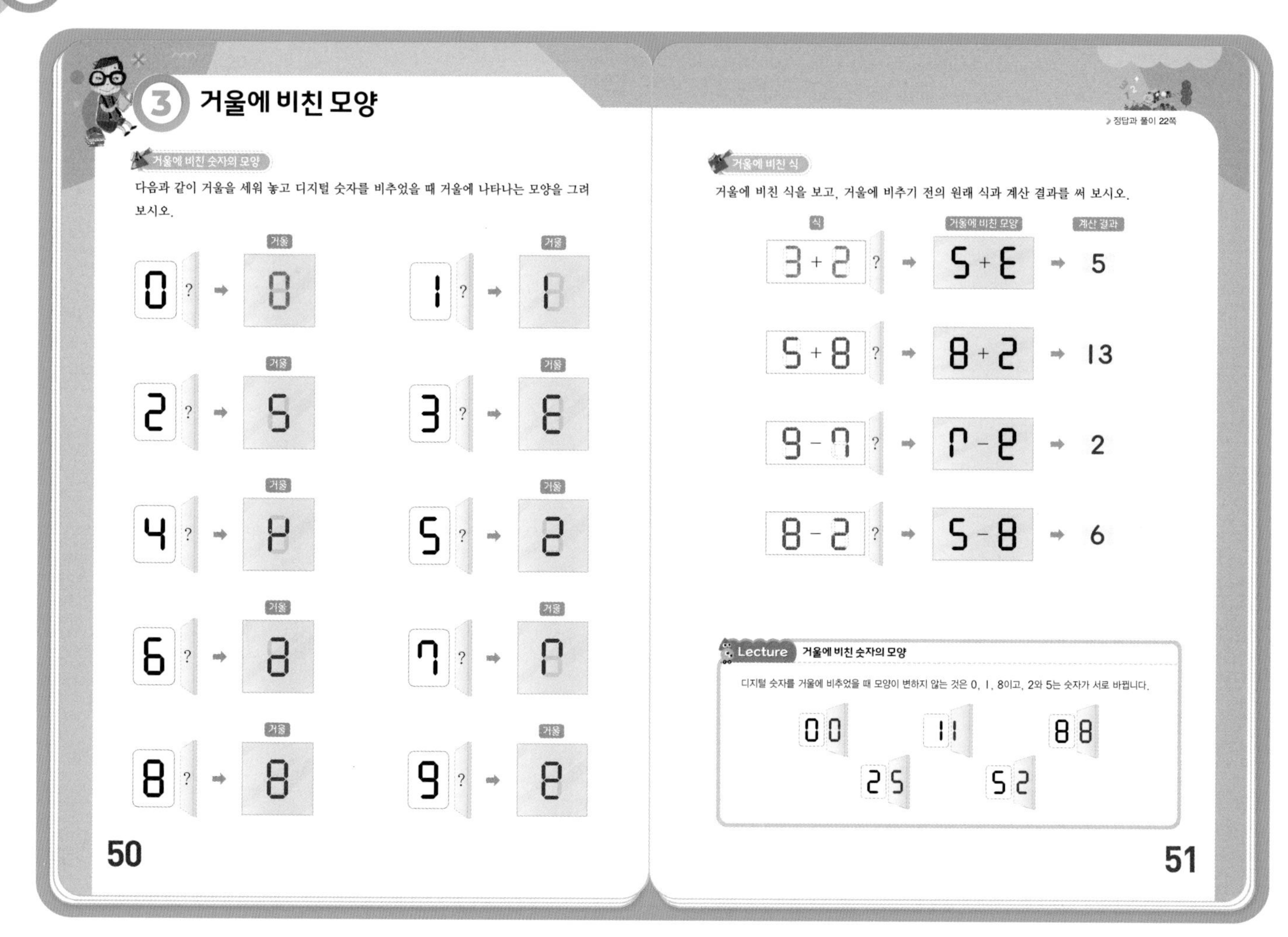

3 거울에 비친 모양

정답과 풀이 22쪽

거울에 비친 숫자의 모양

다음과 같이 거울을 세워 놓고 디지털 숫자를 비추었을 때 거울에 나타나는 모양을 그려 보시오.

거울에 비친 식

거울에 비친 식을 보고, 거울에 비추기 전의 원래 식과 계산 결과를 써 보시오.

식	거울에 비친 모양	계산 결과
3+2		5
5+8		13
9-7		2
8-2		6

Lecture 거울에 비친 숫자의 모양

디지털 숫자를 거울에 비추었을 때 모양이 변하지 않는 것은 0, 1, 8이고, 2와 5는 숫자가 서로 바뀝니다.

50 51

거울에 비친 숫자의 모양

디지털 숫자의 왼쪽과 오른쪽을 서로 바꾸어 거울에 비친 모양을 그려 봅니다.

주의 디지털 숫자 '1'의 경우에는 다음과 같이 나타낼 수도 있습니다.

거울에 비친 모양을 구해 보는 것이기 때문에 위치에 관계없이 모양이 같을 때는 답으로 생각하도록 합니다.

거울에 비친 식

원래 식을 거울에 비추면 왼쪽과 오른쪽이 서로 바뀝니다.

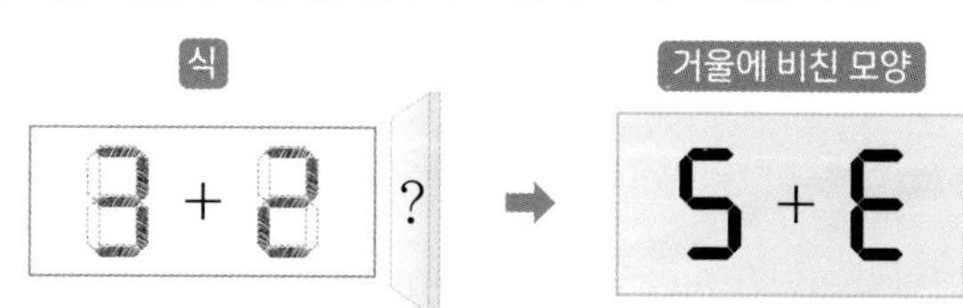

이때 거울에 비친 모양을 거울에 비추었다고 생각하면 왼쪽과 오른쪽이 다시 서로 바뀌어서 원래의 식이 됩니다.

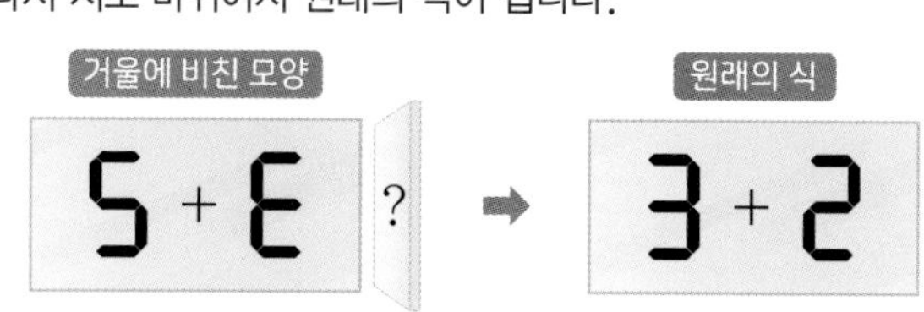

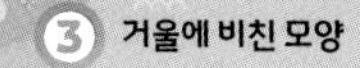

3 거울에 비친 모양

> 정답과 풀이 23쪽

대표문제

다음은 보기 와 같이 디지털 숫자로 만든 덧셈식과 뺄셈식 카드를 거울에 비친 모양입니다. 원래 식의 계산 결과가 가장 큰 것과 가장 작은 것을 찾아 기호를 써 보시오.

가장 큰 것: ㉯, 가장 작은 것: ㉰

보기

12+15 ? → 21+51
<거울에 비친 모양>

㉮	㉯	㉰	㉱
21+21	15+81	81−25	55−52

STEP 1 어떤 모양을 거울에 비추면 왼쪽과 오른쪽이 서로 바뀝니다. 거울에 비친 모양을 보고 원래의 식을 쓰고, 계산 결과를 구하시오.

	식		거울에 비친 모양		계산 결과
㉮	15+15	→	21+21	→	30
㉯	18+21	→	15+81	→	39
㉰	25−18	→	81−25	→	7
㉱	52−22	→	55−52	→	30

STEP 2 계산 결과가 가장 큰 것과 가장 작은 것을 찾아 기호를 써 보시오.

가장 큰 것: ㉯, 가장 작은 것: ㉰

52

01 다음은 디지털 숫자로 만든 덧셈식을 거울에 비춘 모양입니다. □ 안에 알맞은 수는 얼마인지 구하시오. 27

52= □ +25

02 동수가 거울에 비친 디지털 시계의 모양을 본 모습입니다. 지금 시각은 몇 시 몇 분인지 구하시오. (단, 거울은 시계의 오른쪽에 세워 놓고 비춘 것입니다.)

10시 51분

12:01

53

대표문제

STEP 1 디지털 숫자로 만든 덧셈식과 뺄셈식을 거울에 비추기 전의 원래 식으로 바꾸고 계산해 봅니다.

STEP 2 STEP 1 의 식에서 계산 결과가 가장 큰 것은 ㉯ 39이고, 가장 작은 것은 ㉰ 7입니다.

01 디지털 숫자로 만든 덧셈식을 거울에 비추기 전 원래 식으로 바꾸면 다음과 같습니다.

거울에 비추기 전 원래 식

52= □ +25 → 25+ □ =52

25＋□＝52, □＝52－25＝27

02 거울에 비추기 전 원래의 시계의 모양으로 바꾸면 다음과 같습니다.

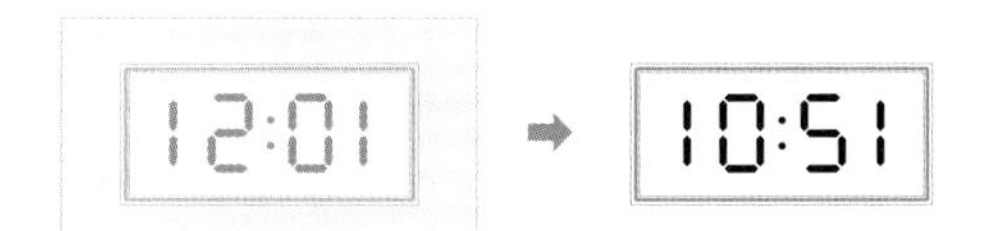

따라서 지금 시각은 10시 51분입니다.

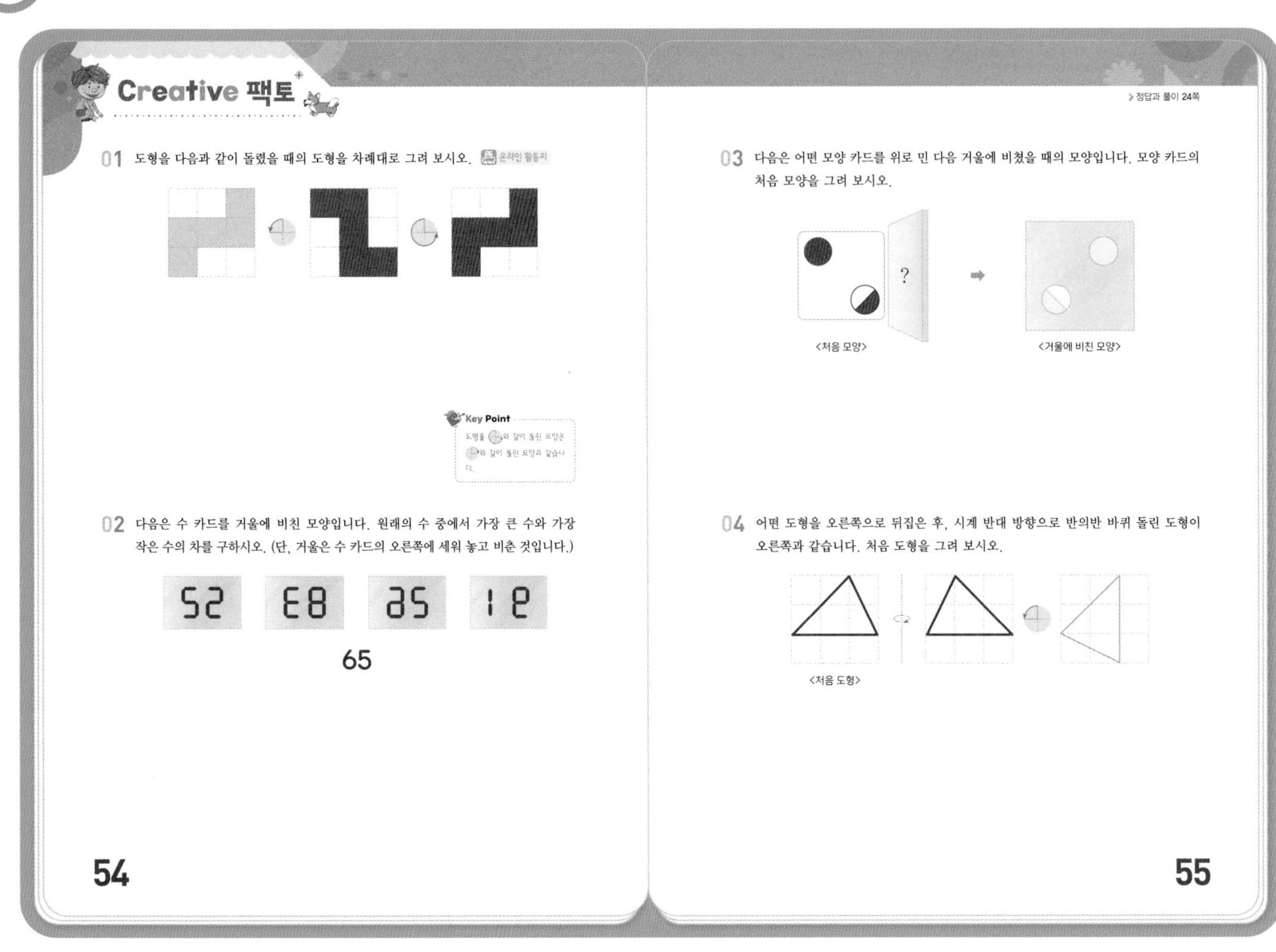

Creative 팩토
> 정답과 풀이 24쪽
01 도형을 다음과 같이 돌렸을 때의 도형을 차례대로 그려 보시오.
Key Point
02 다음은 수 카드를 거울에 비친 모양입니다. 원래의 수 중에서 가장 큰 수와 가장 작은 수의 차를 구하시오. (단, 거울은 수 카드의 오른쪽에 세워 놓고 비춘 것입니다.)
65
03 다음은 어떤 모양 카드를 위로 민 다음 거울에 비쳤을 때의 모양입니다. 모양 카드의 처음 모양을 그려 보시오.
?
〈처음 모양〉
〈거울에 비친 모양〉
04 어떤 도형을 오른쪽으로 뒤집은 후, 시계 반대 방향으로 반의반 바퀴 돌린 도형이 오른쪽과 같습니다. 처음 도형을 그려 보시오.
〈처음 도형〉
54
55

01 와 같이 돌린 모양은 와 같이 돌린 모양과 같습니다.

- 시계 반대 방향으로 반의반 바퀴 돌리면 위쪽 부분이 왼쪽으로 바뀝니다.
- 시계 방향으로 반의반 바퀴 돌리면 위쪽 부분이 오른쪽으로 바뀝니다.

02 거울에 비친 모양은 오른쪽으로 뒤집기를 한 모양과 같으므로 거울에 비추기 전의 수로 나타내면 다음과 같습니다.

52 → 52, 83 → 83, 26 → 26, 91 → 91

따라서 가장 큰 수는 91이고, 가장 작은 수는 26이므로
$91-26=65$입니다.

03 위로 밀어 옮기는 경우에는 모양은 변하지 않습니다. 거울을 비추면 왼쪽과 오른쪽이 서로 바뀝니다.

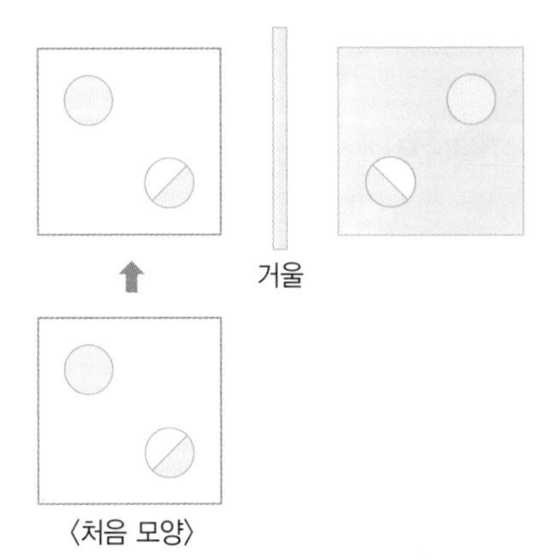

04 처음 도형은 움직인 후의 도형에서 시계 방향으로 반의반 바퀴를 돌리고 왼쪽으로 뒤집은 도형입니다.

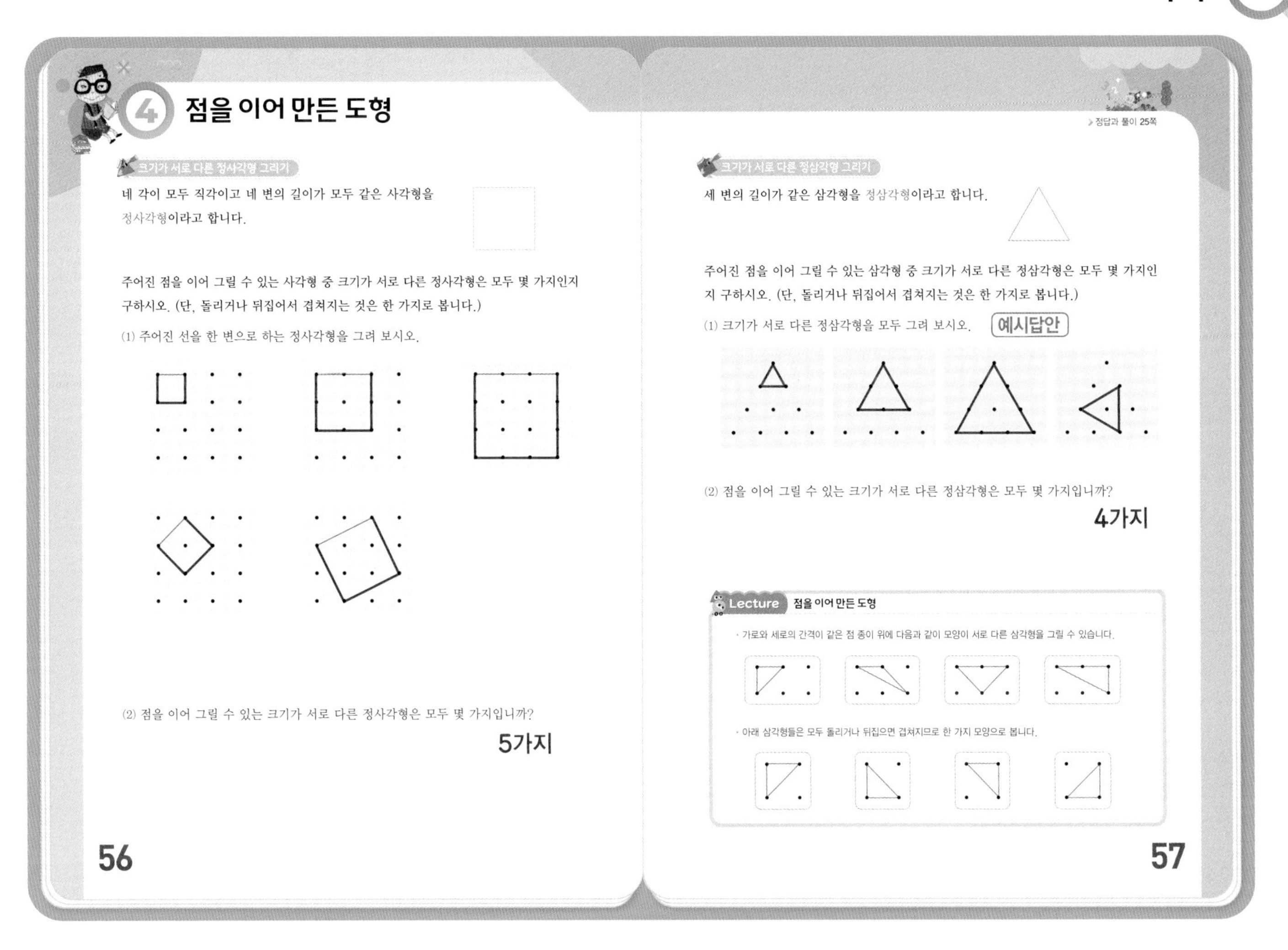

4 점을 이어 만든 도형

크기가 서로 다른 정사각형 그리기

네 각이 모두 직각이고 네 변의 길이가 모두 같은 사각형을 정사각형이라고 합니다.

주어진 점을 이어 그릴 수 있는 사각형 중 크기가 서로 다른 정사각형은 모두 몇 가지인지 구하시오. (단, 돌리거나 뒤집어서 겹쳐지는 것은 한 가지로 봅니다.)

(1) 주어진 선을 한 변으로 하는 정사각형을 그려 보시오.

(2) 점을 이어 그릴 수 있는 크기가 서로 다른 정사각형은 모두 몇 가지입니까?

5가지

56

> 정답과 풀이 25쪽

크기가 서로 다른 정삼각형 그리기

세 변의 길이가 같은 삼각형을 정삼각형이라고 합니다.

주어진 점을 이어 그릴 수 있는 삼각형 중 크기가 서로 다른 정삼각형은 모두 몇 가지인지 구하시오. (단, 돌리거나 뒤집어서 겹쳐지는 것은 한 가지로 봅니다.)

(1) 크기가 서로 다른 정삼각형을 모두 그려 보시오. 예시답안

(2) 점을 이어 그릴 수 있는 크기가 서로 다른 정삼각형은 모두 몇 가지입니까?

4가지

Lecture 점을 이어 만든 도형

- 가로와 세로의 간격이 같은 점 종이 위에 다음과 같이 모양이 서로 다른 삼각형을 그릴 수 있습니다.
- 아래 삼각형들은 모두 돌리거나 뒤집으면 겹쳐지므로 한 가지 모양으로 봅니다.

57

크기가 서로 다른 정사각형 그리기

주어진 선과 같은 길이의 선을 그어 정사각형을 그려 봅니다.

크기가 서로 다른 정삼각형 그리기

크기가 다른 정삼각형을 그리기 위해 먼저 한 변을 정해 봅니다.

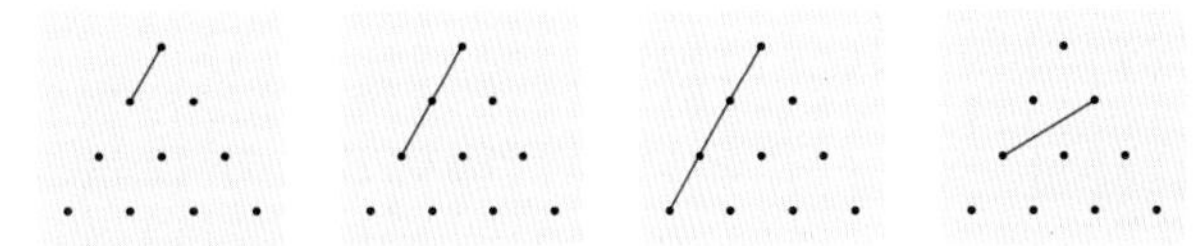

위의 선을 한 변으로 하는 정삼각형을 그려 보면 크기가 서로 다른 정삼각형은 모두 4가지입니다.

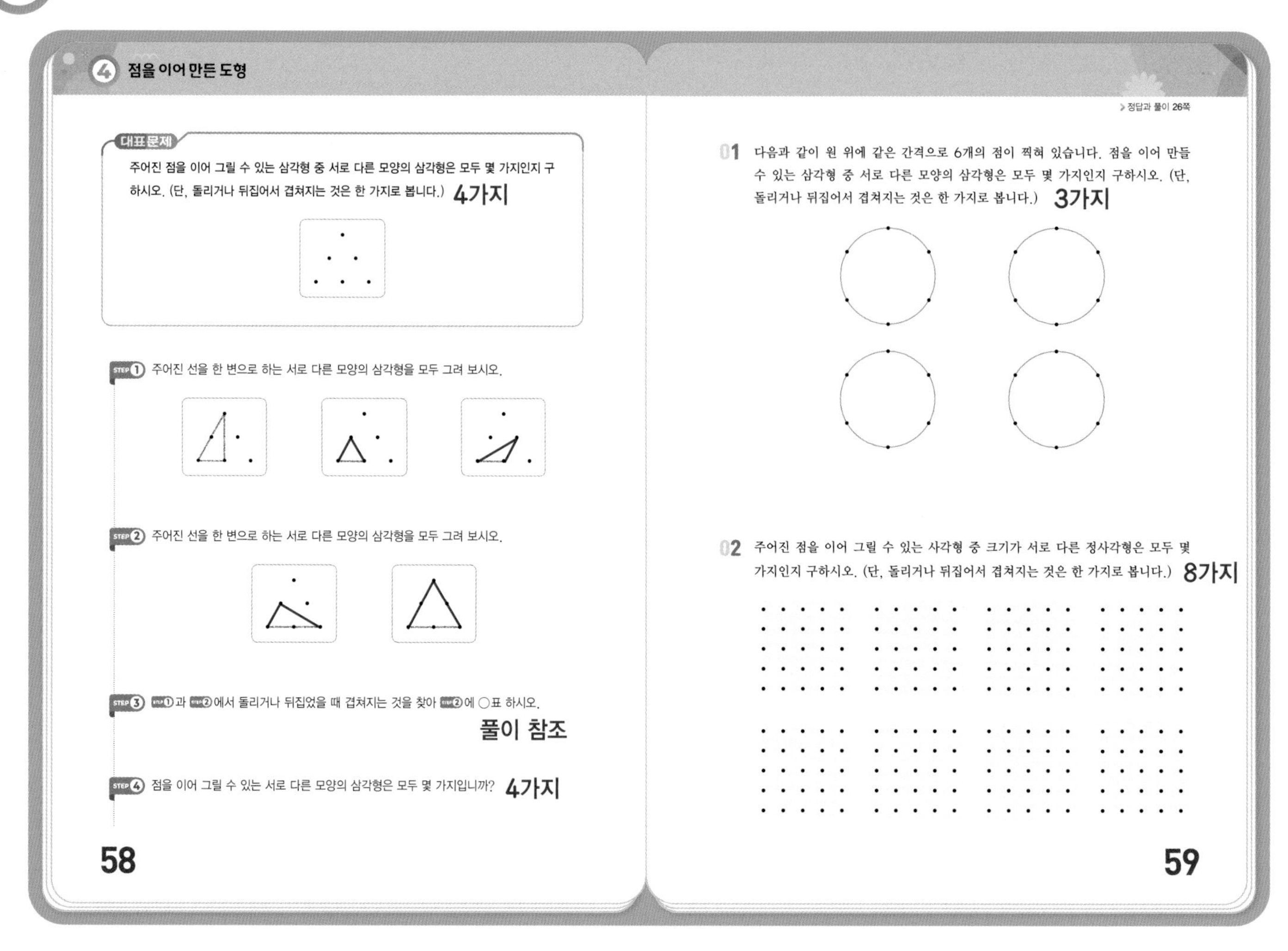
④ 점을 이어 만든 도형

대표문제
주어진 점을 이어 그릴 수 있는 삼각형 중 서로 다른 모양의 삼각형은 모두 몇 가지인지 구하시오. (단, 돌리거나 뒤집어서 겹쳐지는 것은 한 가지로 봅니다.) 4가지

STEP① 주어진 선을 한 변으로 하는 서로 다른 모양의 삼각형을 모두 그려 보시오.

STEP② 주어진 선을 한 변으로 하는 서로 다른 모양의 삼각형을 모두 그려 보시오.

STEP③ STEP①과 STEP②에서 돌리거나 뒤집었을 때 겹쳐지는 것을 찾아 STEP②에 ○표 하시오. 풀이 참조

STEP④ 점을 이어 그릴 수 있는 서로 다른 모양의 삼각형은 모두 몇 가지입니까? 4가지

58

정답과 풀이 26쪽

01 다음과 같이 원 위에 같은 간격으로 6개의 점이 찍혀 있습니다. 점을 이어 만들 수 있는 삼각형 중 서로 다른 모양의 삼각형은 모두 몇 가지인지 구하시오. (단, 돌리거나 뒤집어서 겹쳐지는 것은 한 가지로 봅니다.) 3가지

02 주어진 점을 이어 그릴 수 있는 사각형 중 크기가 서로 다른 정사각형은 모두 몇 가지인지 구하시오. (단, 돌리거나 뒤집어서 겹쳐지는 것은 한 가지로 봅니다.) 8가지

59

대표문제

STEP① STEP② 주어진 선을 한 변으로 하는 서로 다른 삼각형을 그려 봅니다.

STEP③ 다음 두 도형은 뒤집어서 돌리면 겹쳐지므로 한 가지로 봅니다.

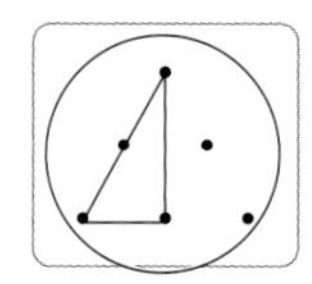
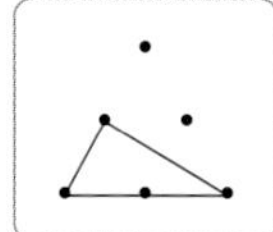

STEP④ 따라서 점을 이어 그릴 수 있는 서로 다른 모양의 삼각형은 모두 4가지입니다.

01 원 위에 있는 점을 이어 만들 수 있는 서로 다른 모양의 삼각형은 3가지입니다.

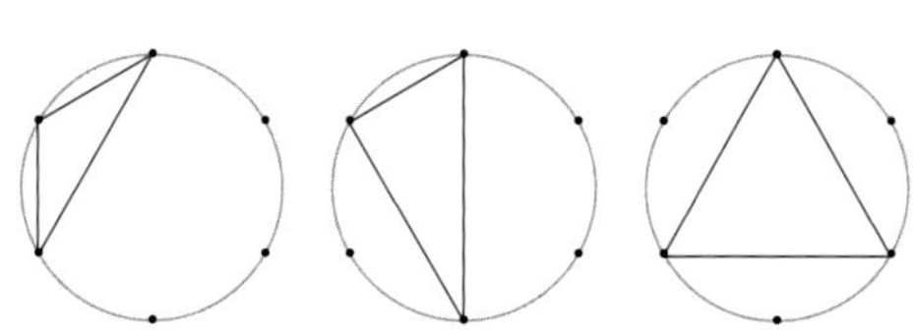

02 주어진 점을 이어 그릴 수 있는 크기가 서로 다른 정사각형은 8가지입니다.

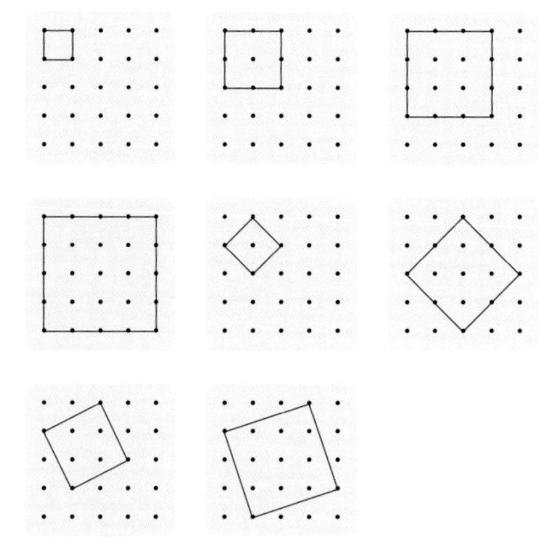

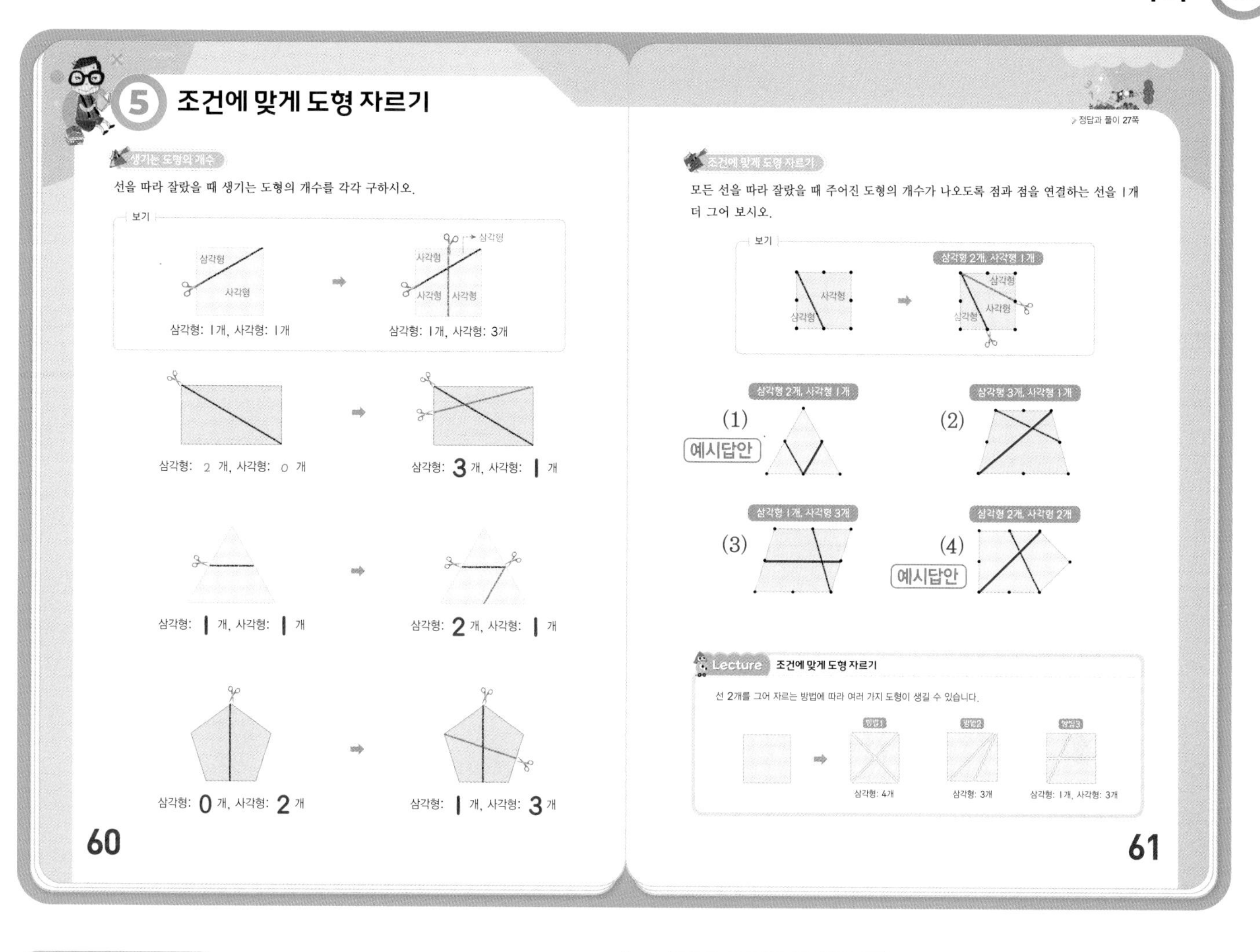

생기는 도형의 개수

TIP 선을 1개 그은 후 선을 따라 잘랐을 때 생기는 도형의 개수와 선을 2개 그은 후 선을 따라 잘랐을 때 생기는 도형의 개수를 각각 구해 보며 어떻게 선을 그었을 때 어떤 도형이 몇 개 생기는지 이해하도록 합니다.

조건에 맞게 도형 자르기

(1) 예시답안 (4) 예시답안

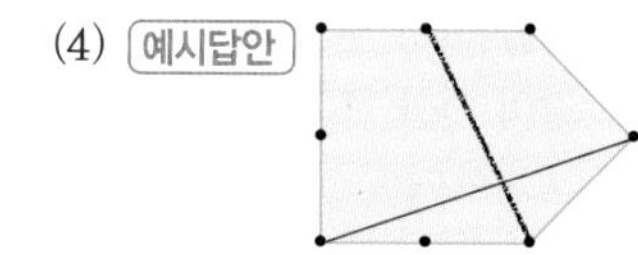

TIP 꼭짓점과 꼭짓점, 꼭짓점과 변, 변과 변을 잇는 방법에 따라 생기는 도형의 모양과 개수가 달라질 수 있음을 알고, 주어진 도형의 개수가 나오도록 선을 그어 보며 도형에 대한 감각을 기우도록 합니다.

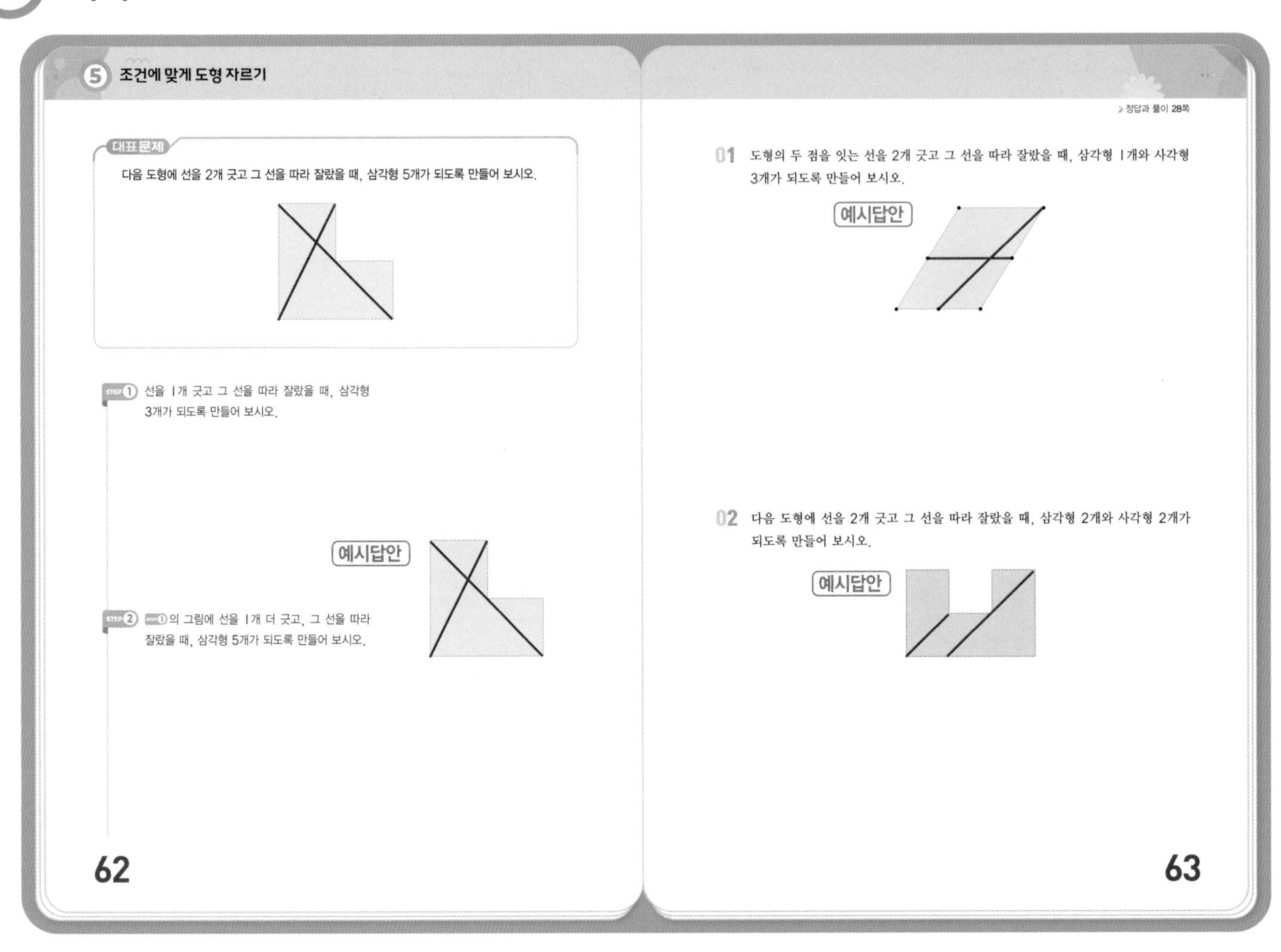

대표문제

STEP 1 선을 따라 잘랐을 때 삼각형이 3개가 만들어지려면 다음과 같이 선을 그어야 합니다.

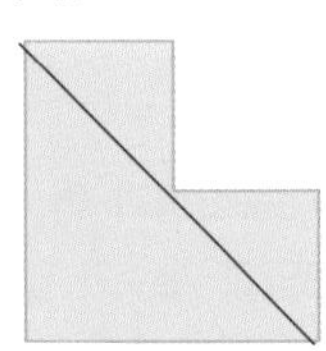

STEP 2 삼각형 5개가 만들어지도록 다음과 같이 선 1개를 더 그을 수도 있습니다.

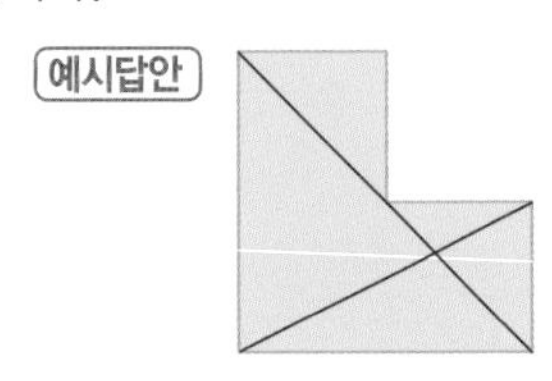

01 선을 긋고 선을 따라 잘랐을 때 삼각형 1개와 사각형 3개가 만들어지도록 다음과 같이 선 2개를 그을 수도 있습니다.

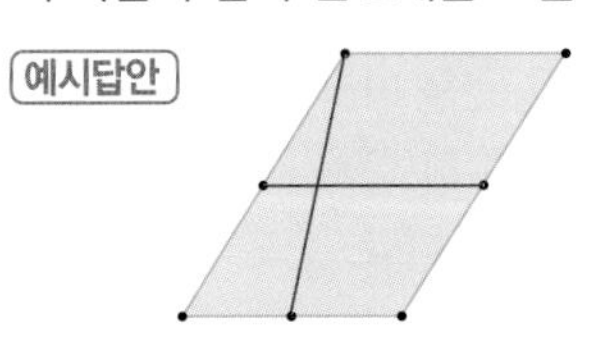

02 선을 긋고 선을 따라 잘랐을 때 삼각형 2개, 사각형 2개가 만들어지도록 선을 긋는 방법은 여러 가지가 있습니다.

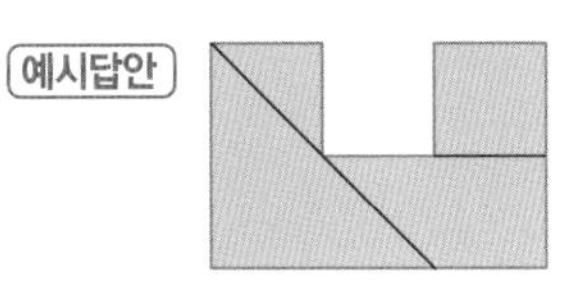

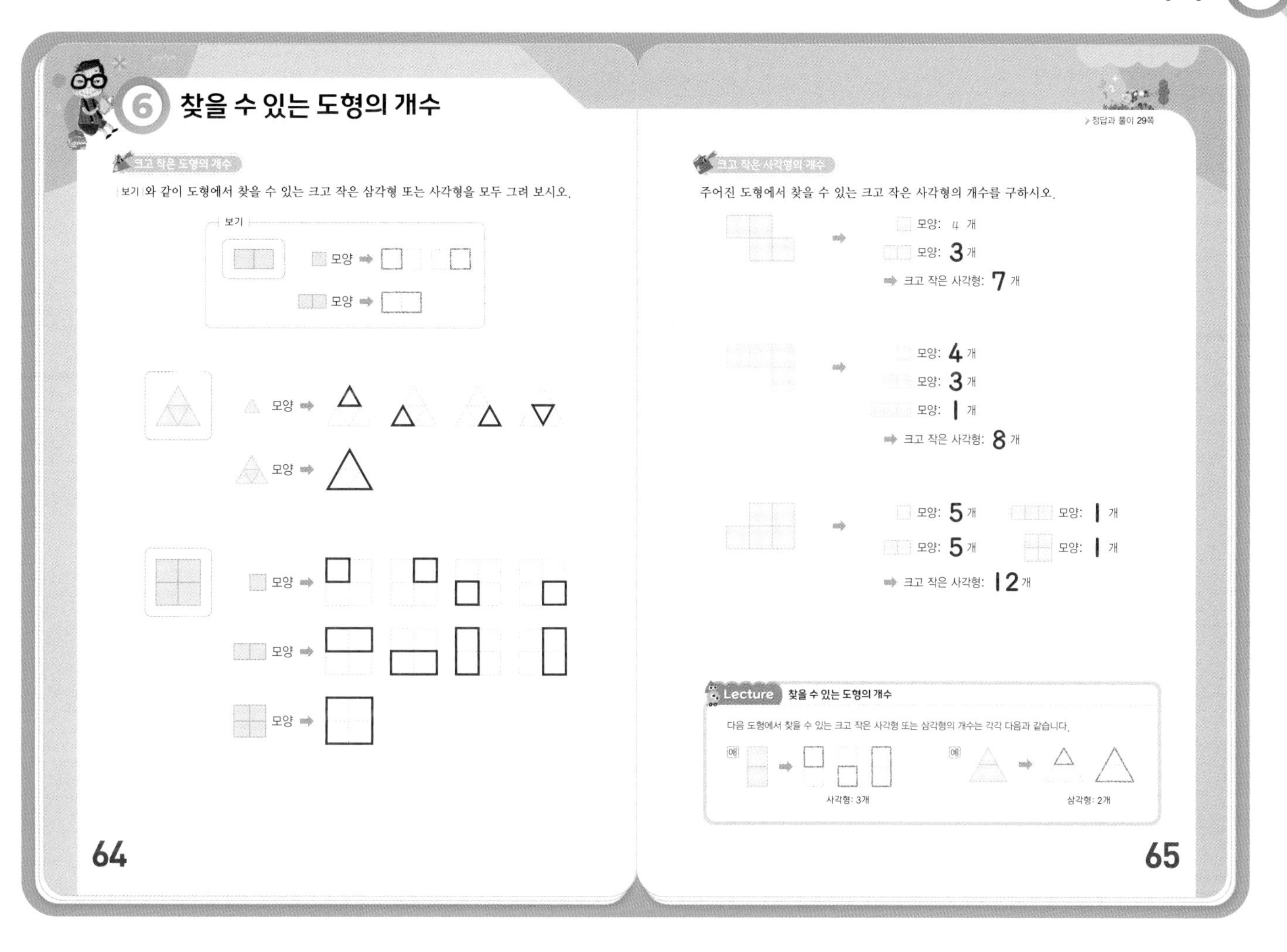

6 찾을 수 있는 도형의 개수
크고 작은 도형의 개수
보기 와 같이 도형에서 찾을 수 있는 크고 작은 삼각형 또는 사각형을 모두 그려 보시오.
64
정답과 풀이 29쪽
크고 작은 사각형의 개수
주어진 도형에서 찾을 수 있는 크고 작은 사각형의 개수를 구하시오.
크고 작은 사각형: 7 개
크고 작은 사각형: 8 개
크고 작은 사각형: 12 개
Lecture 찾을 수 있는 도형의 개수
다음 도형에서 찾을 수 있는 크고 작은 사각형 또는 삼각형의 개수는 각각 다음과 같습니다.
사각형: 3개
삼각형: 2개
65

크고 작은 도형의 개수

TIP 삼각형 또는 사각형의 모양에 따라 나누어 개수를 구하는 과정을 이해하고 연습하도록 지도합니다.

크고 작은 사각형의 개수

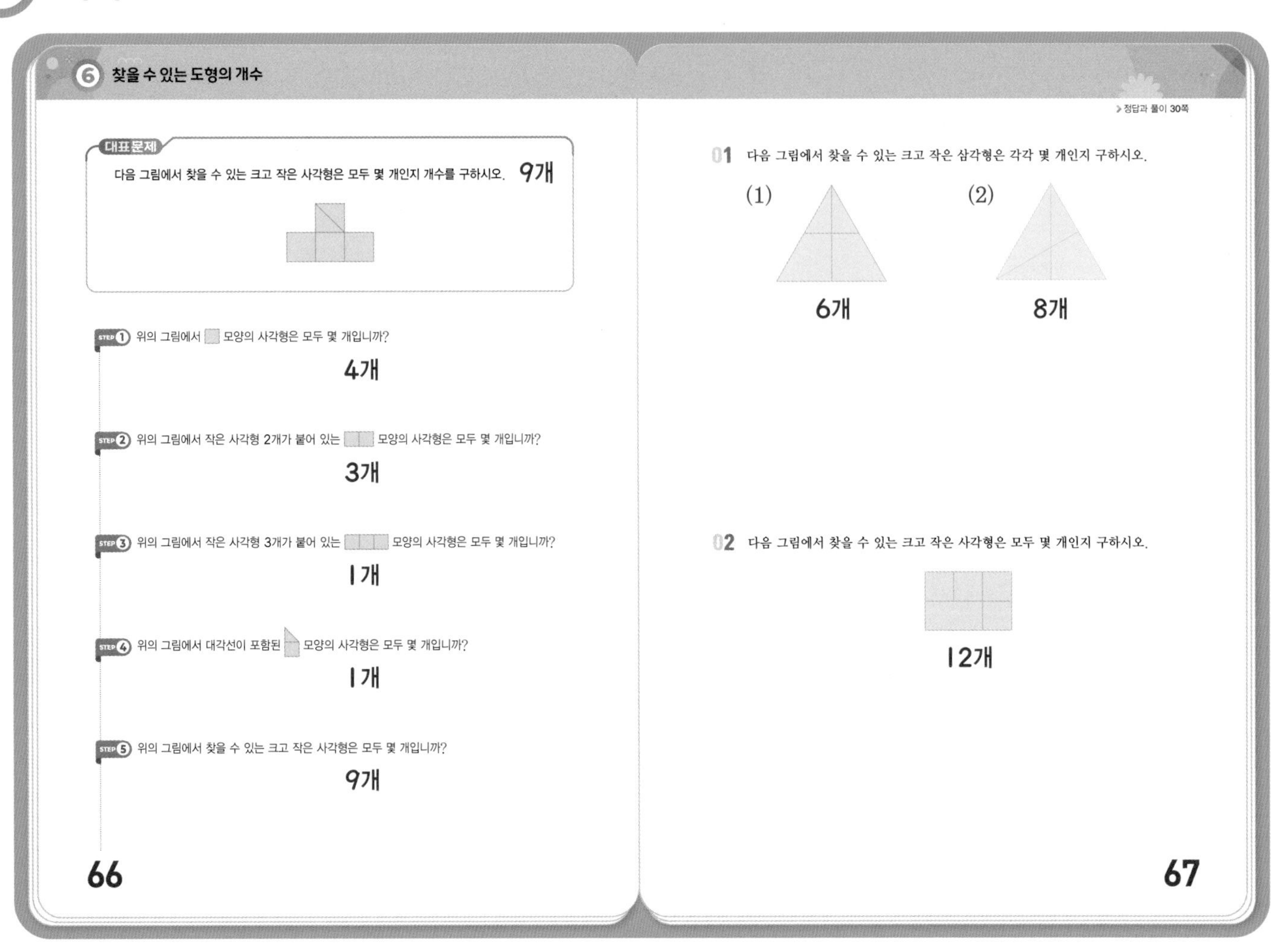
6 찾을 수 있는 도형의 개수

대표문제
다음 그림에서 찾을 수 있는 크고 작은 사각형은 모두 몇 개인지 개수를 구하시오. 9개

STEP 1 위의 그림에서 ☐ 모양의 사각형은 모두 몇 개입니까?
4개

STEP 2 위의 그림에서 작은 사각형 2개가 붙어 있는 ☐☐ 모양의 사각형은 모두 몇 개입니까?
3개

STEP 3 위의 그림에서 작은 사각형 3개가 붙어 있는 ☐☐☐ 모양의 사각형은 모두 몇 개입니까?
1개

STEP 4 위의 그림에서 대각선이 포함된 ☐ 모양의 사각형은 모두 몇 개입니까?
1개

STEP 5 위의 그림에서 찾을 수 있는 크고 작은 사각형은 모두 몇 개입니까?
9개

66

> 정답과 풀이 30쪽

01 다음 그림에서 찾을 수 있는 크고 작은 삼각형은 각각 몇 개인지 구하시오.
(1) 6개 (2) 8개

02 다음 그림에서 찾을 수 있는 크고 작은 사각형은 모두 몇 개인지 구하시오.
12개

67

대표문제

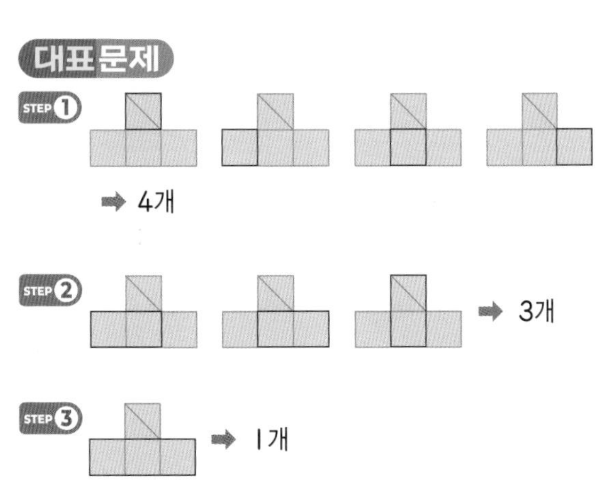

STEP 1 ➡ 4개

STEP 2 ➡ 3개

STEP 3 ➡ 1개

STEP 4 ➡ 1개

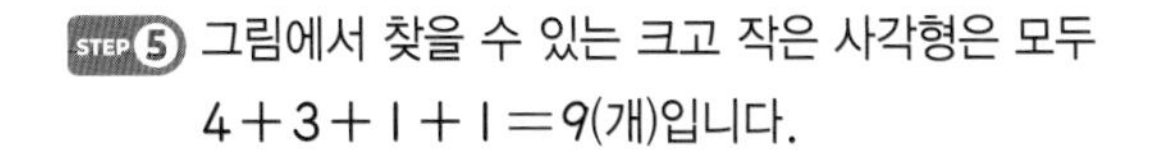

STEP 5 그림에서 찾을 수 있는 크고 작은 사각형은 모두
$4+3+1+1=9$(개)입니다.

01 (1)

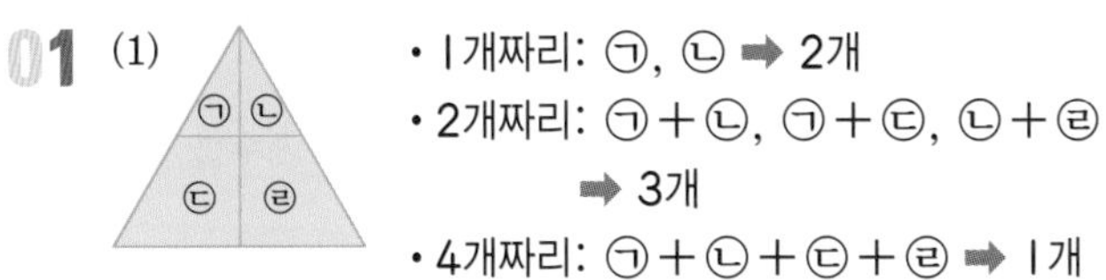

- 1개짜리: ㉠, ㉡ ➡ 2개
- 2개짜리: ㉠+㉡, ㉠+㉢, ㉡+㉣ ➡ 3개
- 4개짜리: ㉠+㉡+㉢+㉣ ➡ 1개

➡ 크고 작은 삼각형: $2+3+1=6$(개)

(2)

- 1개짜리: ㉠, ㉡, ㉢ ➡ 3개
- 2개짜리: ㉠+㉡, ㉠+㉢, ㉡+㉣, ㉢+㉣ ➡ 4개
- 4개짜리: ㉠+㉡+㉢+㉣ ➡ 1개

➡ 크고 작은 삼각형: $3+4+1=8$(개)

02 크고 작은 사각형을 모두 찾아봅니다.

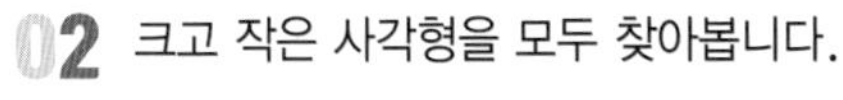

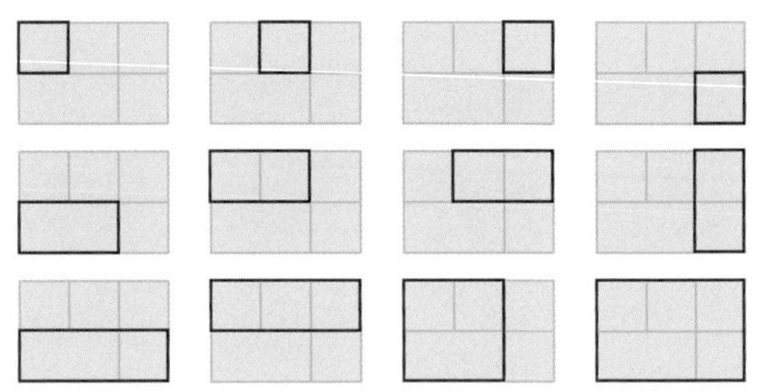

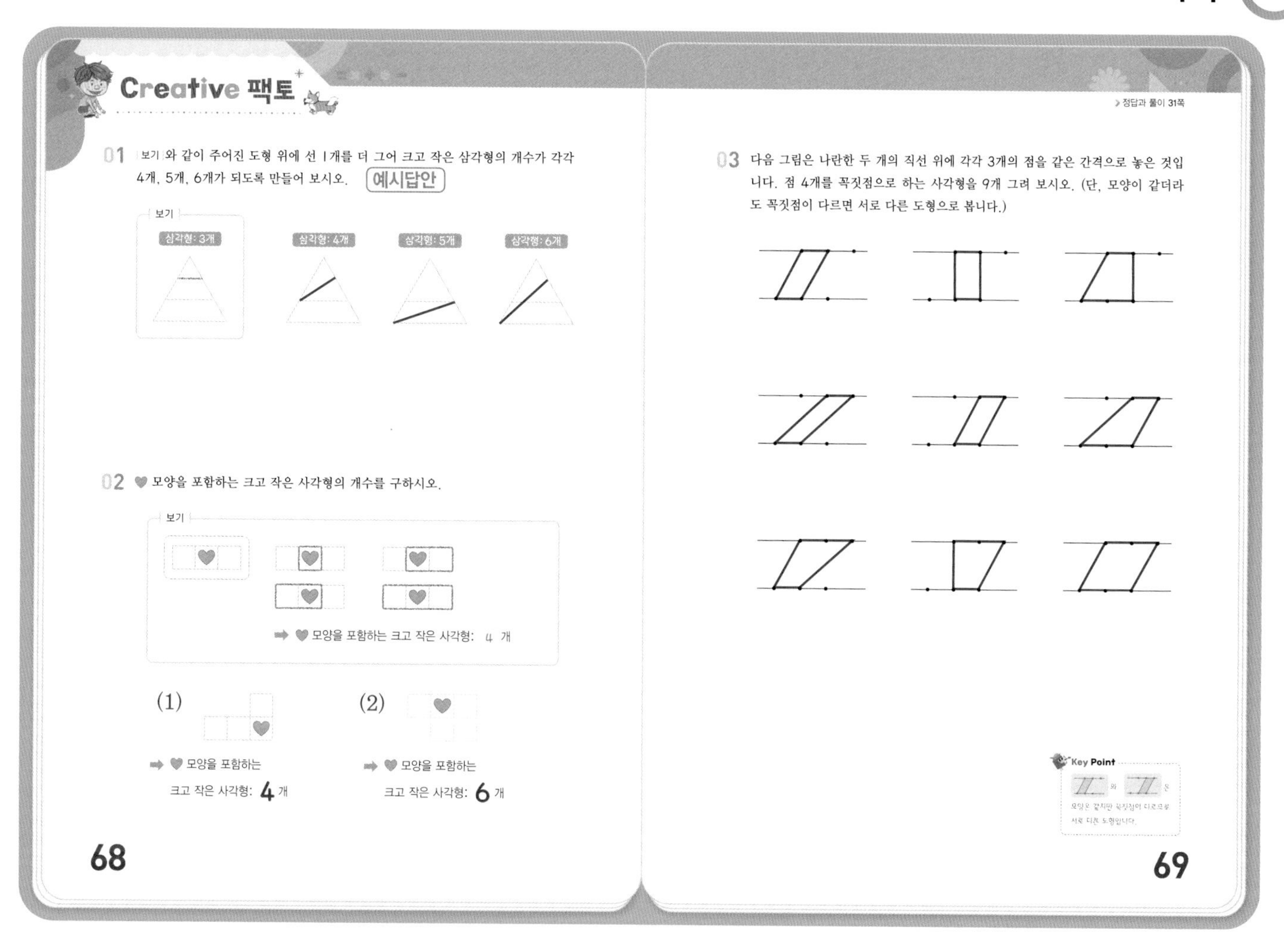

01 이외에도 여러 가지 방법이 있습니다.

예시답안 삼각형: 4개 삼각형: 5개 삼각형: 6개

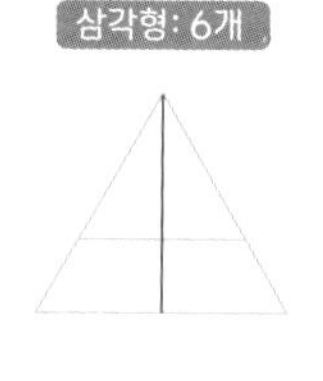

02 ♥ 모양을 포함하도록 여러 가지 방법으로 사각형을 그려 봅니다.

(1)

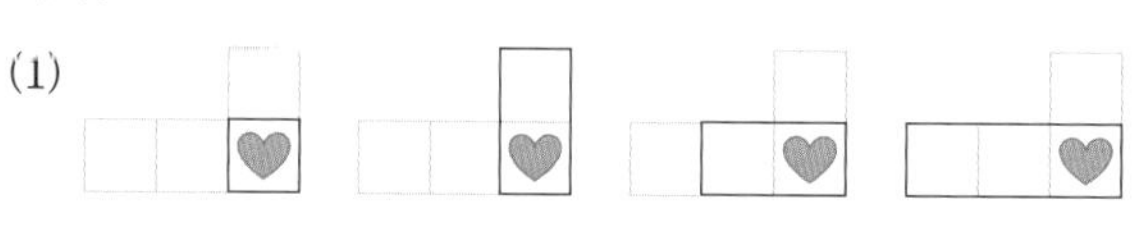

➡ ♥ 모양을 포함하는 크고 작은 사각형: 4개

(2)

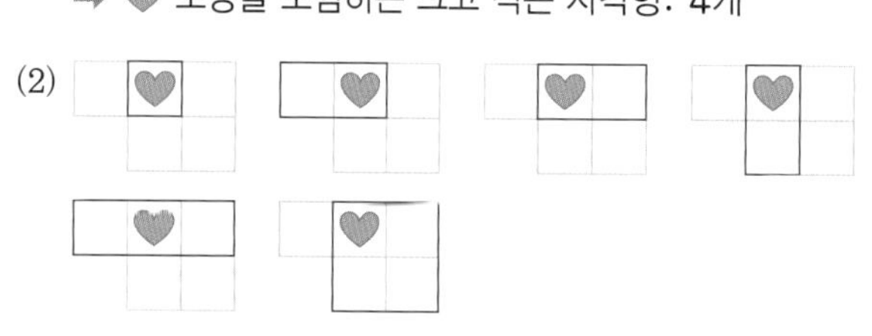

➡ ♥ 모양을 포함하는 크고 작은 사각형: 6개

03 주어진 선분을 한 변으로 하는 여러 가지 사각형을 각각 그려 봅니다.

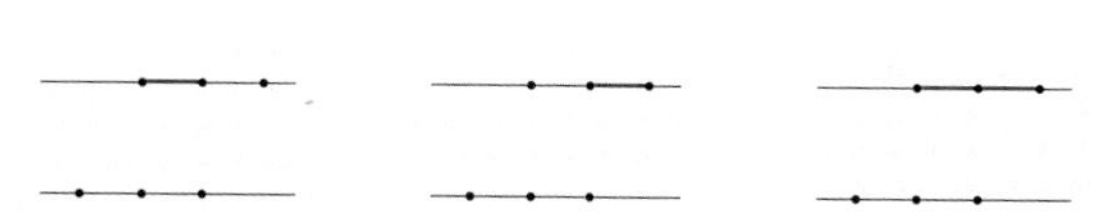

TIP 위와 같이 기준을 정하여 사각형을 그리는 방법을 이해하기 어려워할 수도 있습니다. 시행착오 과정을 통해 문제를 해결하도록 지도하고, 비슷한 문제를 여러 번 해결하며 보다 효율적으로 해결하는 방법을 터득하도록 합니다.

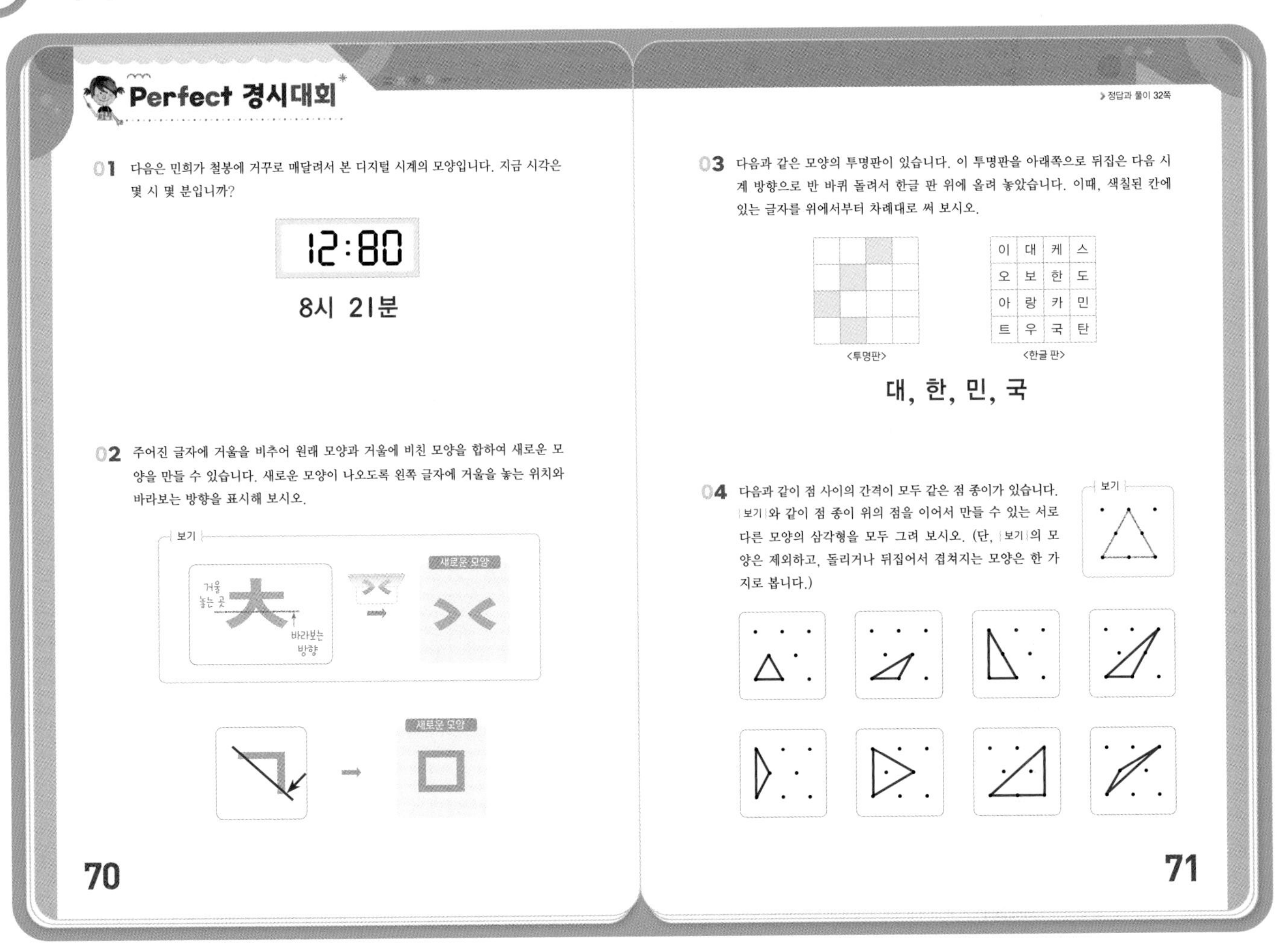

Perfect 경시대회
정답과 풀이 32쪽
01 다음은 민희가 철봉에 거꾸로 매달려서 본 디지털 시계의 모양입니다. 지금 시각은 몇 시 몇 분입니까?
12:80
8시 21분
02 주어진 글자에 거울을 비추어 원래 모양과 거울에 비친 모양을 합하여 새로운 모양을 만들 수 있습니다. 새로운 모양이 나오도록 왼쪽 글자에 거울을 놓는 위치와 바라보는 방향을 표시해 보시오.
보기
거울을 놓는 곳
바라보는 방향
새로운 모양
새로운 모양
03 다음과 같은 모양의 투명판이 있습니다. 이 투명판을 아래쪽으로 뒤집은 다음 시계 방향으로 반 바퀴 돌려서 한글 판 위에 올려 놓았습니다. 이때, 색칠된 칸에 있는 글자를 위에서부터 차례대로 써 보시오.
이 대 케 스
오 보 한 도
아 랑 카 민
트 우 국 탄
<투명판>
<한글 판>
대, 한, 민, 국
04 다음과 같이 점 사이의 간격이 모두 같은 점 종이가 있습니다. 보기 와 같이 점 종이 위의 점을 이어서 만들 수 있는 서로 다른 모양의 삼각형을 모두 그려 보시오. (단, 보기 의 모양은 제외하고, 돌리거나 뒤집어서 겹쳐지는 모양은 한 가지로 봅니다.)
보기
70
71

01 철봉에 거꾸로 매달려서 본 모습이므로 주어진 시계의 시각을 와 같이 돌려 봅니다.

12:80 → 08:21

따라서 지금 시각은 8시 21분입니다.

02 왼쪽에 있는 글자의 모양을 생각하며 새로운 모양에서 똑같은 모양으로 나누어지도록 선을 그어 봅니다.

03 왼쪽 도형을 아래쪽으로 뒤집은 후 시계 방향으로 반 바퀴 돌린 모양입니다.

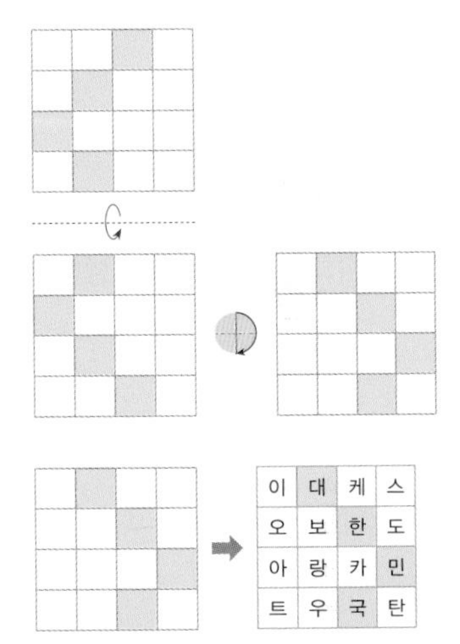

따라서 색칠된 칸에 있는 글자를 위에서부터 차례대로 써 보면 대, 한, 민, 국입니다.

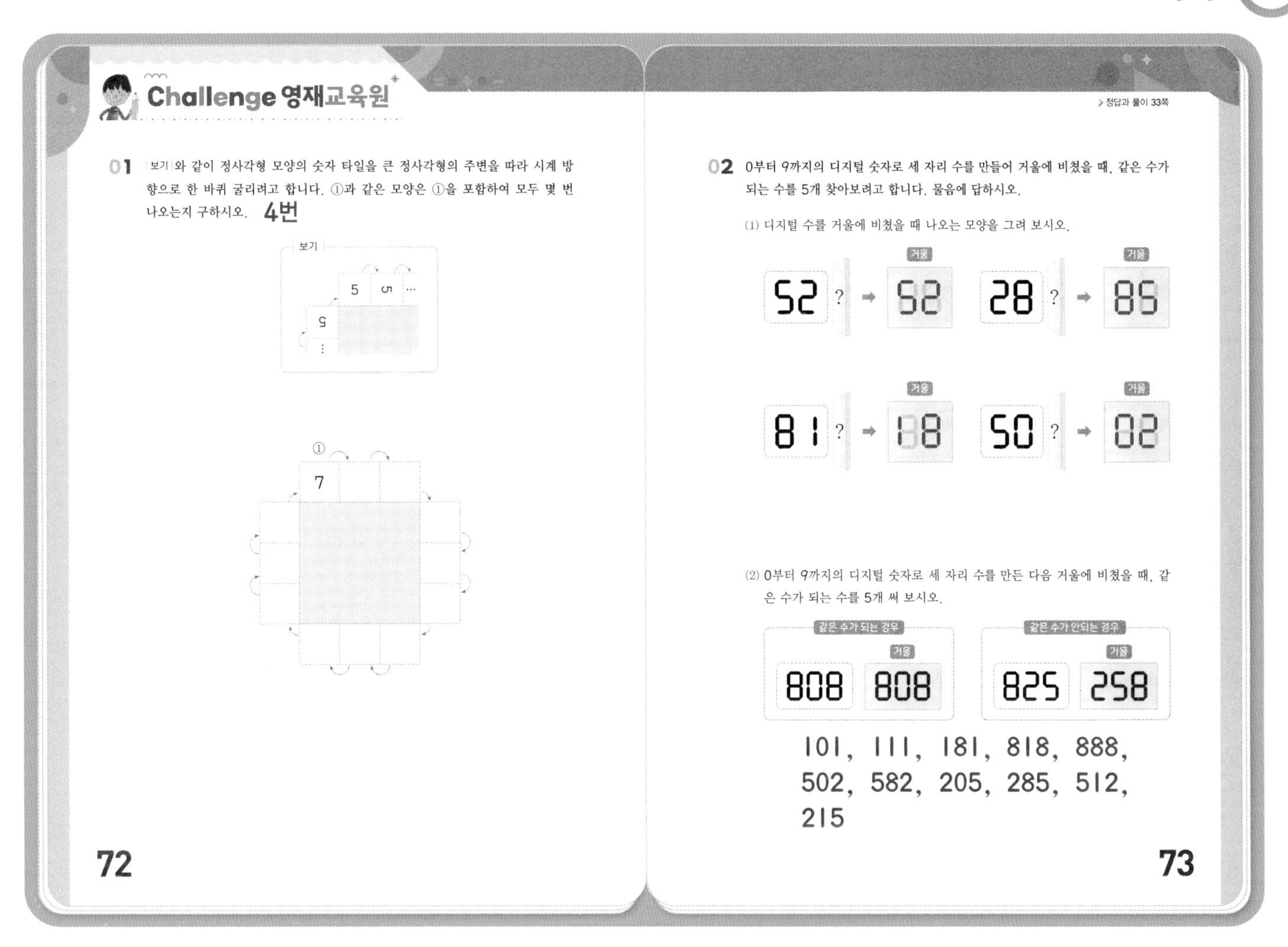

01 큰 정사각형 주변을 따라 시계 방향으로 한 바퀴 굴리면 다음과 같습니다.

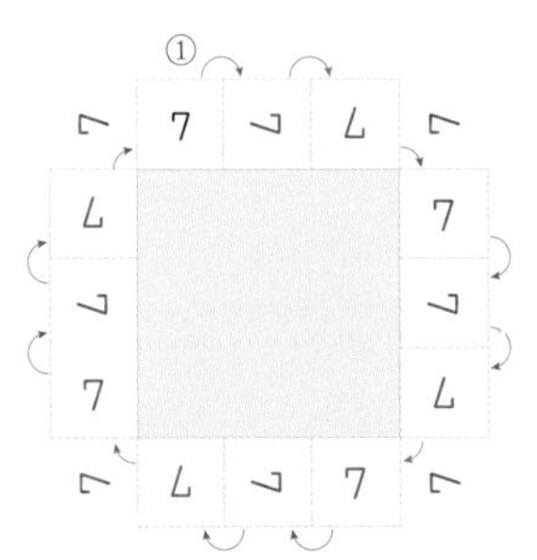

따라서 ①과 같은 모양은 4번 나옵니다.

02 디지털 숫자를 거울에 비추었을 때 모양이 변하지 않는 것은 0, 1, 8이고, 2와 5는 숫자가 서로 바뀝니다. 0, 1, 2, 5, 8을 이용하여 거울에 비추었을 때 같은 수가 되는 세 자리 수를 만들어 봅니다.
백의 자리 숫자는 0이 될 수 없으므로 1 또는 8, 2 또는 5이어야 합니다. 그리고 십의 자리 숫자는 0, 1, 8 중 하나이어야 합니다.

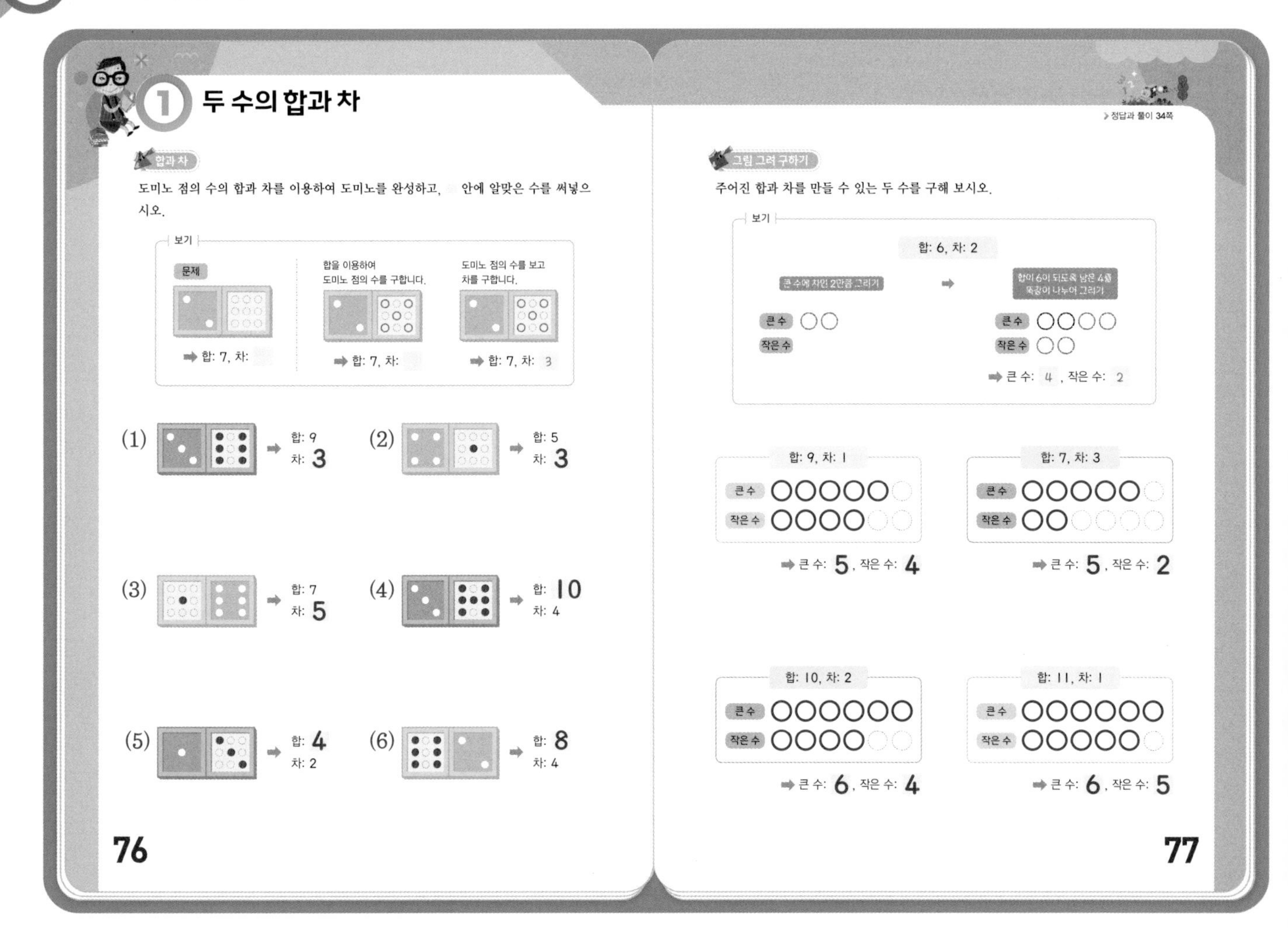

1 두 수의 합과 차

합과 차

도미노 점의 수의 합과 차를 이용하여 도미노를 완성하고, 안에 알맞은 수를 써넣으시오.

보기

문제 ➡ 합: 7, 차:

합을 이용하여 도미노 점의 수를 구합니다. ➡ 합: 7, 차:

도미노 점의 수를 보고 차를 구합니다. ➡ 합: 7, 차: 3

(1) ➡ 합: 9 차: 3

(2) ➡ 합: 5 차: 3

(3) ➡ 합: 7 차: 5

(4) ➡ 합: 10 차: 4

(5) ➡ 합: 4 차: 2

(6) ➡ 합: 8 차: 4

76

정답과 풀이 34쪽

그림 그려 구하기

주어진 합과 차를 만들 수 있는 두 수를 구해 보시오.

보기

합: 6, 차: 2

큰 수에 차인 2만큼 그리기 ➡ 합이 6이 되도록 남은 4를 똑같이 나누어 그리기

큰 수 ○○ / 작은 수

큰 수 ○○○○ / 작은 수 ○○

➡ 큰 수: 4, 작은 수: 2

합: 9, 차: 1 ➡ 큰 수: 5, 작은 수: 4

합: 7, 차: 3 ➡ 큰 수: 5, 작은 수: 2

합: 10, 차: 2 ➡ 큰 수: 6, 작은 수: 4

합: 11, 차: 1 ➡ 큰 수: 6, 작은 수: 5

77

합과 차

(1) $3+6=9$이므로 도미노 점은 3과 6입니다.
따라서 차는 $6-3=3$입니다.

(2) $4+1=5$이므로 도미노 점은 4와 1입니다.
따라서 차는 $4-1=3$입니다.

(3) $1+6=7$이므로 도미노 점은 1과 6입니다.
따라서 차는 $6-1=5$입니다.

(4) $7-3=4$이므로 도미노 점은 3과 7입니다.
따라서 합은 $3+7=10$입니다.

(5) $3-1=2$이므로 도미노 점은 1과 3입니다.
따라서 합은 $1+3=4$입니다.

(6) $6-2=4$이므로 도미노 점은 6과 2입니다.
따라서 합은 $6+2=8$입니다.

TIP 도미노 점의 수를 맞게 그렸다면 점의 위치에 관계없이 정답으로 인정합니다.

그림 그려 구하기

큰 수에 먼저 두 수의 차만큼 ○를 그리고, 합에서 차를 뺀 부분을 둘로 똑같이 나누어 큰 수와 작은 수에 각각 ○를 그려 구합니다.

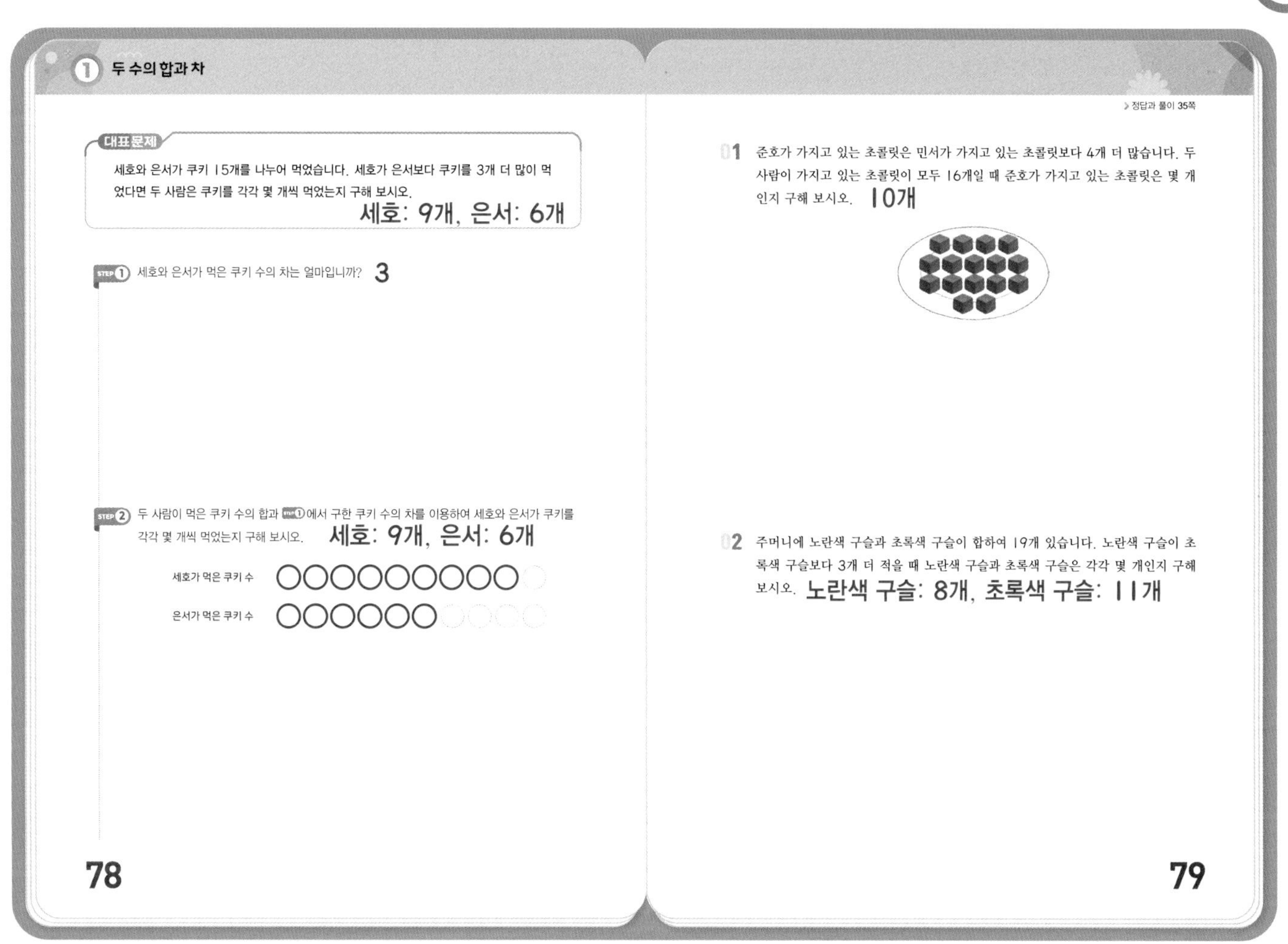

1 두 수의 합과 차
정답과 풀이 35쪽
대표문제
세호와 은서가 쿠키 15개를 나누어 먹었습니다. 세호가 은서보다 쿠키를 3개 더 많이 먹었다면 두 사람은 쿠키를 각각 몇 개씩 먹었는지 구해 보시오.
세호: 9개, 은서: 6개
STEP 1 세호와 은서가 먹은 쿠키 수의 차는 얼마입니까? 3
STEP 2 두 사람이 먹은 쿠키 수의 합과 STEP 1에서 구한 쿠키 수의 차를 이용하여 세호와 은서가 쿠키를 각각 몇 개씩 먹었는지 구해 보시오. 세호: 9개, 은서: 6개
세호가 먹은 쿠키 수
은서가 먹은 쿠키 수
01 준호가 가지고 있는 초콜릿은 민서가 가지고 있는 초콜릿보다 4개 더 많습니다. 두 사람이 가지고 있는 초콜릿이 모두 16개일 때 준호가 가지고 있는 초콜릿은 몇 개인지 구해 보시오. 10개
02 주머니에 노란색 구슬과 초록색 구슬이 합하여 19개 있습니다. 노란색 구슬이 초록색 구슬보다 3개 더 적을 때 노란색 구슬과 초록색 구슬은 각각 몇 개인지 구해 보시오. 노란색 구슬: 8개, 초록색 구슬: 11개
78
79

대표문제

STEP 1 세호가 은서보다 쿠키를 3개 더 많이 먹었으므로 세호와 은서가 먹은 쿠키 수의 차는 3입니다.

STEP 2 먼저 세호가 먹은 쿠키 수에 ◯를 3개 그리고, 15개에서 3개를 뺀 12개를 둘로 똑같이 나누어 세호와 은서가 먹은 쿠키 수에 각각 ◯를 그립니다.

01 두 수의 합이 16이고, 차가 4이므로 그림으로 나타내면 다음과 같습니다.

따라서 준호가 가지고 있는 초콜릿은 10개입니다.

02 노란색 구슬이 초록색 구슬보다 3개 더 적으므로 초록색 구슬이 노란색 구슬보다 3개 더 많습니다.
두 수의 합이 19, 차가 3이므로 그림으로 나타내면 다음과 같습니다.

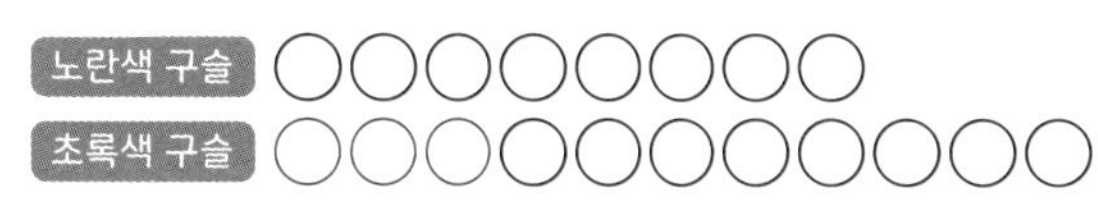

따라서 노란색 구슬은 8개, 초록색 구슬은 11개입니다.

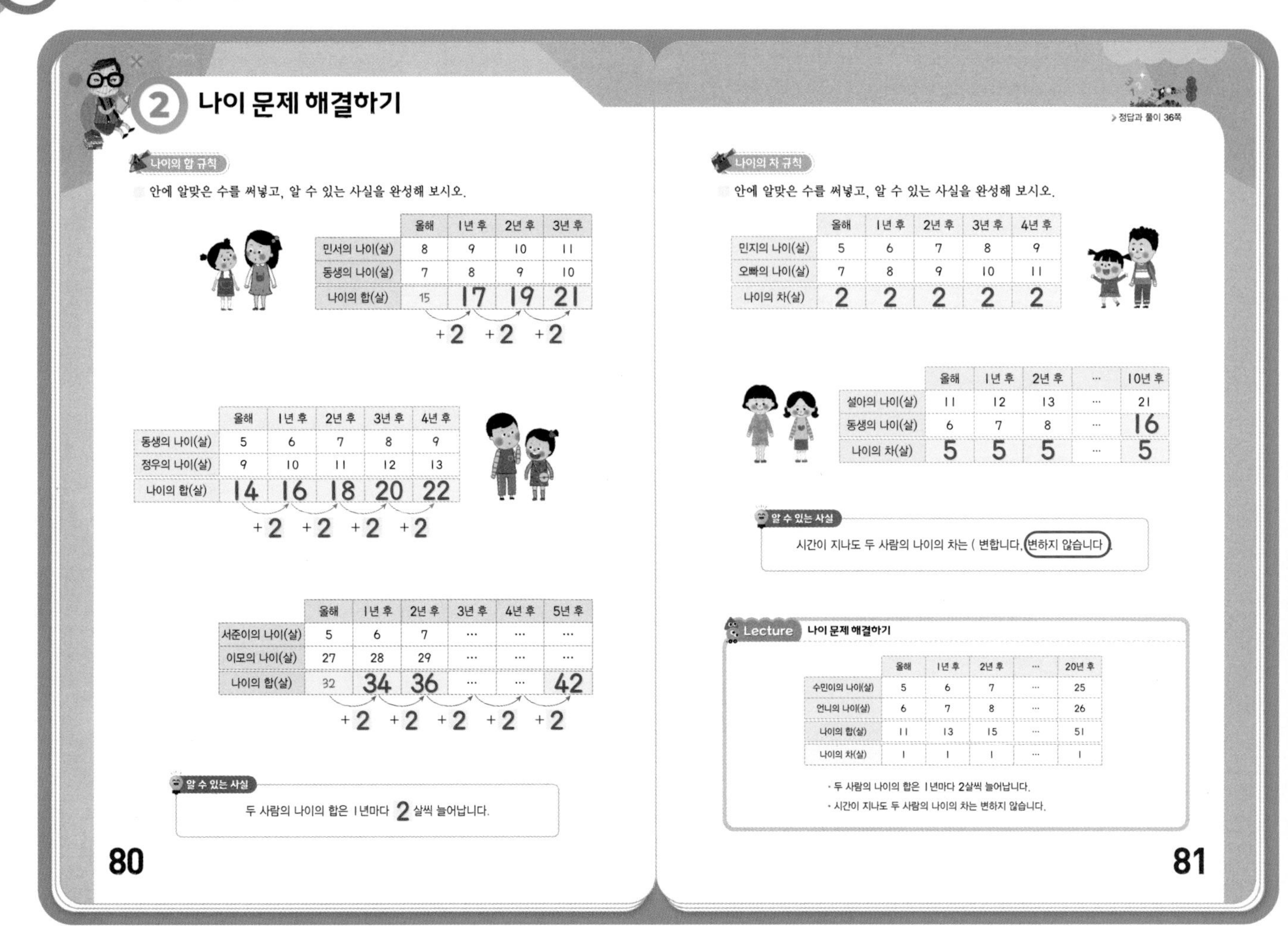

2 나이 문제 해결하기

정답과 풀이 36쪽

나이의 합 규칙

안에 알맞은 수를 써넣고, 알 수 있는 사실을 완성해 보시오.

	올해	1년 후	2년 후	3년 후
민서의 나이(살)	8	9	10	11
동생의 나이(살)	7	8	9	10
나이의 합(살)	15	17	19	21

+2 +2 +2

	올해	1년 후	2년 후	3년 후	4년 후
동생의 나이(살)	5	6	7	8	9
정우의 나이(살)	9	10	11	12	13
나이의 합(살)	14	16	18	20	22

+2 +2 +2 +2

	올해	1년 후	2년 후	3년 후	4년 후	5년 후
서준이의 나이(살)	5	6	7	…	…	…
이모의 나이(살)	27	28	29	…	…	…
나이의 합(살)	32	34	36	…	…	42

+2 +2 +2 +2 +2

알 수 있는 사실

두 사람의 나이의 합은 1년마다 2 살씩 늘어납니다.

80

나이의 차 규칙

안에 알맞은 수를 써넣고, 알 수 있는 사실을 완성해 보시오.

	올해	1년 후	2년 후	3년 후	4년 후
민지의 나이(살)	5	6	7	8	9
오빠의 나이(살)	7	8	9	10	11
나이의 차(살)	2	2	2	2	2

	올해	1년 후	2년 후	…	10년 후
설아의 나이(살)	11	12	13	…	21
동생의 나이(살)	6	7	8	…	16
나이의 차(살)	5	5	5	…	5

알 수 있는 사실

시간이 지나도 두 사람의 나이의 차는 (변합니다, 변하지 않습니다).

Lecture 나이 문제 해결하기

	올해	1년 후	2년 후	…	20년 후
수민이의 나이(살)	5	6	7	…	25
언니의 나이(살)	6	7	8	…	26
나이의 합(살)	11	13	15	…	51
나이의 차(살)	1	1	1	…	1

- 두 사람의 나이의 합은 1년마다 2살씩 늘어납니다.
- 시간이 지나도 두 사람의 나이의 차는 변하지 않습니다.

81

나이의 합 규칙

표를 그려서 규칙을 찾아보면 두 사람의 나이의 합은 1년마다 2살씩 늘어난다는 것을 알 수 있습니다.

나이의 차 규칙

표를 그려서 규칙을 찾아보면 두 사람의 나이의 차는 시간이 지나도 변하지 않는다는 것을 알 수 있습니다.

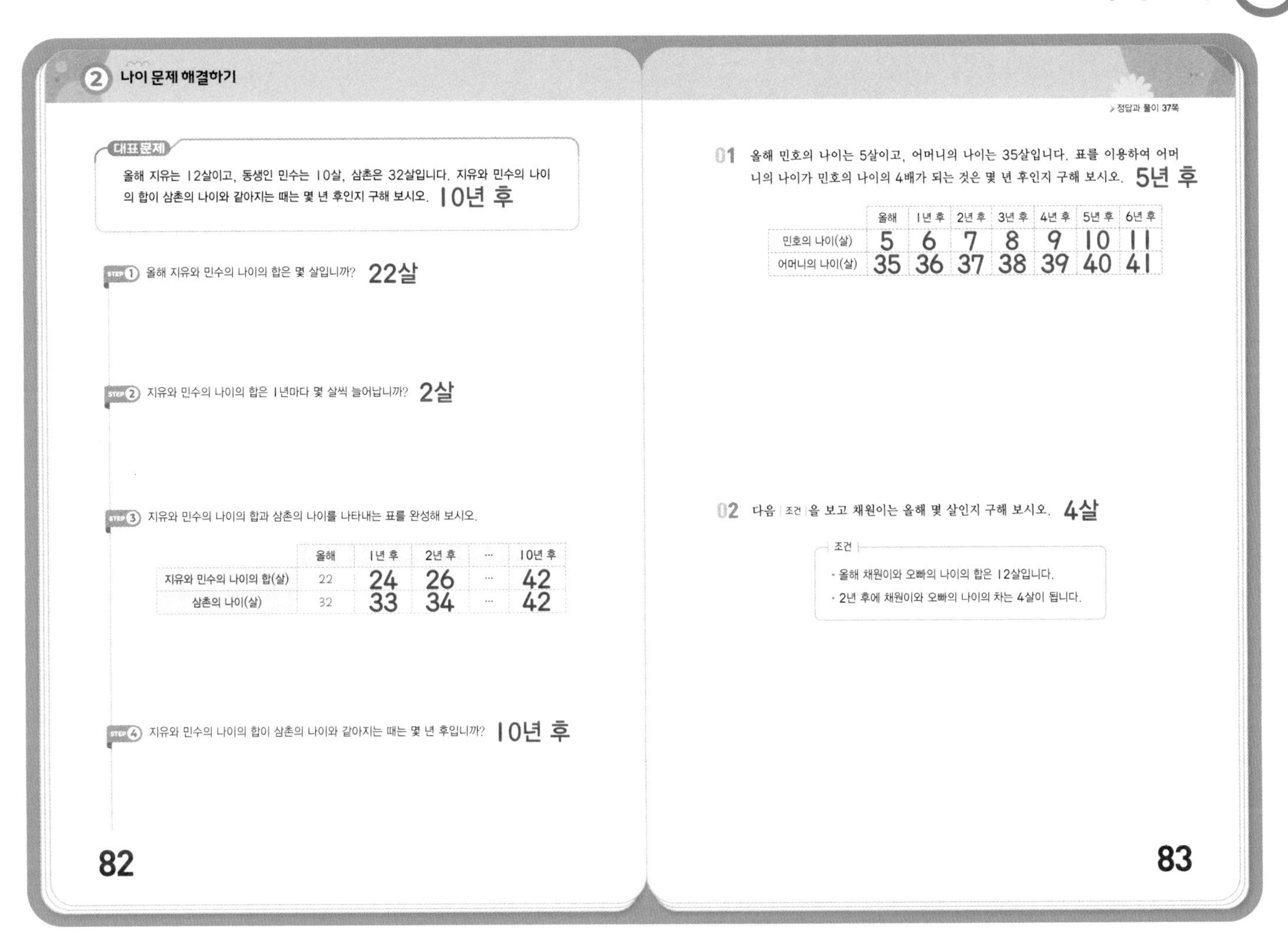

2 나이 문제 해결하기

대표문제
올해 지유는 12살이고, 동생인 민수는 10살, 삼촌은 32살입니다. 지유와 민수의 나이의 합이 삼촌의 나이와 같아지는 때는 몇 년 후인지 구해 보시오. 10년 후

STEP 1 올해 지유와 민수의 나이의 합은 몇 살입니까? 22살

STEP 2 지유와 민수의 나이의 합은 1년마다 몇 살씩 늘어납니까? 2살

STEP 3 지유와 민수의 나이의 합과 삼촌의 나이를 나타내는 표를 완성해 보시오.

	올해	1년 후	2년 후	…	10년 후
지유와 민수의 나이의 합(살)	22	24	26	…	42
삼촌의 나이(살)	32	33	34	…	42

STEP 4 지유와 민수의 나이의 합이 삼촌의 나이와 같아지는 때는 몇 년 후입니까? 10년 후

82

정답과 풀이 37쪽

01 올해 민호의 나이는 5살이고, 어머니의 나이는 35살입니다. 표를 이용하여 어머니의 나이가 민호의 나이의 4배가 되는 것은 몇 년 후인지 구해 보시오. 5년 후

	올해	1년 후	2년 후	3년 후	4년 후	5년 후	6년 후
민호의 나이(살)	5	6	7	8	9	10	11
어머니의 나이(살)	35	36	37	38	39	40	41

02 다음 조건 을 보고 채원이는 올해 몇 살인지 구해 보시오. 4살

조건
- 올해 채원이와 오빠의 나이의 합은 12살입니다.
- 2년 후에 채원이와 오빠의 나이의 차는 4살이 됩니다.

83

대표문제

STEP 1 올해 지유는 12살이고 민수는 10살이므로 두 사람의 나이의 합은 $12+10=22$(살)입니다.

STEP 2 두 사람의 나이의 합은 1년마다 2살씩 늘어납니다.

STEP 3 시유와 민수의 나이의 합은 1년마다 2살씩 늘어나고 삼촌의 나이는 1년마다 1살씩 늘어나는 규칙을 이용하여 표를 완성해 봅니다.

STEP 4 지유와 민수의 나이의 합이 삼촌의 나이와 같아지는 때는 10년 후입니다.

01 표를 이용하여 구해 봅니다.

	올해	1년 후	2년 후	3년 후	4년 후	5년 후
민호의 나이(살)	5	6	7	8	9	10
민호 나이의 4배	20	24	28	32	36	40
어머니의 나이(살)	35	36	37	38	39	40

따라서 어머니의 나이가 민호 나이의 4배가 되는 것은 5년 후입니다.

02 시간이 지나도 두 사람의 나이의 차는 변하지 않으므로 올해 채원이와 오빠의 나이의 합은 12살이고 나이의 차는 4살입니다.
두 수의 합이 12이고, 차가 4인 경우는 8과 4이므로 올해 채원이의 나이는 4살입니다.

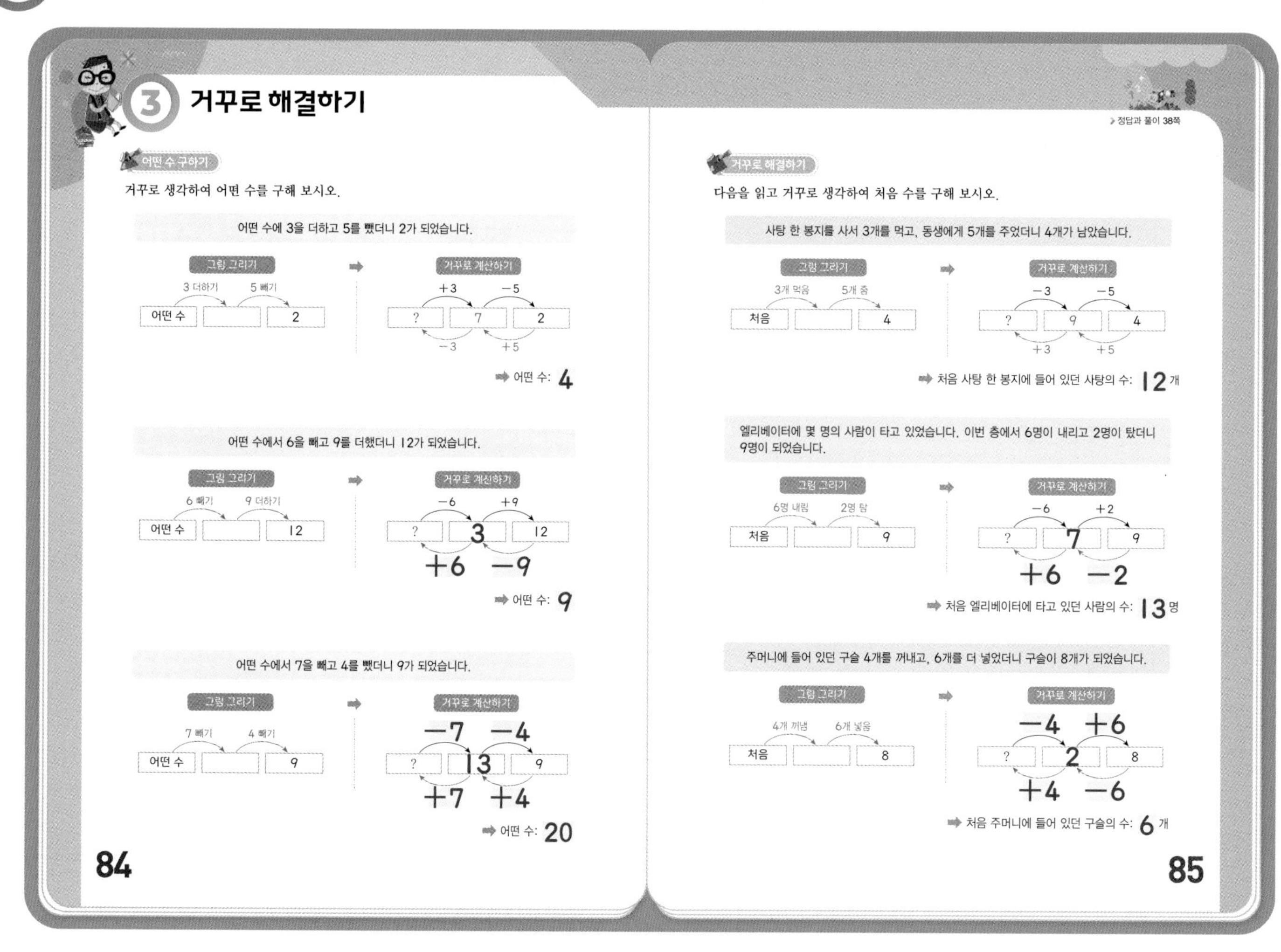

어떤 수 구하기

계산 결과에서 거꾸로 계산하며 처음 수를 구해 봅니다.
거꾸로 계산할 때는 덧셈은 뺄셈으로, 뺄셈은 덧셈으로 고쳐서 계산해야 합니다.

거꾸로 해결하기

문장을 보고 그림으로 나타낸 다음 어떤 수 구하기 방법을 이용하여 처음 수를 구해 봅니다.

3 거꾸로 해결하기

> 정답과 풀이 39쪽

대표문제

버스에 몇 명의 승객이 타고 있었습니다. 첫째 번 정류장에서 6명이 타고 4명이 내렸습니다. 둘째 번 정류장에서 9명이 타고 5명이 내렸습니다. 둘째 번 정류장을 지나고 승객 수를 세어 보니 11명이었습니다. 처음 버스에 타고 있던 승객은 몇 명인지 구해 보시오. **5명**

STEP ① 둘째 번 정류장에 서기 전 버스에 타고 있던 승객은 몇 명인지 구해 보시오.

둘째 번 정류장에서 9명이 타고 5명이 내렸더니 11명이 되었습니다.

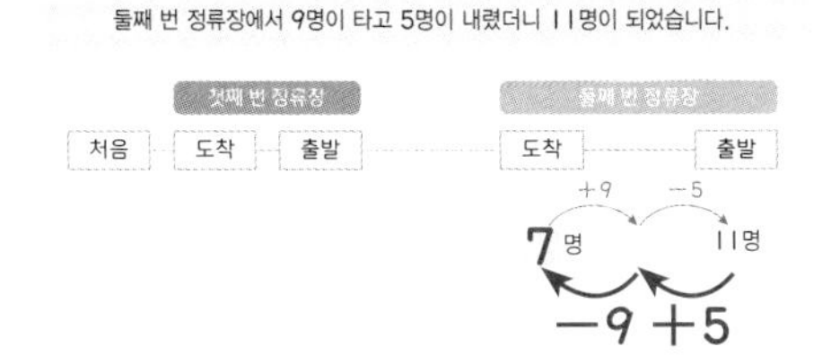

STEP ② 처음 버스에 타고 있던 승객은 몇 명인지 구해 보시오.

첫째 번 정류장에서 6명이 타고 4명이 내렸습니다.

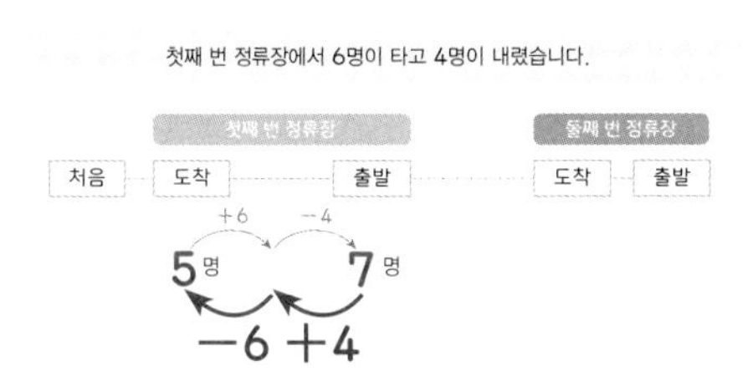

01 1층에서 아무도 없는 엘리베이터에 몇 명이 탔습니다. 2층에서 3명이 내리고, 3층에서는 5명이 탔습니다. 4층에서 4명이 내렸더니 엘리베이터 안에 있는 사람은 7명이 되었습니다. 1층에서 엘리베이터를 탄 사람은 몇 명인지 구해 보시오. **9명**

02 진영이는 4일 동안 매일 턱걸이를 하였습니다. 둘째 날에는 첫째 날에 한 횟수의 2배만큼 했고, 셋째 날에는 둘째 날보다 3회 적게 했습니다. 넷째 날에는 셋째 날보다 5회 많이 하여 6회를 하였습니다. 첫째 날 턱걸이를 한 횟수를 구해 보시오. **2회**

86 87

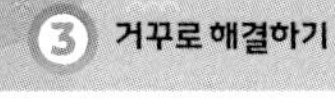

대표문제

STEP ① 둘째 번 정류장에서 9명이 타고(+9), 5명이 내렸으므로 (−5) 다음과 같이 거꾸로 계산할 수 있습니다.

$$11+5-9=7$$

따라서 둘째 번 정류장에 서기 전 버스에 타고 있던 승객은 7명입니다.

STEP ② 첫째 번 정류장을 출발할 때 승객의 수는 둘째 번 정류장에 도착할 때의 승객 수인 7명과 같습니다.
첫째 번 정류장에서 6명이 타고(+6), 4명이 내렸으므로 (−4) 다음과 같이 거꾸로 계산할 수 있습니다.

$$7+4-6=5$$

따라서 처음에 타고 있던 승객은 5명입니다.

01
- 4층에 도착했을 때 사람의 수는 $7+4=11$(명)입니다.
- 3층에 도착했을 때 사람의 수는 $11-5=6$(명)입니다.
- 2층에 도착했을 때 사람의 수는 $6+3=9$(명)입니다.

따라서 1층에서 탄 사람의 수는 9명입니다.

02 넷째 날 6회 했으므로 셋째 날은 $6-5=1$(회), 둘째 날은 $1+3=4$(회), 첫째 날은 4의 절반인 2회를 했습니다.

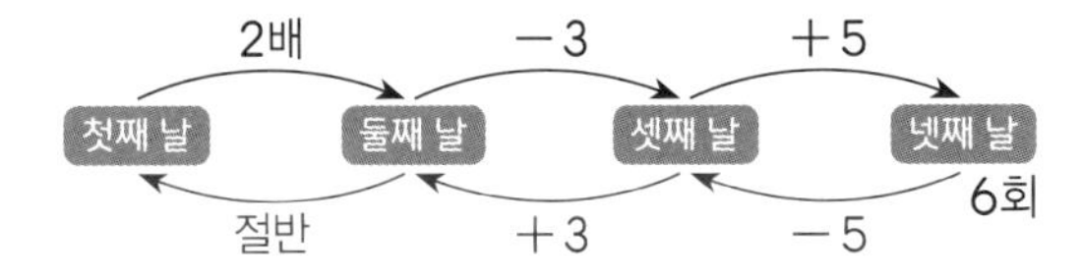

Creative 팩토

정답과 풀이 40쪽

01 올해 민우는 9살이고, 누나는 11살, 동생은 5살, 이모의 나이는 33살입니다. 표를 이용하여 민우, 누나, 동생의 나이의 합이 이모의 나이와 같아지는 때는 몇 년 후인지 구해 보시오. 4년 후

	올해	1년 후	2년 후	3년 후	4년 후	5년 후
민우의 나이(살)	9	10	11	12	13	14
누나의 나이(살)	11	12	13	14	15	16
동생의 나이(살)	5	6	7	8	9	10
민우, 누나, 동생 나이의 합(살)	25	28	31	34	37	40
이모의 나이(살)	33	34	35	36	37	38

02 미주네 농장에 오리, 돼지, 양이 있습니다. 세 동물을 합하여 19마리가 있는데 오리는 돼지보다 5마리가 더 많고, 양은 돼지보다 2마리가 더 많습니다. 미주네 농장에 있는 오리, 돼지, 양은 각각 몇 마리인지 구해 보시오.

오리: 9마리, 돼지: 4마리, 양: 6마리

03 홍길동이 부잣집의 돈을 가져다가 가난한 집에 나누어 주었습니다. 파란 지붕인 부잣집에서는 황금을 각각 4개씩 가지고 나왔고, 빨간 지붕인 가난한 집에는 황금을 각각 10개씩 주었습니다. 다음 5개의 집을 차례로 모두 지난 후 홍길동이 가지고 있던 황금이 2개였다면 처음 홍길동이 가지고 있던 황금은 몇 개인지 구해 보시오.

24개

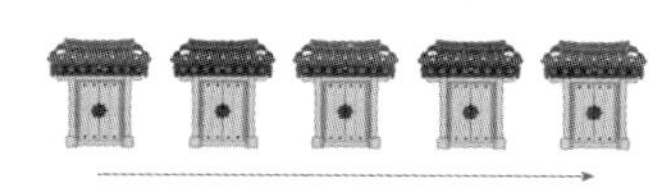

04 올해 은우는 4살, 동생은 2살이고, 아버지는 38살입니다. 표를 이용하여 아버지의 나이가 은우와 동생의 나이의 합의 4배가 되는 것은 몇 년 후인지 구해 보시오. 2년 후

	올해	1년 후	2년 후	3년 후	4년 후
은우의 나이(살)	4	5	6	7	8
동생의 나이(살)	2	3	4	5	6
은우와 동생 나이의 합(살)	6	8	10	12	14
아버지의 나이(살)	38	39	40	41	42

01 세 사람의 나이의 합은 1년마다 3살씩 늘어나고, 이모의 나이는 1년마다 1살씩 늘어납니다.

	올해	1년 후	2년 후	3년 후	4년 후
민우의 나이(살)	9	10	11	12	13
누나의 나이(살)	11	12	13	14	15
동생의 나이(살)	5	6	7	8	9
민우, 누나, 동생 나이의 합(살)	25	28	31	34	37
이모의 나이(살)	33	34	35	36	37

따라서 세 사람의 나이의 합이 이모의 나이와 같아지는 때는 4년 후입니다.

02 오리와 양이 돼지보다 더 많은 만큼을 그림으로 나타내면 다음과 같습니다.

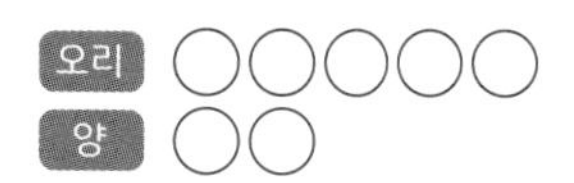

오리, 돼지, 양이 모두 19마리이므로 더 많은 만큼을 빼면 $19-7=12$(마리)입니다.
따라서 $4+4+4=12$이므로 돼지는 4마리이고, 오리는 $4+5=9$(마리), 양은 $4+2=6$(마리)입니다.

03 5개의 집을 모두 지난 후 가지고 있던 황금이 2개이므로 거꾸로 계산하여 해결하면 처음 홍길동이 가지고 있던 황금은 $2+10-4+10-4+10=24$(개)입니다.

04 표를 이용하여 구해 봅니다.

	올해	1년 후	2년 후
은우의 나이(살)	4	5	6
동생의 나이(살)	2	3	4
은우와 동생의 나이의 합의 4배	24	32	40
아버지의 나이(살)	38	39	40

따라서 아버지의 나이가 은우와 동생의 나이의 합의 4배가 되는 것은 2년 후입니다.

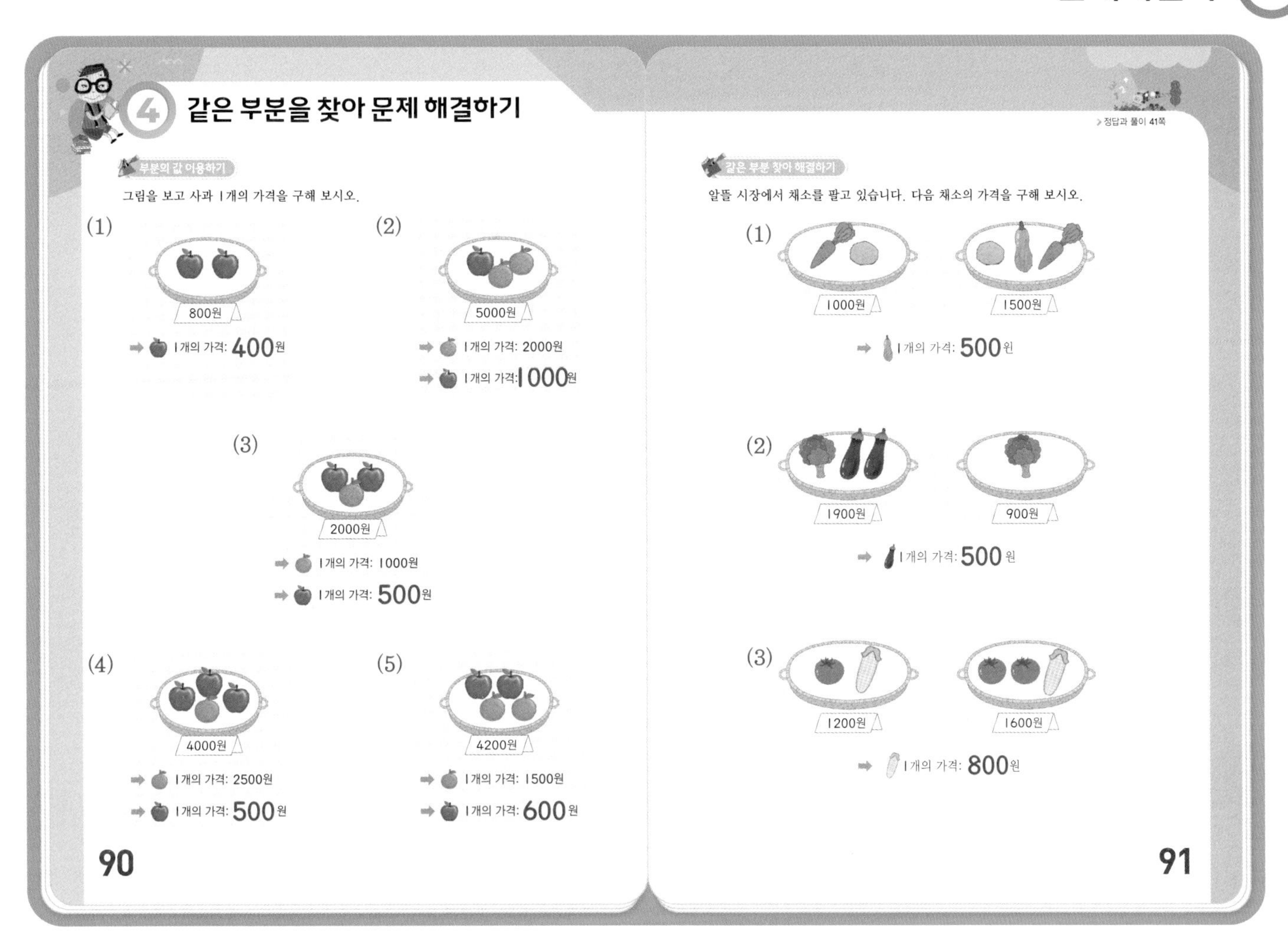

부분의 값 이용하기

(1) 사과 2개의 가격이 800원이고, 400＋400＝800이므로 사과 1개의 가격은 400원입니다.

(2) 오렌지 2개의 가격이 2000＋2000＝4000(원)이므로 사과 1개의 가격은 5000－4000＝1000(원)입니다.

(3) 사과 2개의 가격이 2000－1000＝1000(원)이고, 500＋500＝1000이므로 사과 1개의 가격은 500원입니다.

(4) 사과 3개의 가격이 4000－2500＝1500(원)이고, 500＋500＋500＝1500이므로 사과 1개의 가격은 500원입니다.

(5) 오렌지 2개의 가격이 1500＋1500＝3000(원)이므로 사과 2개의 가격은 4200－3000＝1200(원)입니다.
600＋600＝1200이므로 사과 1개의 가격은 600원입니다.

같은 부분 찾아 해결하기

(1) (당근)＋(감자)＝1000(원)
(당근)＋(감자)＋(애호박)＝1500(원)
(애호박)＝1500－1000＝500(원)

(2) (브로콜리)＋(가지 2개)＝1900(원)
(브로콜리)＝900(원)
(가지 2개)＝1900－900＝1000(원)
500＋500＝1000이므로 가지 1개는 500원입니다.

(3) (토마토)＋(옥수수)＝1200(원)
(토마토)＋(토마토)＋(옥수수)＝1600(원)
(토마토)＝1600－1200＝400(원)
(옥수수)＝1200－400＝800(원)

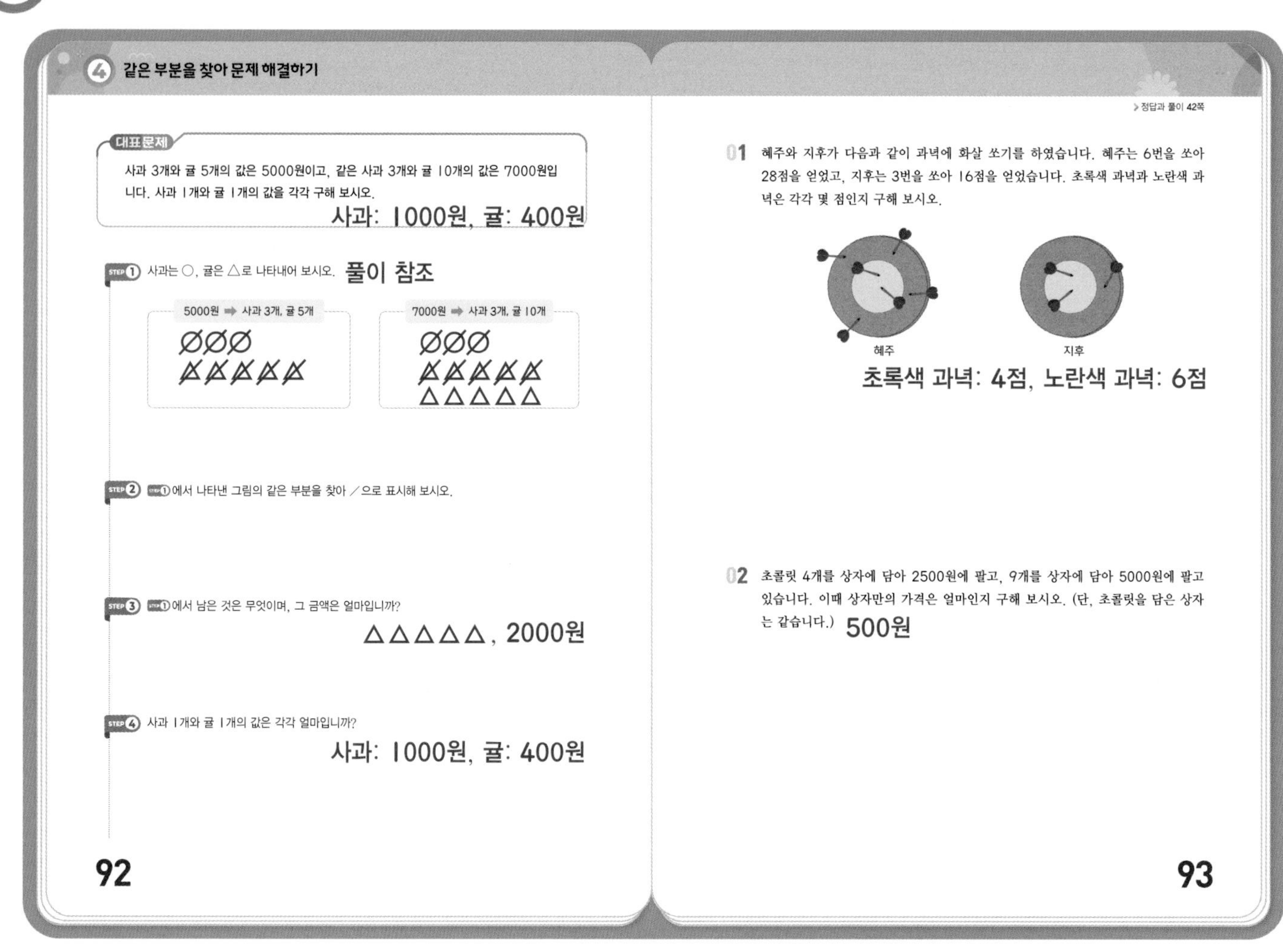

④ 같은 부분을 찾아 문제 해결하기

정답과 풀이 42쪽

대표문제

사과 3개와 귤 5개의 값은 5000원이고, 같은 사과 3개와 귤 10개의 값은 7000원입니다. 사과 1개와 귤 1개의 값을 각각 구해 보시오.
사과: 1000원, 귤: 400원

STEP① 사과는 ○, 귤은 △로 나타내어 보시오. 풀이 참조

5000원 ➡ 사과 3개, 귤 5개

7000원 ➡ 사과 3개, 귤 10개

STEP② STEP①에서 나타낸 그림의 같은 부분을 찾아 ╱으로 표시해 보시오.

STEP③ STEP①에서 남은 것은 무엇이며, 그 금액은 얼마입니까?
△△△△△, 2000원

STEP④ 사과 1개와 귤 1개의 값은 각각 얼마입니까?
사과: 1000원, 귤: 400원

92

01 혜주와 지후가 다음과 같이 과녁에 화살 쏘기를 하였습니다. 혜주는 6번을 쏘아 28점을 얻었고, 지후는 3번을 쏘아 16점을 얻었습니다. 초록색 과녁과 노란색 과녁은 각각 몇 점인지 구해 보시오.

혜주 지후

초록색 과녁: 4점, 노란색 과녁: 6점

02 초콜릿 4개를 상자에 담아 2500원에 팔고, 9개를 상자에 담아 5000원에 팔고 있습니다. 이때 상자만의 가격은 얼마인지 구해 보시오. (단, 초콜릿을 담은 상자는 같습니다.) 500원

93

대표문제

STEP① • 사과 3개, 귤 5개 ➡ ○○○△△△△△
• 사과 3개, 귤 10개 ➡ ○○○△△△△△△△△△△

STEP② ○○○△△△△△이 같은 부분입니다.

STEP③ △△△△△이 남은 부분이며 그 금액은 2000원입니다.

STEP④ • 400＋400＋400＋400＋400＝2000이므로 귤 1개는 400원입니다
• (사과 3개)＋(귤 5개)＝5000(원)
(사과 3개)＝5000－2000＝3000(원)
1000＋1000＋1000＝3000이므로
사과 1개는 1000원입니다.

01 초록색 과녁의 점수를 ㉮, 노란색 과녁의 점수를 ㉯라고 할 때,
• 혜주: ㉮㉮㉮㉮㉯㉯ ➡ 28점
• 지후: ㉮㉯㉯ ➡ 16점
같은 부분을 찾아 빼면 ㉮㉮㉮가 12점입니다.
따라서 ㉮는 4점, ㉯는 6점입니다.

02 • 초콜릿 4개와 상자 ➡ 2500원
• 초콜릿 9개와 상자 ➡ 5000원
• (초콜릿 9개와 상자)－(초콜릿 4개와 상자)
＝(초콜릿 5개)＝5000－2500＝2500(원)
초콜릿 5개가 2500원이므로 초콜릿 1개는 500원입니다.
초콜릿 4개가 2000원이므로 상자만의 가격은
2500－2000＝500(원)입니다.

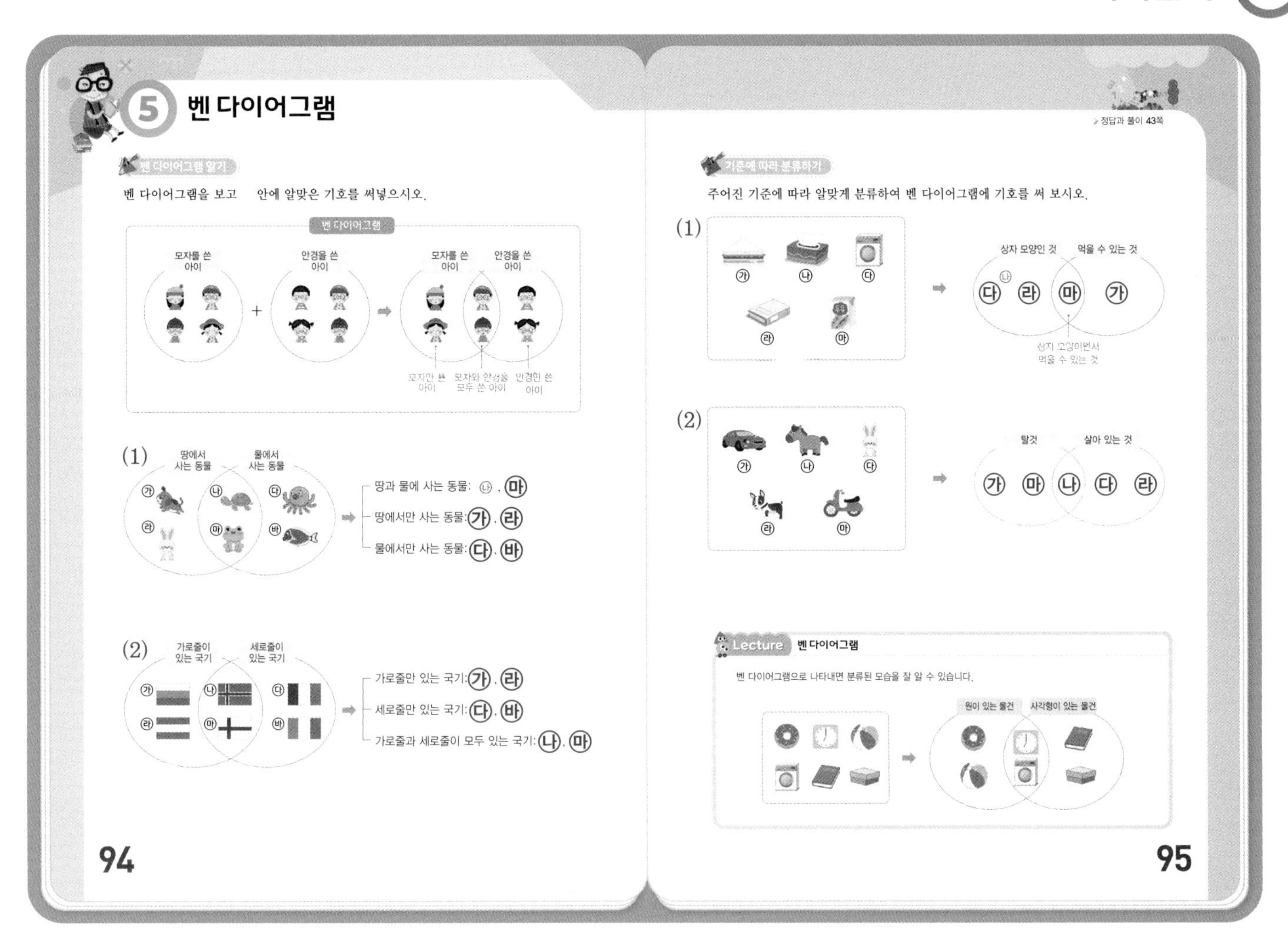

5 벤 다이어그램

정답과 풀이 43쪽

벤 다이어그램 알기

벤 다이어그램을 보고 안에 알맞은 기호를 써넣으시오.

(1)

- 땅과 물에 사는 동물: ㉯, ㉲
- 땅에서만 사는 동물: ㉮, ㉱
- 물에서만 사는 동물: ㉰, ㉳

(2)

- 가로줄만 있는 국기: ㉮, ㉱
- 세로줄만 있는 국기: ㉰, ㉳
- 가로줄과 세로줄이 모두 있는 국기: ㉯, ㉲

기준에 따라 분류하기

주어진 기준에 따라 알맞게 분류하여 벤 다이어그램에 기호를 써 보시오.

(1)

(2)

Lecture 벤 다이어그램

벤 다이어그램으로 나타내면 분류된 모습을 잘 알 수 있습니다.

94 95

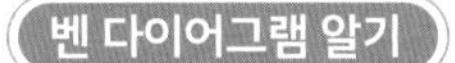

벤 다이어그램 알기

(1)

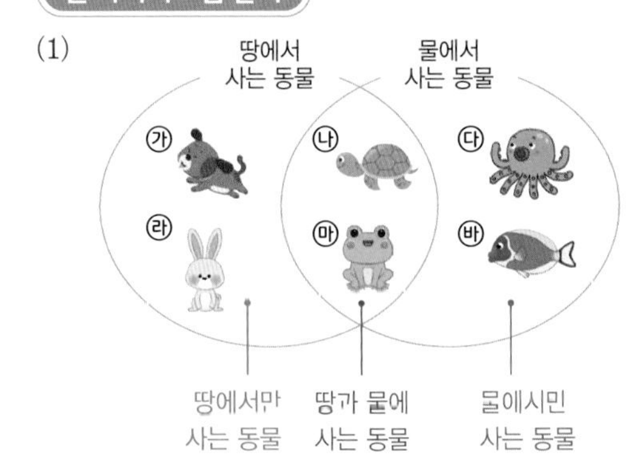

(2)

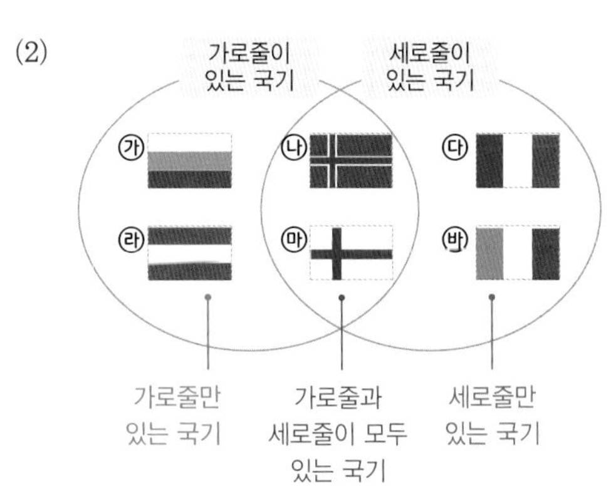

기준에 따라 분류하기

(1)

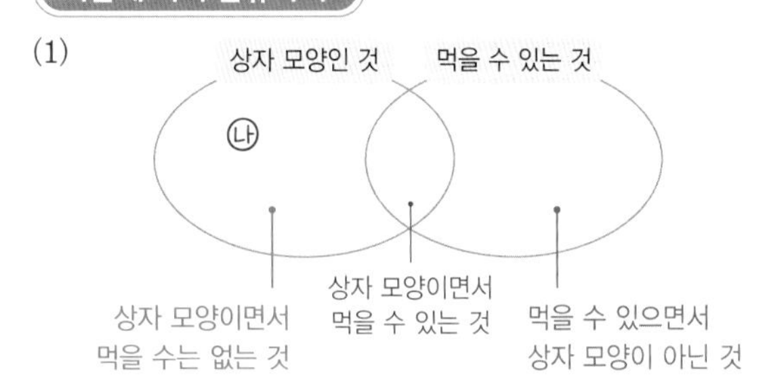

(2)

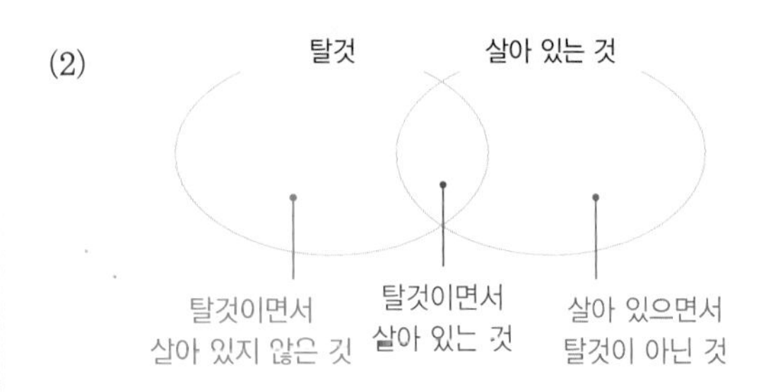

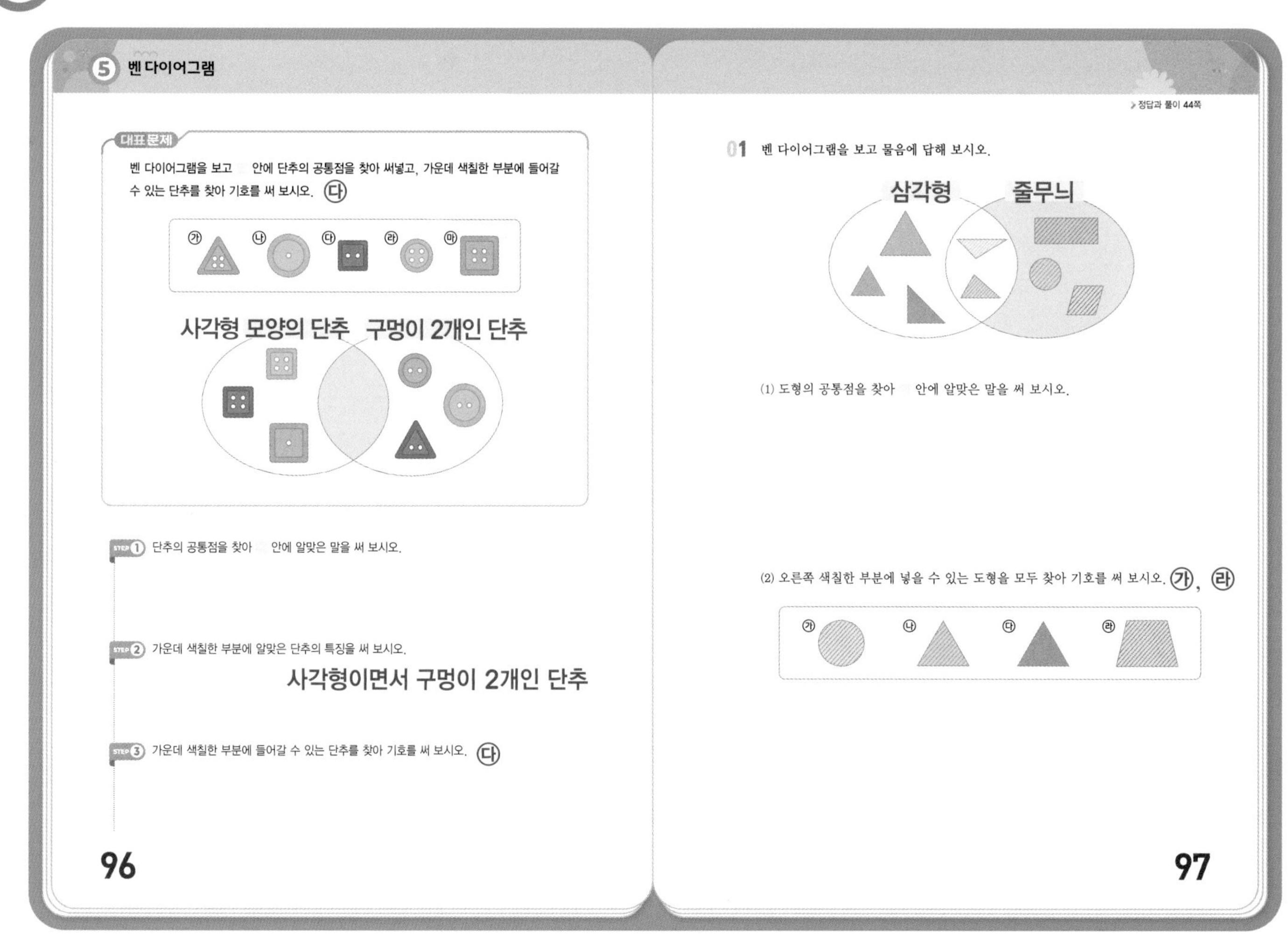

대표문제

STEP 1 왼쪽 둥근 모양에는 사각형 모양의 단추를 모아 놓았습니다.
오른쪽 둥근 모양에는 구멍이 2개인 단추를 모아 놓았습니다.

STEP 2

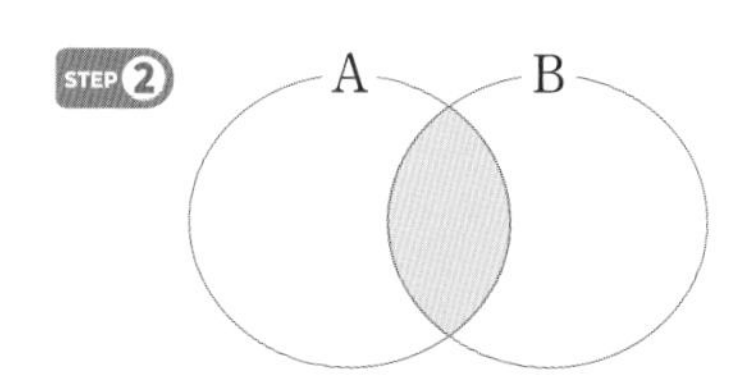

가운데 색칠한 부분은 A에도 속하고 B에도 속합니다.
따라서 사각형이면서 구멍이 2개인 단추입니다.

STEP 3 사각형이면서 구멍이 2개인 단추를 찾아보면 ㉰입니다.

01 (1) • 왼쪽 둥근 모양에는 삼각형을 모아 놓았습니다.
• 오른쪽 둥근 모양에는 줄무늬 도형을 모아 놓았습니다.

(2)

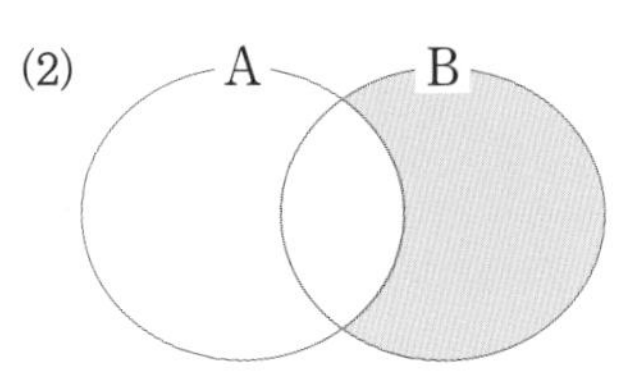

오른쪽 색칠한 부분은 A에는 속하지 않으면서 B에는 속합니다.
따라서 삼각형은 아니면서 줄무늬인 도형을 찾아보면 ㉮, ㉱입니다.

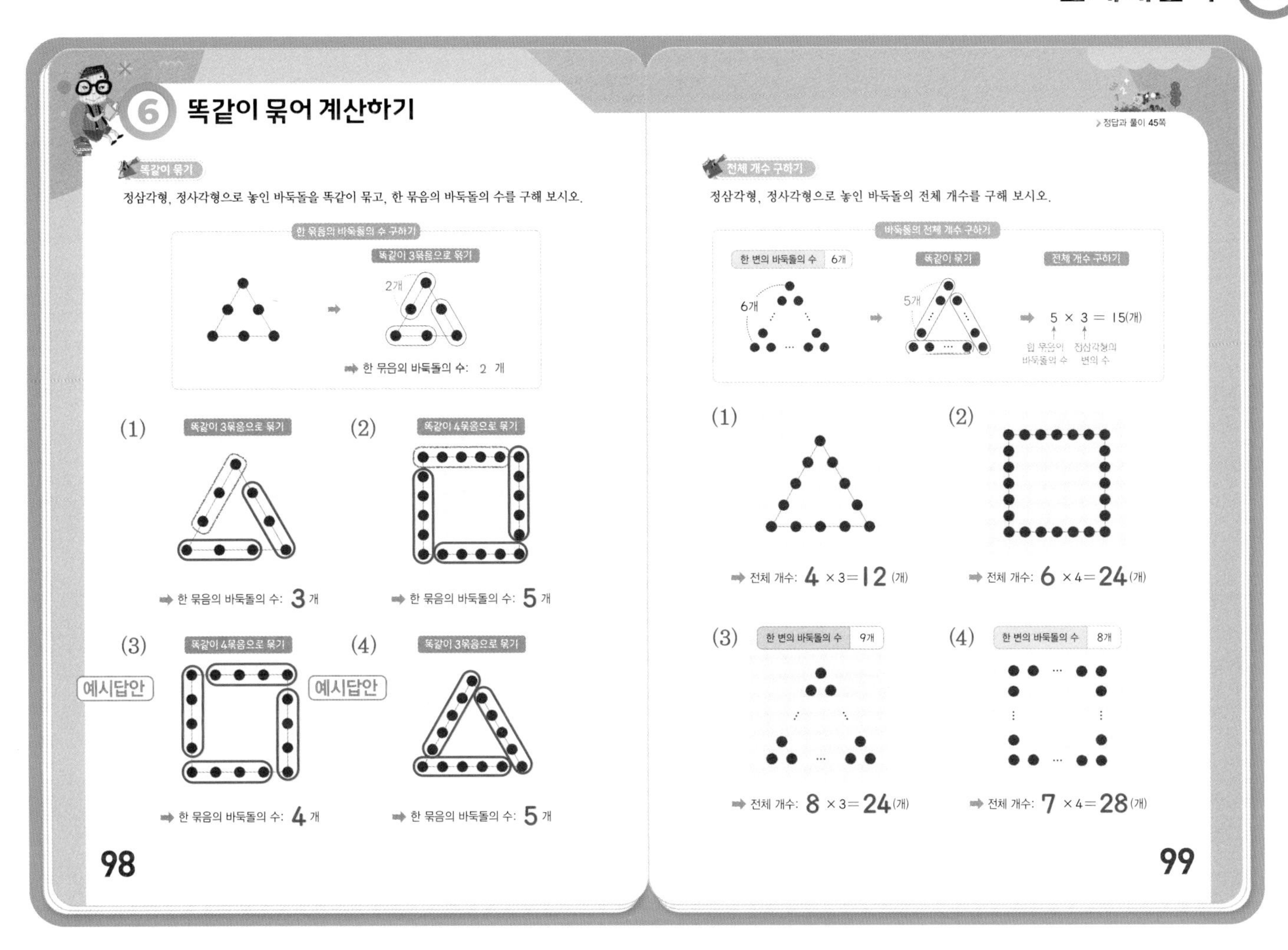

6 똑같이 묶어 계산하기

똑같이 묶기

정삼각형, 정사각형으로 놓인 바둑돌을 똑같이 묶고, 한 묶음의 바둑돌의 수를 구해 보시오.

한 묶음의 바둑돌의 수 구하기

똑같이 3묶음으로 묶기

2개

➡ 한 묶음의 바둑돌의 수: 2 개

(1) 똑같이 3묶음으로 묶기

➡ 한 묶음의 바둑돌의 수: 3 개

(2) 똑같이 4묶음으로 묶기

➡ 한 묶음의 바둑돌의 수: 5 개

(3) 똑같이 4묶음으로 묶기 예시답안

➡ 한 묶음의 바둑돌의 수: 4 개

(4) 똑같이 3묶음으로 묶기 예시답안

➡ 한 묶음의 바둑돌의 수: 5 개

98

정답과 풀이 45쪽

전체 개수 구하기

정삼각형, 정사각형으로 놓인 바둑돌의 전체 개수를 구해 보시오.

바둑돌의 전체 개수 구하기

한 변의 바둑돌의 수 6개 → 똑같이 묶기 5개 → 전체 개수 구하기 ➡ 5 × 3 = 15(개)

한 묶음의 바둑돌의 수 / 정삼각형의 변의 수

(1) ➡ 전체 개수: 4 × 3 = 12 (개)

(2) ➡ 전체 개수: 6 × 4 = 24 (개)

(3) 한 변의 바둑돌의 수 9개 ➡ 전체 개수: 8 × 3 = 24 (개)

(4) 한 변의 바둑돌의 수 8개 ➡ 전체 개수: 7 × 4 = 28 (개)

99

똑같이 묶기

(1) 똑같이 3묶음으로 묶으면 한 묶음의 바둑돌의 수는 3개입니다.

(2) 똑같이 4묶음으로 묶으면 한 묶음의 바둑돌의 수는 5개입니다.

(3) 똑같이 4묶음으로 묶으면 한 묶음의 바둑돌의 수는 4개입니다.

(4) 똑같이 3묶음으로 묶으면 한 묶음의 바둑돌의 수는 5개입니다.

전체 개수 구하기

(1) 한 묶음의 바둑돌의 수는 4개이고 정삼각형의 변의 수는 3개이므로 전체 개수는 $4 \times 3 = 12$(개)입니다.

(2) 한 묶음의 바둑돌의 수는 6개이고 정사각형의 변의 수는 4개이므로 전체 개수는 $6 \times 4 = 24$(개)입니다.

(3) 한 묶음의 바둑돌의 수는 8개이고 정삼각형의 변의 수는 3개이므로 전체 개수는 $8 \times 3 = 24$(개)입니다.

(4) 한 묶음의 바둑돌의 수는 7개이고 정사각형의 변의 수는 4개이므로 전체 개수는 $7 \times 4 = 28$(개)입니다.

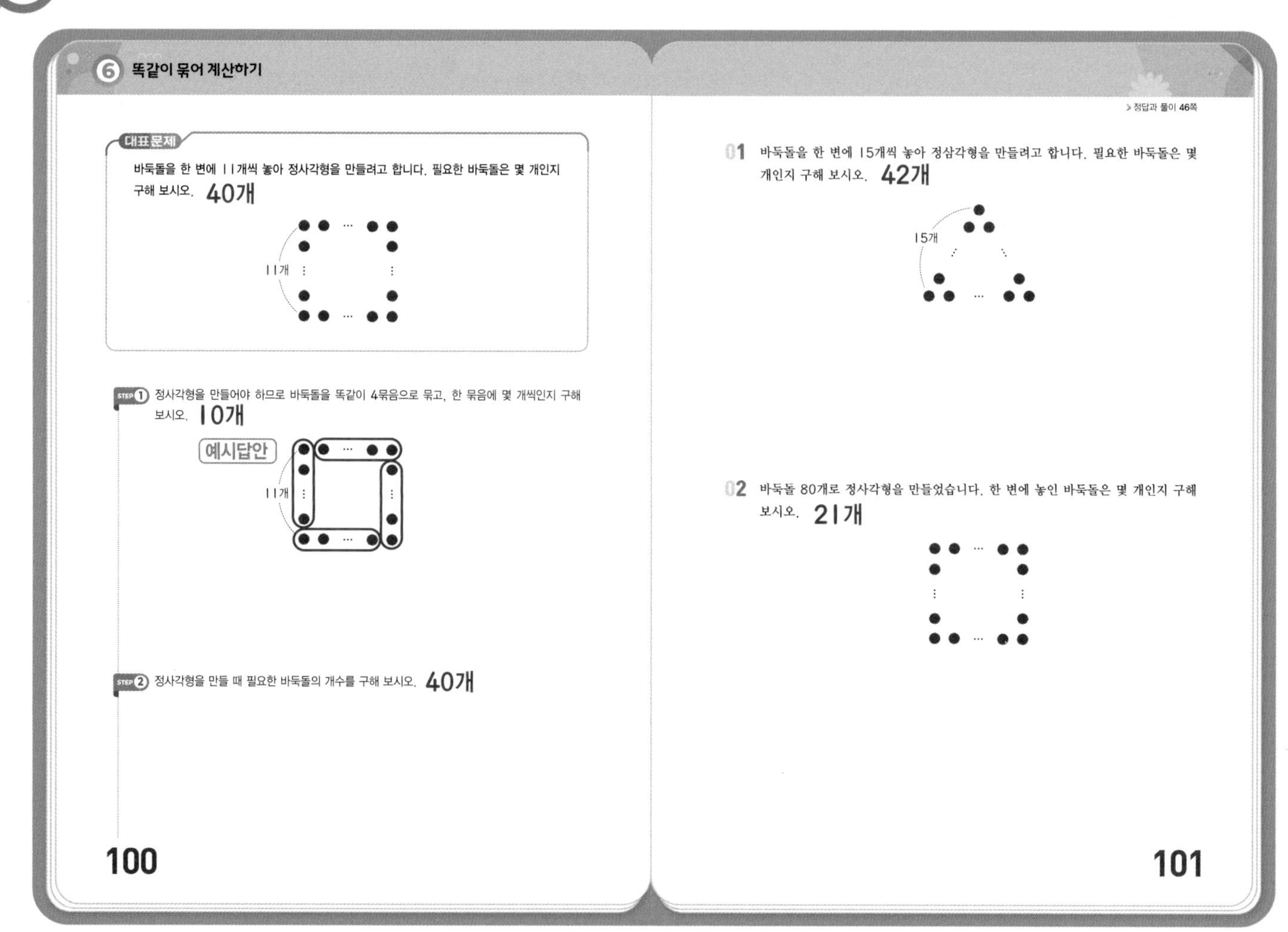

⑥ 똑같이 묶어 계산하기

대표문제

바둑돌을 한 변에 11개씩 놓아 정사각형을 만들려고 합니다. 필요한 바둑돌은 몇 개인지 구해 보시오. 40개

11개

STEP ① 정사각형을 만들어야 하므로 바둑돌을 똑같이 4묶음으로 묶고, 한 묶음에 몇 개씩인지 구해 보시오. 10개

예시답안

11개

STEP ② 정사각형을 만들 때 필요한 바둑돌의 개수를 구해 보시오. 40개

100

정답과 풀이 46쪽

01 바둑돌을 한 변에 15개씩 놓아 정삼각형을 만들려고 합니다. 필요한 바둑돌은 몇 개인지 구해 보시오. 42개

15개

02 바둑돌 80개로 정사각형을 만들었습니다. 한 변에 놓인 바둑돌은 몇 개인지 구해 보시오. 21개

101

대표문제

STEP ① 한 변에 놓인 바둑돌이 11개이므로 한 묶음의 바둑돌의 수는 10개입니다.

STEP ② 정사각형의 변의 수는 4개이므로 정사각형을 만들 때 필요한 바둑돌의 개수는 $10+10+10+10=40$(개)입니다.

01 한 변에 놓인 바둑돌이 15개이므로 한 묶음의 바둑돌의 수는 14개입니다.
따라서 필요한 바둑돌은 $14+14+14=42$(개)입니다.

02 정사각형의 변의 수는 4개이고,
$20+20+20+20=80$이므로 정사각형을 만들려면 한 묶음의 바둑돌의 수는 20개가 되어야 합니다.
따라서 한 변에 놓인 바둑돌은 21개입니다.

> 정답과 풀이 47쪽

01 어느 문구점에서 연필 3자루, 풀 2개, 필통 1개를 사면 3100원이고, 연필 2자루와 풀 2개를 사면 1400원입니다. 연필 1자루와 필통 1개를 사면 얼마인지 구해 보시오. **1700원**

02 그림과 같이 바둑돌을 한 변에 13개씩 놓아 정삼각형을 만들었습니다. 이 바둑돌을 같은 방법으로 남김없이 늘어놓아 정사각형을 만들려고 합니다. 한 변에 놓아야 할 바둑돌은 몇 개인지 구해 보시오. **10개**

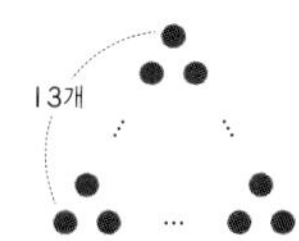

03 주어진 수 카드를 알맞은 곳에 넣어 벤 다이어그램을 완성해 보시오.

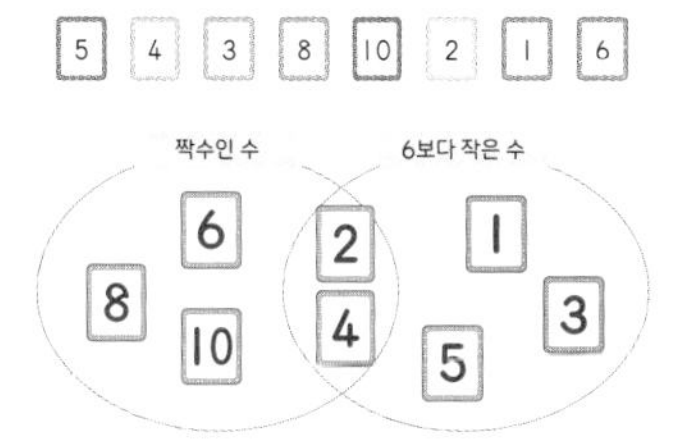

04 그림과 같이 10원짜리 동전 몇 개를 가지고 한 변에 9개씩 놓아 정사각형을 만들었습니다. 정사각형을 만드는 데 사용한 금액은 얼마인지 구해 보시오.

320원

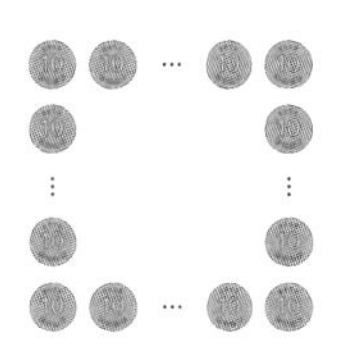

01 • 연필 3자루, 풀 2개, 필통 1개 ➡ 3100원
• 연필 2자루, 풀 2개 ➡ 1400원
따라서 연필 1자루와 필통 1개의 가격은
$3100-1400=1700$(원)입니다.

02 한 변에 13개씩 놓았으므로 한 묶음의 바둑돌의 수는 12개입니다. 정삼각형을 만드는 데 사용한 바둑돌은 모두
$12+12+12=36$(개)입니다.
$4\times9=36$이므로 정사각형을 만들려면 한 묶음의 바둑돌의 수는 9개가 되어야 합니다.
따라서 한 변에 놓아야 할 바둑돌은 10개입니다.

03

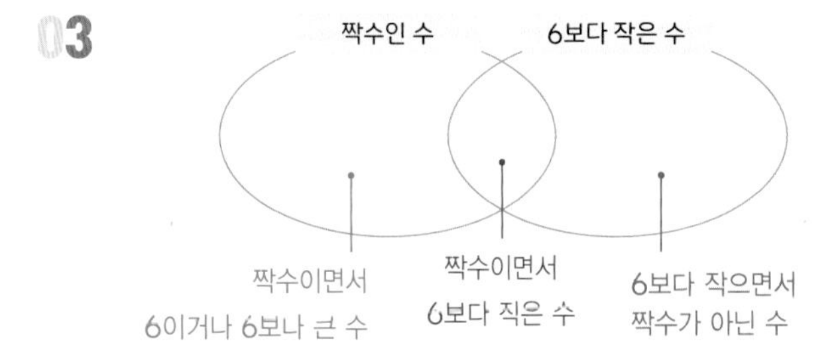

• 짝수이면서 6이거나 6보다 큰 수: 6, 8, 10
• 짝수이면서 6보다 작은 수: 2, 4
• 6보다 작으면서 짝수가 아닌 수: 1, 3, 5

04 한 변에 9개씩 놓았으므로 한 묶음의 동전의 수는 8개입니다. 정사각형을 만드는 데 사용한 동전의 수는
$8\times4=32$(개)이고, 사용한 금액은 320원입니다.

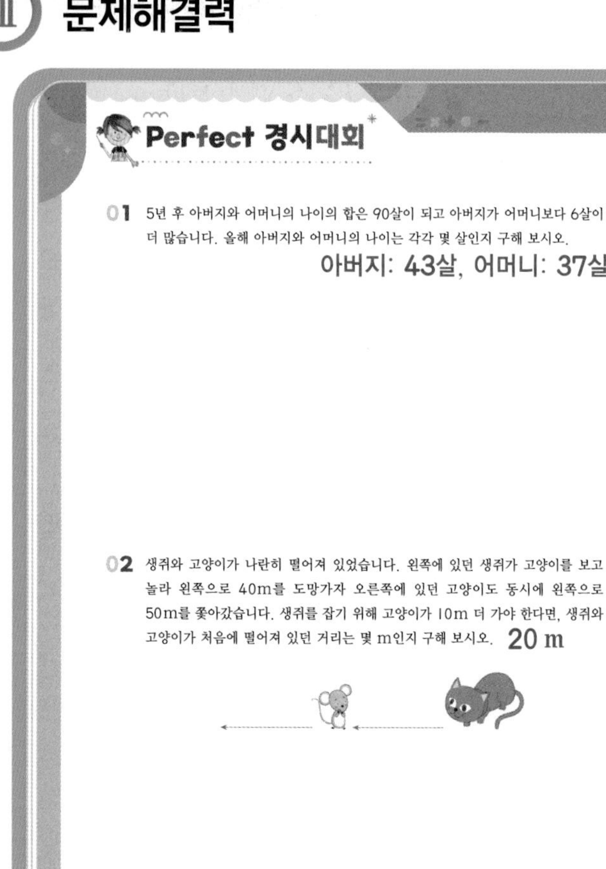

Perfect 경시대회

01 5년 후 아버지와 어머니의 나이의 합은 90살이 되고 아버지가 어머니보다 6살이 더 많습니다. 올해 아버지와 어머니의 나이는 각각 몇 살인지 구해 보시오.

아버지: 43살, 어머니: 37살

02 생쥐와 고양이가 나란히 떨어져 있었습니다. 왼쪽에 있던 생쥐가 고양이를 보고 놀라 왼쪽으로 40m를 도망가자 오른쪽에 있던 고양이도 동시에 왼쪽으로 50m를 쫓아갔습니다. 생쥐를 잡기 위해 고양이가 10m 더 가야 한다면, 생쥐와 고양이가 처음에 떨어져 있던 거리는 몇 m인지 구해 보시오. 20 m

104

정답과 풀이 48쪽

03 다음과 같이 과일을 팔고 있다고 할 때, 사과 1개와 오렌지 1개의 가격의 합은 얼마인지 구해 보시오. 1000원

04 옛날 달걀을 팔러 다니던 상인이 새로운 도시에 도착하여 성문을 통과하는 데 이 도시에서는 가지고 있는 달걀의 절반과 한 개를 주어야 성문을 통과할 수 있었습니다. 이 상인이 4개의 성문을 통과하고 나니 달걀이 1개 남았습니다. 성문을 통과하기 전 처음 상인이 가지고 있던 달걀은 몇 개인지 구해 보시오. 46개

105

01 5년 후 아버지와 어머니의 나이의 합이 90살이므로 올해 아버지와 어머니의 나이의 합은 80살이고, 아버지가 어머니보다 6살이 더 많습니다.
합이 80이고, 차가 6인 두 수는 43, 37이므로 올해 아버지의 나이는 43살, 어머니의 나이는 37살입니다.

02 처음에 떨어져 있던 거리 □m에 생쥐가 왼쪽으로 움직인 40m를 더한 거리는 고양이가 왼쪽으로 움직인 거리 50m에 더 움직인 거리 10m를 더한 것과 같습니다.
□$+40=50+10$이므로 □$=20$입니다.
따라서 처음 떨어져 있던 거리는 20m입니다.

03 (사과 2개)+(오렌지 1개)=1700(원),
(사과 1개)+(오렌지 2개)=1300(원)이므로
(사과 3개)+(오렌지 3개)=3000(원)입니다.
따라서 사과 1개와 오렌지 1개의 가격의 합은 1000원입니다.

04 성문을 통과하고 남은 달걀의 수가 □개라면
성문을 통과하기 전 달걀의 수는 (□+1)개의 2배입니다.
- 넷째 번 성문을 통과하기 전 달걀의 수:
(1+1)개의 2배 ➡ $2+2=4$(개)
- 셋째 번 성문을 통과하기 전 달걀의 수:
(4+1)개의 2배 ➡ $5+5=10$(개)
- 둘째 번 성문을 통과하기 전 달걀의 수:
(10+1)개의 2배 ➡ $11+11=22$(개)
- 첫째 번 성문을 통과하기 전 달걀의 수:
(22+1)개의 2배 ➡ $23+23=46$(개)

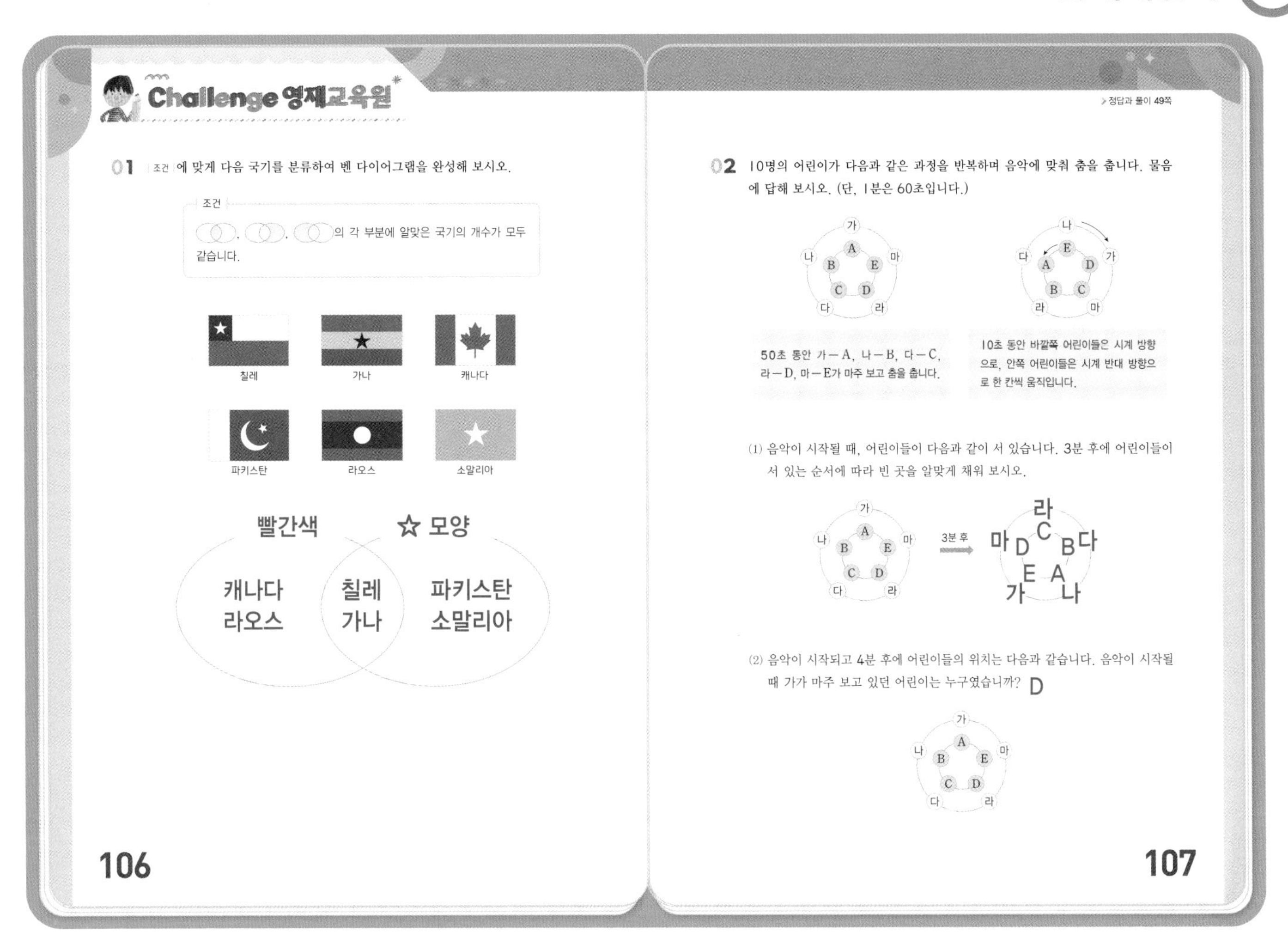

01 국기가 6개이므로 각 부분마다 국기가 2개씩 들어가야 합니다. 국기에서 찾을 수 있는 여러 특징 중에서 안에 알맞은 조건을 찾아봅니다.

• 빨간색이 들어 있는 국기

칠레 가나 캐나다 라오스

• ☆ 모양이 들어 있는 국기

    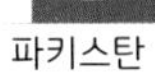 

칠레 가나 파키스탄 소말리아

02 (1) 바깥쪽 어린이들은 1분에 시계 방향으로 한 칸씩 움직이고, 안쪽 어린이들은 시계 반대 방향으로 한 칸씩 움직이므로 3분 동안 어린이들은 3칸씩 움직입니다.

(2) 4분 동안 어린이들은 4칸씩 움직입니다. 즉, 4분 전에 어린이들의 위치는 바깥쪽 어린이들은 시계 반대 방향으로 4칸씩, 안쪽 어린이들은 시계 방향으로 4칸씩 움직이면 됩니다.

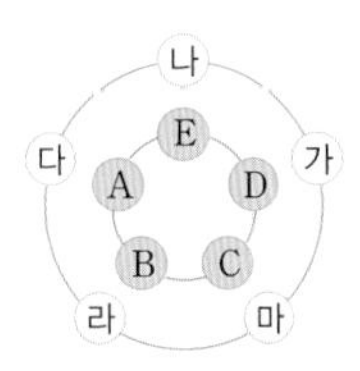

따라서 가와 마주 보고 있던 어린이는 D입니다.

평가

형성평가 규칙 영역

01 규칙에 따라 블록을 쌓았습니다. 9째 번에서 필요한 블록의 색깔과 개수를 구해 보시오. 빨간색, 1개

02 수 카드가 일정한 규칙으로 나열되어 있습니다. 빈 곳에 알맞은 수를 써넣으시오.

1 2 5 6 9 10 13 14

03 규칙을 찾아 마지막 그림을 완성해 보시오.

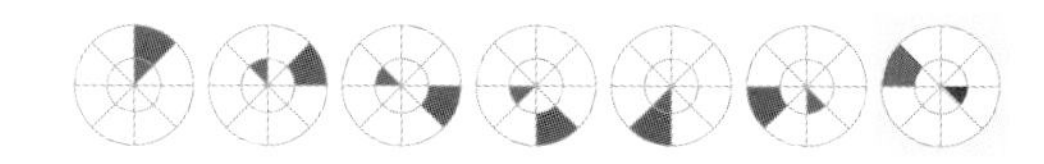

04 오른쪽 그림은 왼쪽 수 배열표의 일부분입니다. 수 배열표의 규칙을 찾아 ★에 알맞은 수를 구해 보시오. 40

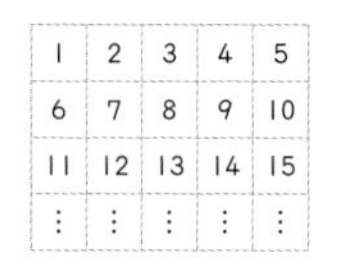

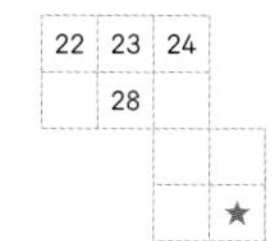

2

3

01 색깔은 '빨간색, 파란색'으로 반복되고,
개수는 '3개, 2개, 1개'로 반복됩니다.

02 1부터 시작하여 '1, 3'만큼이 반복되면서 커지는 규칙입니다.
13 다음에 올 수는 13보다 1만큼 더 큰 수인 14입니다.

03 빨간색 칸은 시계 반대 방향, 파란색 칸은 시계 방향으로 1칸씩 이동합니다.

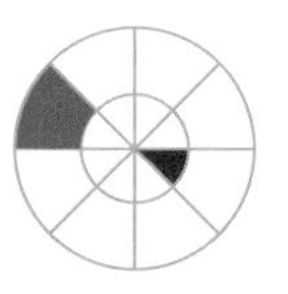

04 주어진 수 배열표는 오른쪽으로 한 칸씩 갈 때마다 1씩 커지고, 아래쪽으로 한 칸씩 갈 때마다 5씩 커지는 규칙입니다.

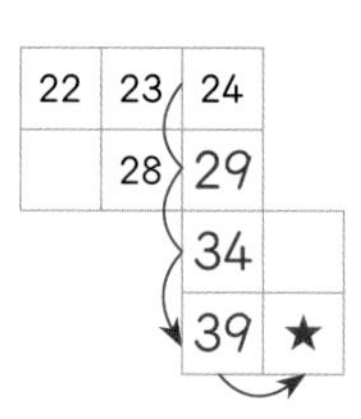

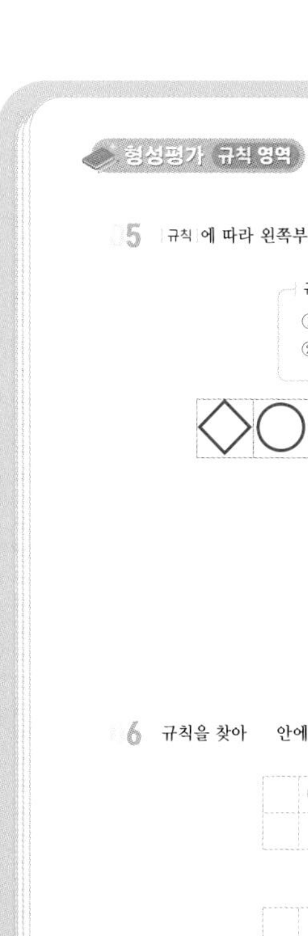

형성평가 규칙 영역

5 규칙 에 따라 왼쪽부터 알맞은 그림을 그려 보시오.

규칙
① 모양은 '◇, ○' 순서로 반복됩니다.
② 크기는 '크다, 크다, 작다' 순서로 반복됩니다.

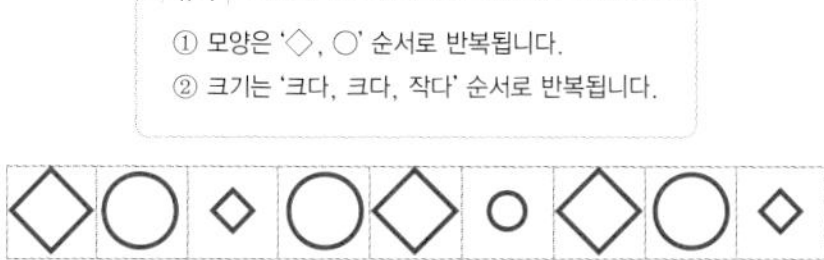

6 규칙을 찾아 안에 알맞은 수를 써넣으시오.

72 54
38 86

4

7 다음 표는 규칙에 따라 알파벳 A부터 E까지의 줄에 수를 쓴 것입니다. 50은 어느 알파벳 줄에 있는지 써 보시오. E

A	B	C	D	E
2	4	6	8	10
20	18	16	14	12
22	24	26	28	30
40	38	36	34	32
⋮	⋮	⋮	⋮	⋮

8 약속 을 보고 규칙을 찾아 주어진 식을 계산해 보시오.

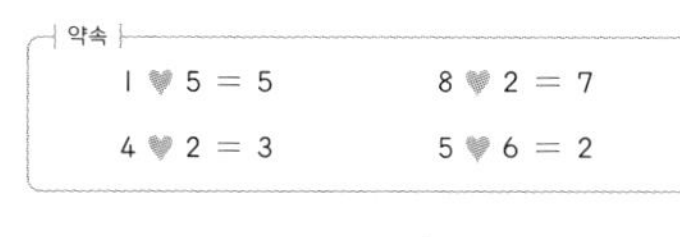
약속
1 ♥ 5 = 5　8 ♥ 2 = 7
4 ♥ 2 = 3　5 ♥ 6 = 2

2 ♥ 7 = 6

5

05 규칙에 맞게 모양을 그릴 때, 두 가지 속성을 잘 이해하여 모두 적용되도록 합니다.

06

1	2	3	4
5	6	7	8

이라고 할 때,

●는 주어진 수의 일의 자리 숫자를 나타내고,
▲는 주어진 수의 십의 자리 숫자를 나타냅니다.

07 수 배열표에서 2부터 20까지의 수와 22부터 40까지의 수의 배열의 규칙이 같습니다. 또, 42부터 60까지의 수도 주어진 규칙과 같은 방법으로 배열됩니다.
따라서 50은 10, 30과 같은 줄에 있으므로 알파벳 E가 있는 줄에 있습니다.

08 ♥는 두 수의 차에 1을 더하는 규칙입니다.
2 ♥ 7=7−2+1=6

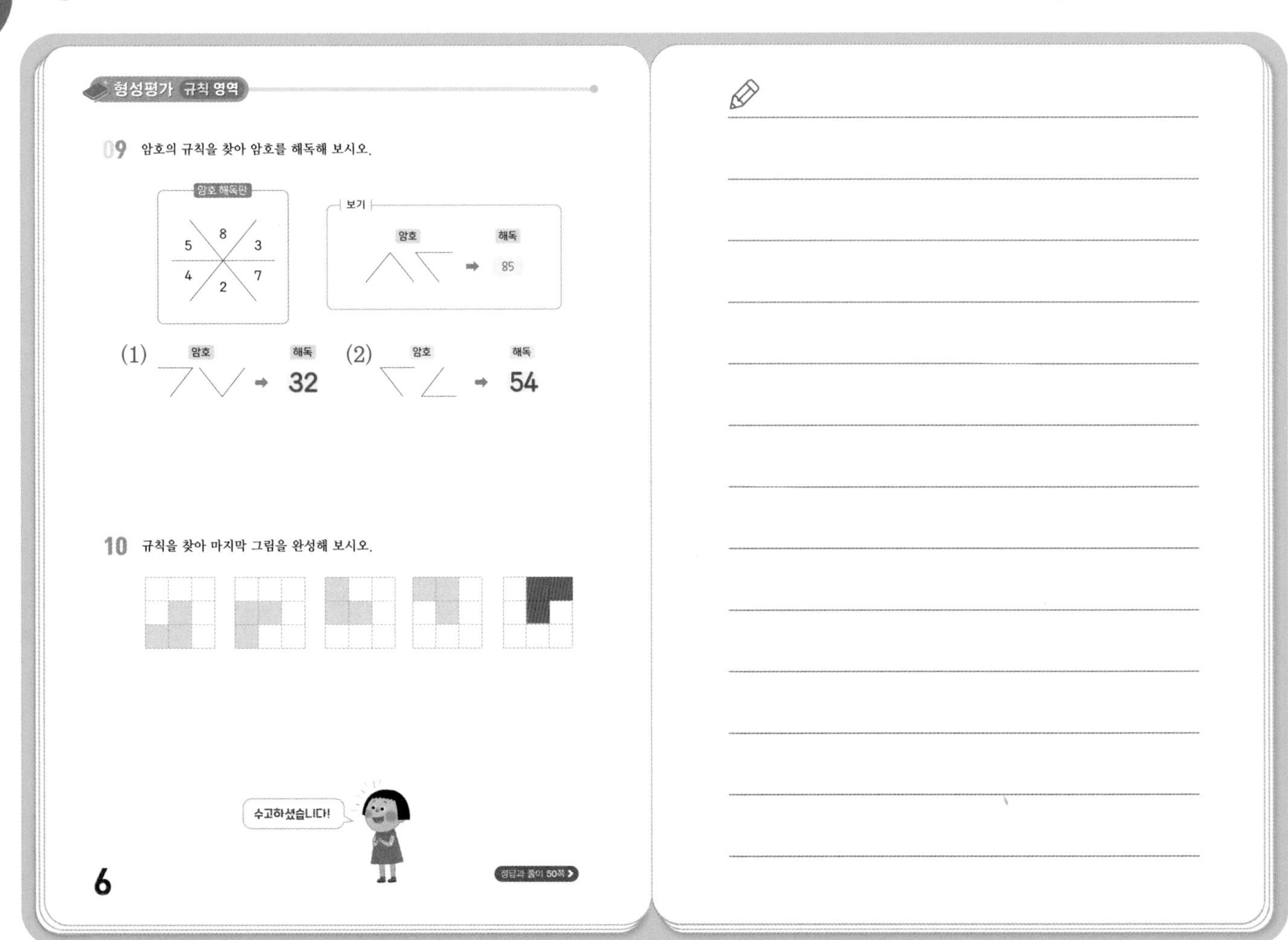

09 마주 보는 수를 찾습니다.

(1) 4와 마주 보는 수는 3,
8과 마주 보는 수는 2이므로
32입니다.

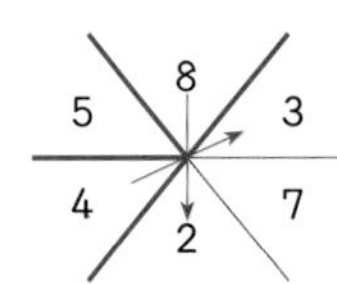

(2) 7과 마주 보는 수는 5,
3과 마주 보는 수는 4이므로
54입니다.

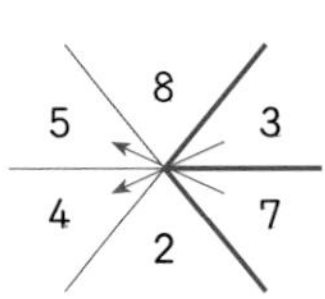

10 가운데 칸은 항상 색칠되어 있고, 나머지 두 칸은 시계 방향으로 1칸씩 이동합니다.

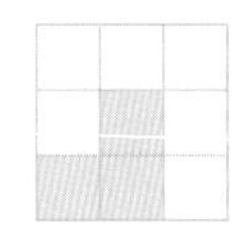
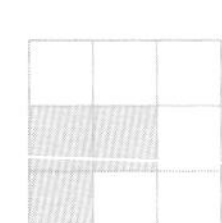

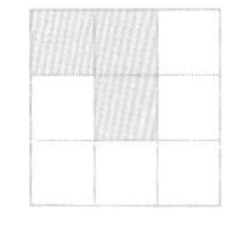
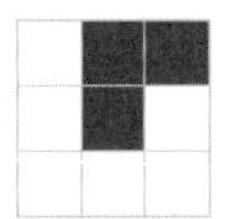

형성평가 기하 영역

01 그림 카드를 9조각으로 자르고 자른 조각을 다음과 같이 움직였습니다. 다음 중 밀기를 한 조각은 모두 몇 개입니까? 4개

➡

02 다음은 디지털 숫자로 만든 덧셈식과 뺄셈식 카드를 거울에 비춘 모양입니다. 원래 식의 계산 결과가 더 큰 것을 찾아 기호를 써 보시오. ㉮

㉮ ㉯

03 다음 도형에 선을 2개 긋고 그 선을 따라 잘랐을 때, 삼각형 3개와 사각형 1개가 되도록 만들어 보시오.

예시답안

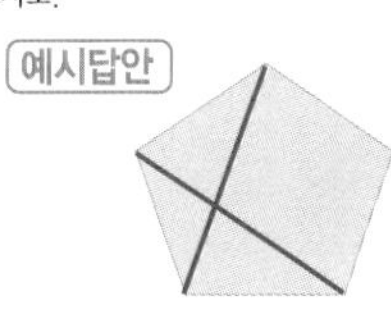

04 다음 그림에서 찾을 수 있는 크고 작은 사각형은 모두 몇 개인지 구해 보시오.

8 9

---

01 밀기를 하면 모양은 변하지 않고 위치만 달라집니다.
모양은 변하지 않고 위치만 달라진 조각을 찾아보면
③, ⑥, ⑧, ⑨ 모두 4개입니다.

02 디지털 숫자로 만든 덧셈식과 뺄셈식을 거울에 비추기 전의 원래 식으로 바꾸고 계산해 봅니다.

㉮ 16 + 27 ➡ 16 + 27 = 43

㉯ 58 - 23 ➡ 58 − 23 = 35

43 > 35이므로 계산 결과가 더 큰 것은 ㉮입니다.

03 선을 긋고 선을 따라 잘랐을 때 삼각형 3개, 사각형 1개가 만들어지도록 선을 긋는 방법은 여러 가지가 있습니다.

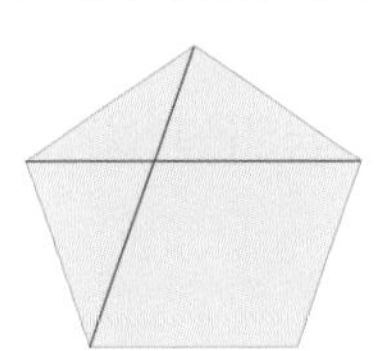

04 크고 작은 사각형을 모두 찾아봅니다.

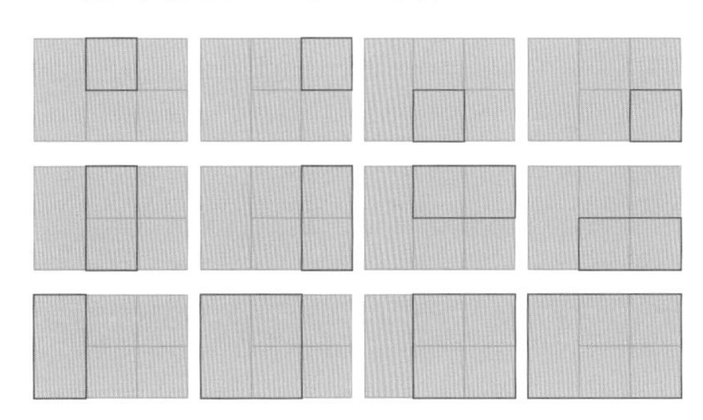

형성평가 기하 영역

05 어떤 도형을 시계 방향으로 반 바퀴 돌린 모양이 다음과 같습니다. 돌리기 전의 도형을 그려 보시오.

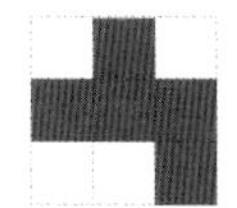

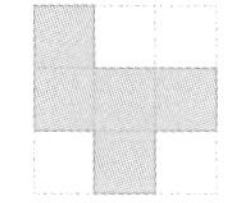

06 글자가 쓰여 있는 5장의 투명 카드가 있습니다. 이 투명 카드를 아래로 뒤집었을 때, 처음 글자와 뒤집은 글자가 같은 투명 카드는 모두 몇 장인지 구해 보시오. 2장

10

07 다음 수 카드의 수와 시계 방향으로 반 바퀴 돌려서 나온 수의 차를 구해 보시오. 21

08 다음과 같이 원 위에 같은 간격으로 7개의 점이 찍혀 있습니다. 점을 이어 만들 수 있는 서로 다른 모양의 삼각형은 모두 몇 가지인지 구해 보시오. (단, 돌리거나 뒤집어서 겹쳐지는 것은 한 가지로 봅니다.) 4가지

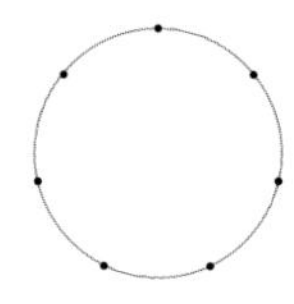

11

05 시계 방향으로 반 바퀴 돌리기 전의 도형을 구하려면 도형을 시계 반대 방향으로 반 바퀴 돌리면 됩니다.

06 아래로 뒤집었을 때 모양은 다음과 같습니다.

처음 모양과 같은 글자는 미, 파입니다.

07 수 카드를 시계 방향으로 반 바퀴 돌리면 다음과 같습니다.

두 수의 차: $89-68=21$

08 원 위에 있는 점을 이어 만들 수 있는 서로 다른 모양의 삼각형은 4가지입니다.

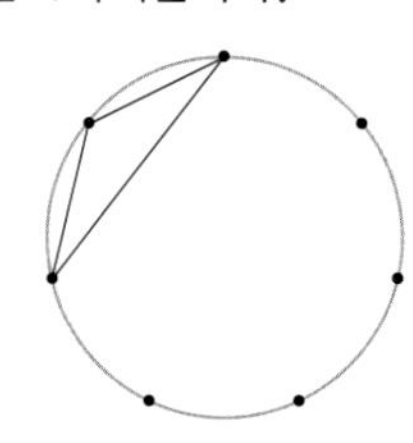
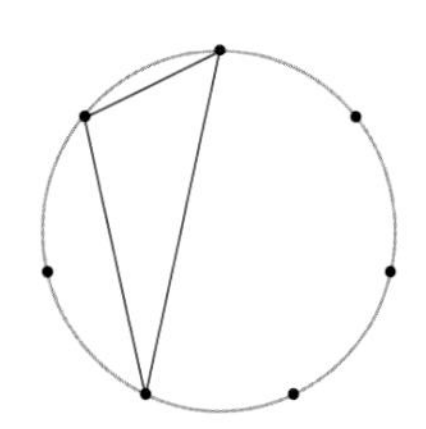
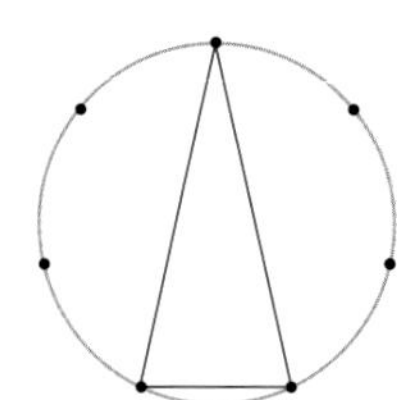
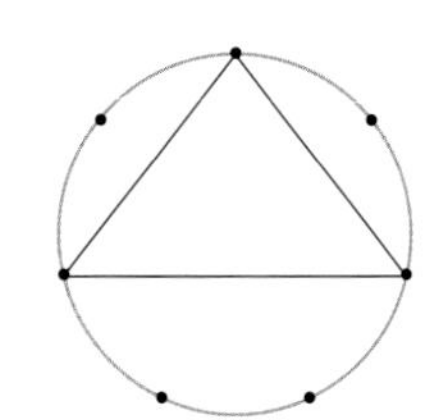

형성평가 기하 영역

09 다음 그림에서 찾을 수 있는 크고 작은 삼각형은 모두 몇 개인지 구해 보시오. 7개

10 민수가 50분 동안 수영을 하고 거울에 비친 시계를 보았더니 다음과 같았습니다. 민수가 수영을 시작한 시각은 몇 시 몇 분입니까? (단, 거울은 시계의 오른쪽에 세워 놓고 비춘 것입니다.) 11시 30분

05:51

수고하셨습니다!

12

정답과 풀이 53쪽

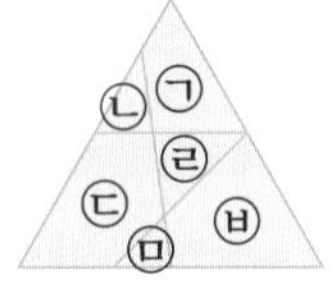

- 1개짜리: ㉡, ㉣, ㉤ ➡ 3개
- 2개짜리: ㉡+㉠, ㉤+㉥ ➡ 2개
- 3개짜리: ㉡+㉢+㉤ ➡ 1개
- 6개짜리: ㉠+㉡+㉢+㉣+㉤+㉥ ➡ 1개

➡ 크고 작은 삼각형: 3+2+1+1=7(개)

10 디지털 숫자를 거울에 비추기 전 원래 시각으로 바꾸면 다음과 같습니다.

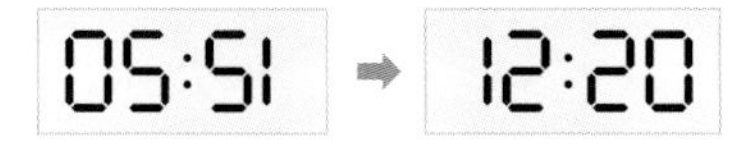

따라서 지금 시각은 12시 20분이므로 민수는 11시 30분에 수영을 시작했습니다.

형성평가 문제해결력 영역

01 현수네 모둠은 모두 10명입니다. 남학생이 여학생보다 2명 더 많다면 남학생과 여학생은 각각 몇 명인지 구해 보시오. 남학생: 6명, 여학생: 4명

02 올해 지윤이는 5살, 동생은 3살, 이모는 34살입니다. 표를 이용하여 이모의 나이가 지윤이와 동생의 나이의 합의 3배가 되는 것은 몇 년 후인지 구해 보시오. 2년 후

	올해	1년 후	2년 후	3년 후
지윤이의 나이(살)	5	6	7	8
동생의 나이(살)	3	4	5	6
이모의 나이(살)	34	35	36	37

14

03 소율이가 초콜릿을 몇 개 가지고 있었습니다. 주원이에게 5개를 주고, 예린이에게 3개를 주었습니다. 그리고 민서에게 4개를 받았더니 초콜릿이 11개가 되었습니다. 처음 소율이가 가지고 있던 초콜릿은 몇 개인지 구해 보시오. 15개

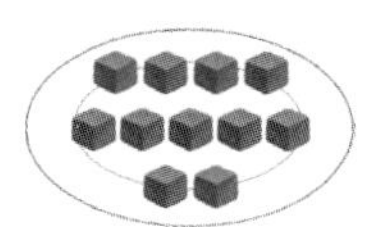

04 연필 3자루와 지우개 2개를 사면 1300원이고, 연필 2자루와 지우개 2개를 사면 1000원입니다. 지우개 1개의 가격은 얼마인지 구해 보시오. 200원

15

01 남학생이 여학생보다 2명 더 많고, 남학생과 여학생은 모두 10명이므로 그림으로 나타내면 아래와 같습니다.

남학생 ○○○○○○

여학생 ○○○○

따라서 남학생은 6명, 여학생은 4명입니다.

02 표를 이용하여 구해 봅니다.

	올해	1년 후	2년 후
지윤이의 나이(살)	5	6	7
동생의 나이(살)	3	4	5
이모의 나이(살)	34	35	36
지윤이와 동생 나이의 합의 3배	24	30	36

따라서 이모의 나이가 지윤이와 동생의 나이의 합의 3배가 되는 것은 2년 후입니다.

03 소율이가 갖고 있는 초콜릿의 수를 거꾸로 세어 봅니다.

- 민서에게 받기 전 초콜릿의 수: $11-4=7$(개)
- 예린이에게 주기 전 초콜릿의 수: $7+3=10$(개)
- 주원이에게 주기 전 초콜릿의 수: $10+5=15$(개)

따라서 소율이가 처음에 가지고 있던 초콜릿은 15개입니다.

04 연필 3자루와 지우개 2개 ➡ 1300원

연필 2자루와 지우개 2개 ➡ 1000원

(연필 3자루와 지우개 2개)−(연필 2자루와 지우개 2개)

=(연필 1자루)$=1300-1000=300$(원)

연필 2자루는 600원이므로 지우개 2개는

$1000-600=400$(원)입니다.

따라서 지우개 1개는 200원입니다.

형성평가 문제해결력 영역

05 주어진 수 카드를 알맞은 곳에 넣어 벤 다이어그램을 완성해 보시오.

24 9 7 11 88 47

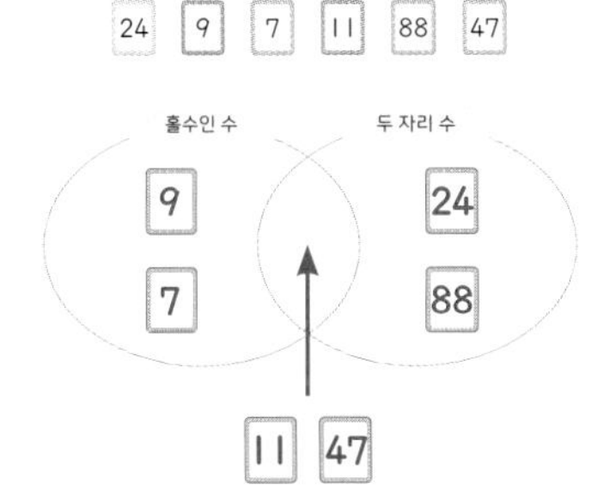

06 그림과 같이 바둑돌을 한 변에 20개씩 놓아 정삼각형을 만들려고 합니다. 필요한 바둑돌은 몇 개인지 구해 보시오. 57개

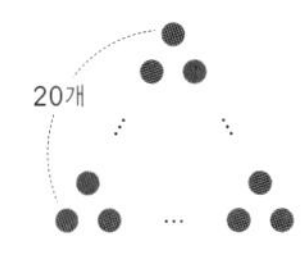

16

07 윤서는 딸기 맛 사탕과 포도 맛 사탕을 합하여 21개 가지고 있습니다. 딸기 맛 사탕의 수가 포도 맛 사탕의 수보다 7개 더 적을 때 딸기 맛 사탕과 포도 맛 사탕은 각각 몇 개인지 구해 보시오.

딸기 맛 사탕: 7개, 포도 맛 사탕: 14개

08 수아는 3일 동안 수학 문제를 풀었습니다. 둘째 날에는 첫째 날 푼 문제 수의 절반만큼 풀었고, 셋째 날에는 둘째 날보다 5문제 더 많이 풀어 9문제를 풀었습니다. 수아가 3일 동안 푼 수학 문제는 모두 몇 문제인지 구해 보시오. 21문제

17

05

홀수인 수 / 두 자리 수

홀수이면서 두 자리 수가 아닌 수 / 홀수인 두 자리 수 / 짝수인 두 자리 수

- 홀수이면서 두 자리 수가 아닌 수: 7, 9
- 홀수인 두 자리 수: 11, 47
- 짝수인 두 자리 수: 24, 88

06 한 변에 놓인 바둑돌이 20개이므로 한 묶음의 바둑돌의 수는 19개입니다.
따라서 필요한 바둑돌은 $19+19+19=57$(개)입니다.

07 딸기 맛 사탕이 포도 맛 사탕보다 7개 더 적으므로 포도 맛 사탕이 7개 더 많습니다. 두 수의 합이 21, 차가 7이므로 그림으로 나타내면 다음과 같습니다.

따라서 딸기 맛 사탕은 7개, 포도 맛 사탕은 14개입니다.

08

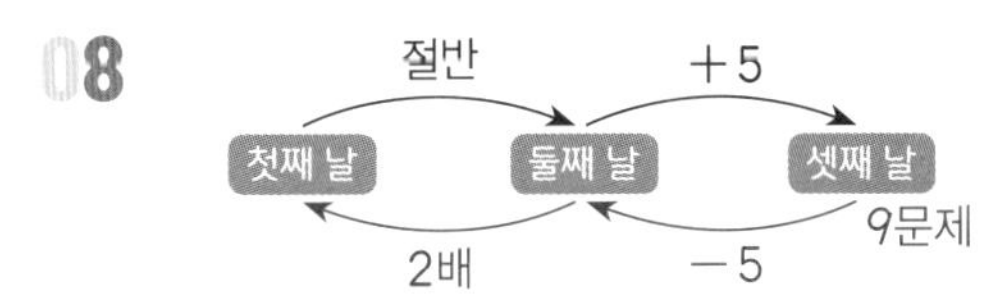

셋째 날은 9문제를 풀었으므로
둘째 날은 $9-5=4$(문제)를 풀었고,
첫째 날은 4의 2배인 8문제를 풀었습니다.
따라서 3일 동안 푼 문제는 $8+4+9=21$(문제)입니다.

형성평가 문제해결력 영역

09 예림이와 시윤이가 다음과 같이 과녁에 화살 쏘기를 하였습니다. 예림이는 5번을 쏘아 29점을 얻었고, 시윤이는 3번을 쏘아 15점을 얻었습니다. 초록색 과녁과 노란색 과녁은 각각 몇 점인지 구해 보시오. 초록색 과녁: 4점, 노란색 과녁: 7점

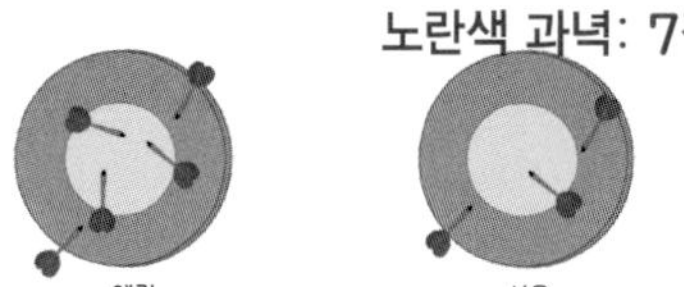

예림 시윤

10 그림과 같이 10원짜리 동전 몇 개를 가지고 한 변에 6개씩 놓아 정삼각형을 만들었습니다. 정삼각형을 만드는 데 사용한 금액은 얼마입니까? 150원

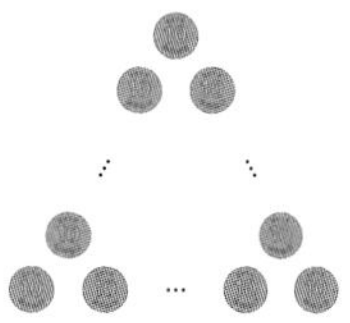

수고하셨습니다!

18

정답과 풀이 56쪽

09 초록색 과녁의 점수를 ㉮, 노란색 과녁의 점수를 ㉯라고 할 때,
예림: ㉮㉮㉯㉯㉯ ➡ 29점
시윤: ㉮㉮㉯ ➡ 15점
같은 부분을 찾아 빼면 ㉯㉯가 14점입니다.
따라서 ㉮는 4점, ㉯는 7점입니다.

10 동전을 한 변에 6개씩 놓았으므로 한 묶음의 동전의 수는 5개입니다. 정삼각형을 만드는 데 사용한 동전의 수는 5의 3배이므로 15개이고, 사용한 금액은 150원입니다.

총괄평가 1

Lv.❷ 기본 B

01 다음은 일정한 규칙에 따라 움직이는 모양입니다. 마지막 그림을 완성해 보시오.

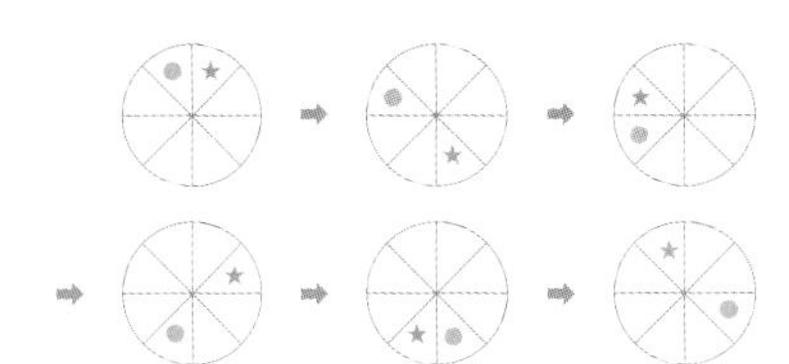

02 오른쪽 그림은 왼쪽 수 배열표의 일부분입니다. 수 배열표의 규칙을 찾아 빈칸에 알맞은 수를 써넣으시오.

1	2	3	4	5	6	7	8
9	10	11	12	13	14	15	16
17	18	19	20	21	22	23	24
⋮	⋮	⋮	⋮	⋮	⋮	⋮	⋮

26	27	28
		36
43	44	45
		53

03 약속 을 보고 규칙을 찾아 주어진 식을 계산해 보시오.

약속

3 ★ 1 = 2　　2 ★ 4 = 7

6 ★ 3 = 17　　5 ★ 7 = 34

8 ★ 6 = 47

04 규칙을 찾아 빈 곳에 알맞은 수를 써넣으시오.

2 25 — 6 24 — 10 22 — 14 19 — 18 15 — 22 10

20　　21

01 빨간색 원은 시계 반대 방향으로 1칸씩 이동합니다.
파란색 별은 시계 방향으로 3칸씩 이동합니다.

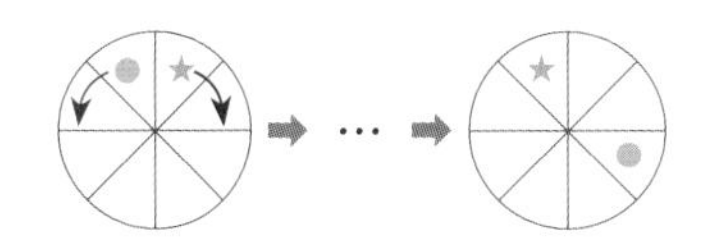

02 수 배열표에서 오른쪽으로 한 칸씩 갈 때마다 1씩 커지고, 아래쪽으로 한 칸씩 갈 때마다 8씩 커지는 규칙입니다.

03 두 수의 곱에서 1을 빼는 규칙입니다.

3★1=3×1−1=2

2★4=2×4−1=7

6★3=6×3−1=17

5★7=5×7−1=34

따라서 8★6=8×6−1=47입니다.

04 노란색 칸과 연두색 칸에 있는 수로 나누어 생각합니다.

- 노란색 칸에 있는 수는 2부터 시작하여 4씩 커지는 규칙이므로 18 다음에 올 수는 22입니다.
- 연두색 칸에 있는 수는 25부터 시작하여 1, 2, 3…으로 줄어드는 수가 1씩 커지는 규칙이므로 15 다음에 올 수는 10입니다.

총괄평가 Lv.2 기본 B

05 다음과 같이 시계 방향으로 반 바퀴 돌리고, 오른쪽으로 뒤집었을 때의 도형을 차례대로 그려 보시오.

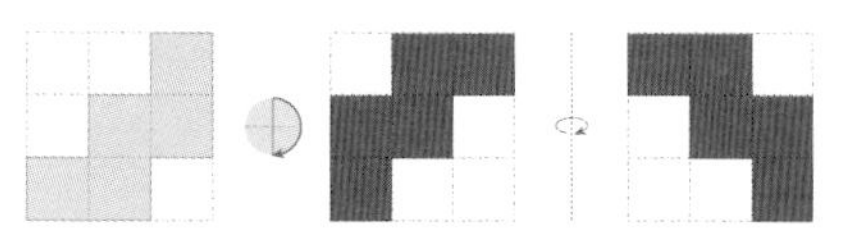

06 다음 그림에서 찾을 수 있는 크고 작은 사각형은 모두 몇 개인지 구해 보시오. 11개

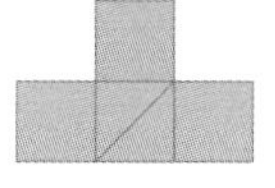

07 주머니에 빨간색 구슬과 파란색 구슬이 합하여 23개 있습니다. 빨간색 구슬이 파란색 구슬보다 5개 더 적을 때 빨간색 구슬과 파란색 구슬은 각각 몇 개인지 구해 보시오.

빨간색 구슬: 9개, 파란색 구슬: 14개

08 다음 조건 을 보고 준우는 올해 몇 살인지 구해 보시오. 3살

조건
- 올해 준우의 나이와 형의 나이의 합은 9살입니다.
- 3년 후에 준우와 형의 나이의 곱은 54살입니다.

05
- 시계 방향으로 반 바퀴 돌리면 위쪽 부분이 아래쪽으로 바뀝니다.
- 오른쪽으로 뒤집으면 왼쪽 부분과 오른쪽 부분이 바뀝니다.

06

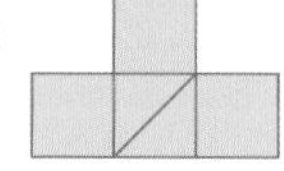

- □ 모양의 사각형: 4개
- □□ 모양의 사각형: 3개
- □□□ 모양의 사각형: 1개
- ◺ 모양의 사각형: 3개

따라서 찾을 수 있는 크고 작은 사각형은 모두
$4+3+1+3=11$(개)입니다.

07 빨간색 구슬이 파란색 구슬보다 5개 더 적으므로 파란색 구슬은 빨간색 구슬보다 5개 더 많습니다.
두 수의 합은 23이고, 두 수의 차는 5이므로 그림으로 나타내면 다음과 같습니다.

빨간색 구슬 ○○○○○○○○○
파란색 구슬 ○○○○○○○○○○○○○○

따라서 빨간색 구슬은 9개, 파란색 구슬은 14개입니다.

08 올해 형과 준우의 나이의 합이 9가 될 수 있는 경우를 표로 나타내면 아래와 같습니다.

형의 나이(살)	8	7	6	5
준후의 나이(살)	1	2	3	4
나이의 합(살)	9	9	9	9

3년 후 형과 준우의 나이가 될 수 있는 경우를 표로 나타내면 아래와 같습니다.

3년 후 형의 나이(살)	11	10	9	8
3년 후 준우의 나이(살)	4	5	6	7
나이의 곱(살)	44	50	54	56

따라서 3년 후 두 사람의 나이의 곱이 54가 되는 것은 형이 9살, 준우가 6살인 경우이므로 올해 준우의 나이는 3살입니다.

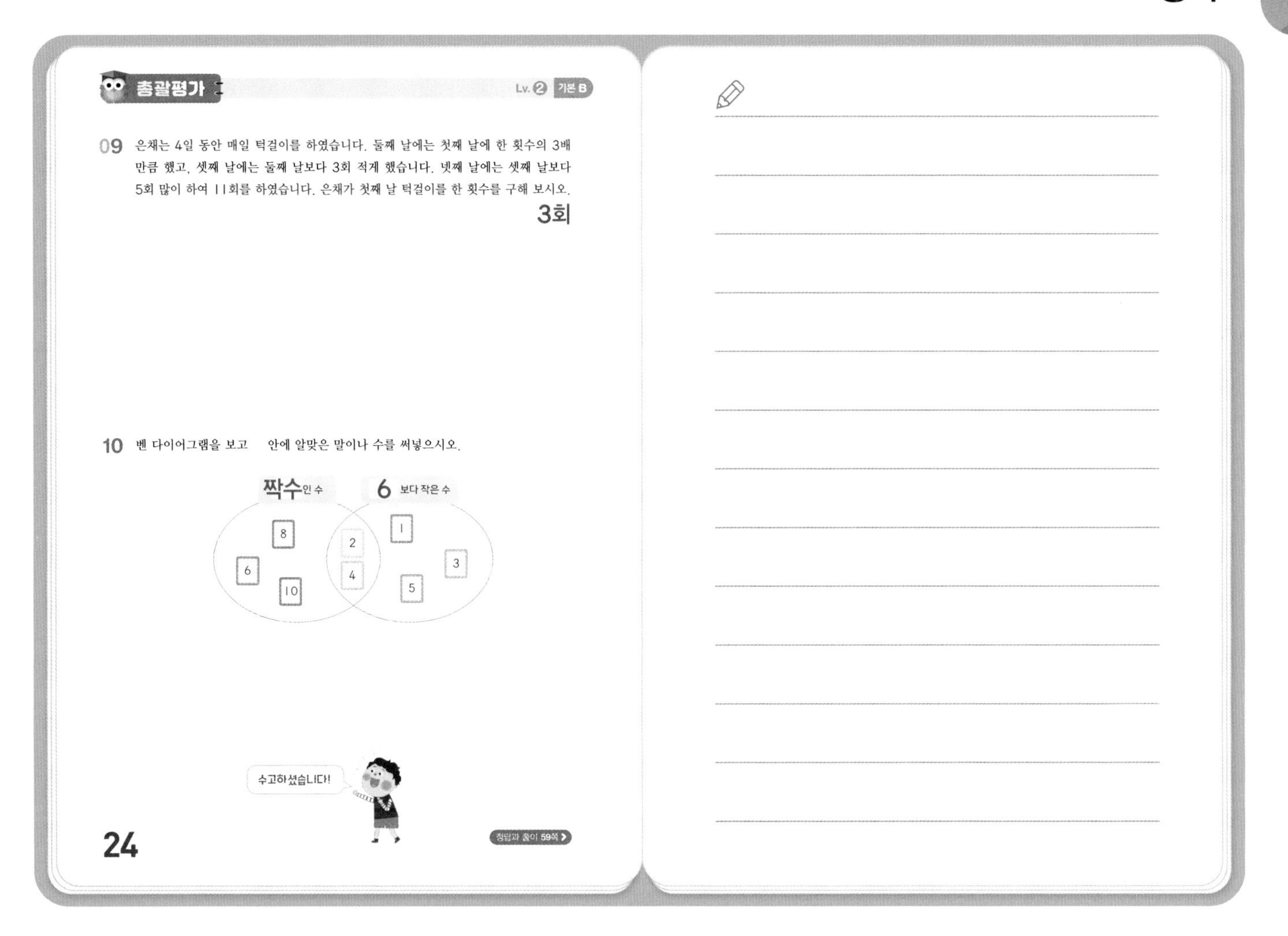
총괄평가 Lv.② 기본 B

09 은채는 4일 동안 매일 턱걸이를 하였습니다. 둘째 날에는 첫째 날에 한 횟수의 3배만큼 했고, 셋째 날에는 둘째 날보다 3회 적게 했습니다. 넷째 날에는 셋째 날보다 5회 많이 하여 11회를 하였습니다. 은채가 첫째 날 턱걸이를 한 횟수를 구해 보시오.

3회

10 벤 다이어그램을 보고 안에 알맞은 말이나 수를 써넣으시오.

24

정답과 풀이 59쪽

09 넷째 날 11회 했으므로 셋째 날은 $11-5=6$(회),
둘째 날은 $6+3=9$(회) 했습니다.
둘째 날 한 횟수는 첫째 날 한 횟수의 3배이고
$9=3+3+3$이므로 첫째 날 한 횟수는 3회입니다.

10 2, 4, 6, 8, 10은 짝수입니다.
1, 2, 3, 4, 5는 6보다 작은 수입니다.

MEMO

MEMO

MEMO

팩토는 자유롭게 자신감있게 창의적으로
생각하는 주·니·어·수·학·자입니다.

Free Active Creative Thinking O. Junior mathtian

논리적 사고력과 창의적 문제해결력을 키워 주는

매스티안 교재 활용법!

대상	창의사고력 교재		연산 교재
	팩토슐레 시리즈	팩토 시리즈	원리 연산 소마셈
4~5세	팩토슐레 Math Lv.1 (6권)		
5~6세	팩토슐레 Math Lv.2 (6권)		소마셈 K시리즈 K1~K8
6~7세	팩토슐레 Math Lv.3 (6권)	팩토 킨더 A 팩토 킨더 B 팩토 킨더 C 팩토 킨더 D	
7세~초1		팩토 키즈 기본 A, B, C 팩토 키즈 응용 A, B, C	소마셈 P시리즈 P1~P8
초1~2		팩토 Lv.1 기본 A, B, C 팩토 Lv.1 응용 A, B, C	소마셈 A시리즈 A1~A8
초2~3		팩토 Lv.2 기본 A, B, C 팩토 Lv.2 응용 A, B, C	소마셈 B시리즈 B1~B8
초3~4		팩토 Lv.3 기본 A, B, C 팩토 Lv.3 응용 A, B, C	소마셈 C시리즈 C1~C8
초4~5		팩토 Lv.4 기본 A, B 팩토 Lv.4 응용 A, B	소마셈 D시리즈 D1~D6
초5~6		팩토 Lv.5 기본 A, B 팩토 Lv.5 응용 A, B	
초6~		팩토 Lv.6 기본 A, B 팩토 Lv.6 응용 A, B	